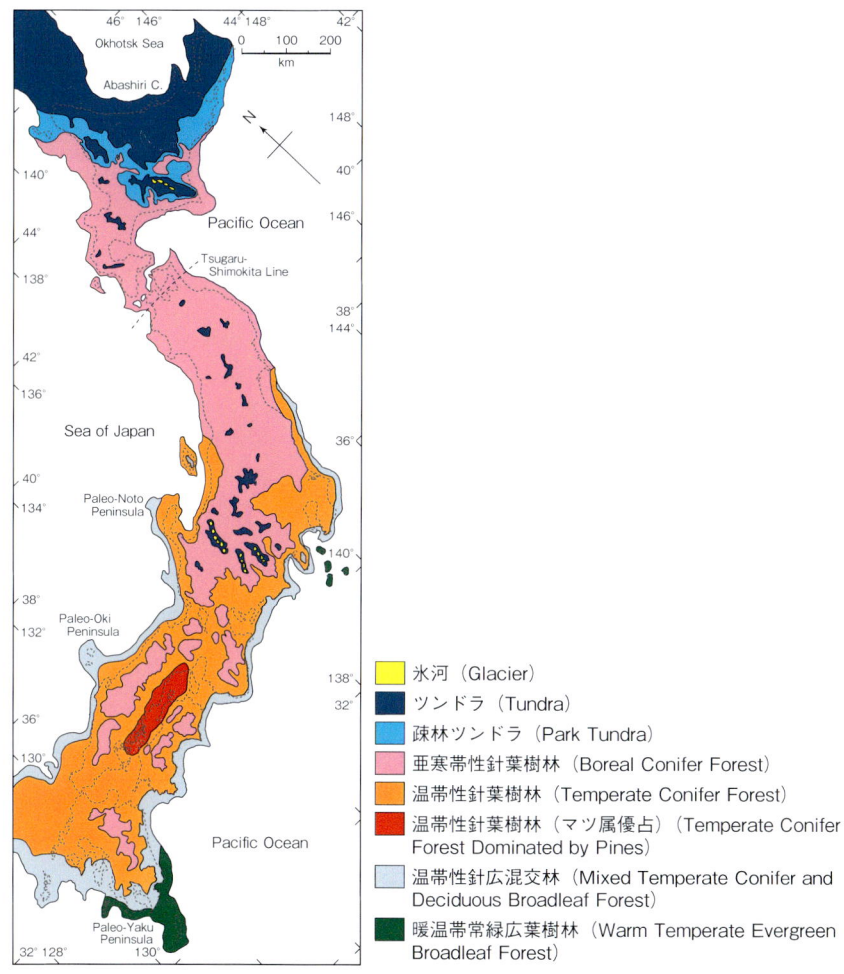

口絵 1　日本列島の約 2 万 4000 年前(暦年)の古植生図（塚田，1984 を一部改変）
→ p. 30 参照

　当時の日本列島は亜寒帯性と温帯性の針葉樹林がもっとも広く分布していた．

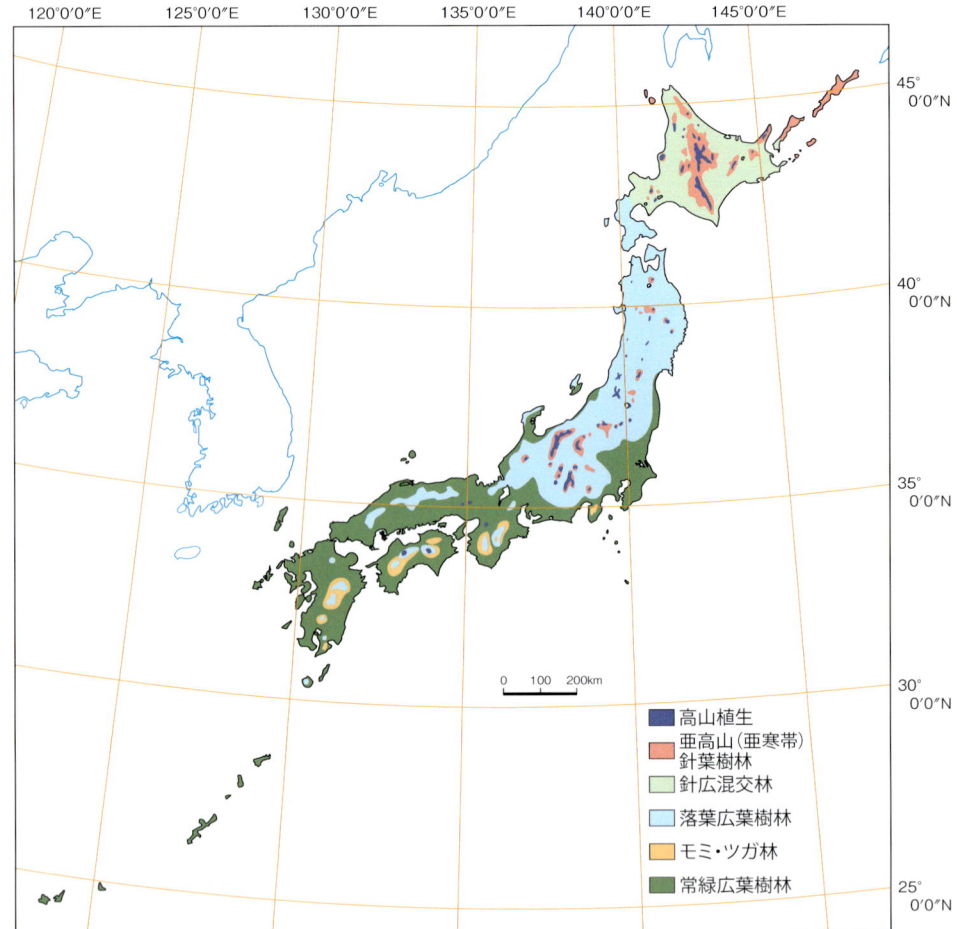

口絵 2　日本列島の現在の主要な植生分布（福嶋・岩瀬 (2005) および Okitsu (2003) を一部改変）→ p. 30 参照

現在の日本列島は落葉広葉樹林と常緑広葉樹林が広く分布している．奄美大島以南の南西諸島は，種組成の違いや高い種多様性を示し，吉良の定義による森林帯では亜熱帯多雨林帯として区別される（第1章）．

口絵 3　北米西海岸の針葉樹林
北米大陸の西海岸には樹高 50m を超える巨大な針葉樹からなる森林が分布する．地球上で最も樹高の高いレッドウッド（樹高 100m 以上）もこの地域に生育する（第 7 章）．

口絵 4　東アジアの熱帯多雨林
東アジアの熱帯多雨林は地球上で最も種の多様性の高い森林である．このボルネオの熱帯多雨林では，フタバガキ科の樹木が大きく突出し，巨大高木層（第 1 章）を形成しているのが特徴である．

口絵 5 日本のブナ林
日本の冷温帯林には落葉広葉樹林が広く分布する．写真は阿武隈山地南部のコナラ・イヌブナ・ブナ混交林内で，局所的にブナが優占するパッチ．東アジアでの冷温帯と暖温帯の境界は，ブナの分布の南限にあわせて定められている（第1章）．

口絵 6 森林土壌の断面
強い溶脱作用によって貧栄養化した熱帯ポドゾル土壌では，樹木は頑丈で難分解性の葉を持つため，厚いリター層を持ち，そこから生成される有機酸により漂白層が形成される．（第5章）．

口絵 7 森林景観
落葉広葉樹の二次林，ササ群落，針葉樹人工林などのパッチからなる景観（長野県中部）．このような不均一な景観構造においてパッチの連結性を評価する数理的な手法が発展してきている（第15章）．

シリーズ 現代の生態学
8

森林生態学

日本生態学会 編

担当編集委員
正木　隆
相場慎一郎

共立出版

【執筆者一覧】（担当章）

正木　隆	（独）森林総合研究所森林植生研究領域	（第9章）
相場慎一郎	鹿児島大学大学院理工学研究科	（第1章）
松井哲哉	（独）森林総合研究所北海道支所	（第2章）
北村系子	（独）森林総合研究所北海道支所	（第2章）
志知幸治	（独）森林総合研究所立地環境研究領域	（第2章）
伊藤　哲	宮崎大学農学部森林緑地環境科学科	（第3章）
上條隆志	筑波大学大学院生命環境科学研究科	（第4章）
和穎朗太	農業環境技術研究所物質循環研究領域	（第5章）
伊東　明	大阪市立大学大学院理学研究科	（第6章）
石井弘明	神戸大学大学院農学研究科	（第7章）
真鍋　徹	北九州市立自然史・歴史博物館	（第8章）
陶山佳久	東北大学大学院農学研究科	（第9章）
名波　哲	大阪市立大学大学院理学研究科	（第10章）
西村尚之	群馬大学社会情報学部情報社会科学科	（第11章）
原登志彦	北海道大学低温科学研究所	（第11章）
島田卓哉	（独）森林総合研究所東北支所	（第12章）
久保田康裕	琉球大学理学部海洋自然科学科	（第13章）
千葉幸弘	（独）森林総合研究所温暖化対応推進拠点	（第14章）
滝　久智	（独）森林総合研究所森林昆虫研究領域	（第15章）
山浦悠一	北海道大学大学院農学研究院	（第15章）
田中　浩	（独）森林総合研究所森林植生研究領域	（第15章）

『シリーズ　現代の生態学』編集委員会

編集幹事：矢原徹一・巌佐　庸・池田浩明

編集委員：相場慎一郎・大園享司・鏡味麻衣子・加藤元海・沓掛展之・工藤　洋・古賀庸憲・佐竹暁子・津田　敦・原登志彦・正木　隆・森田健太郎・森長真一・吉田丈人（50音順）

『シリーズ　現代の生態学』刊行にあたって

「かつて自然とともに住むことを心がけた日本人は，自然を征服しようとした欧米人よりも，自分達の幸福を求めて，知らぬ間によりひどく自然の破壊をすすめている．われわれはいまこそ自然を知らねばならぬ．われわれと自然とのかかわり合いを知らねばならぬ．」

　これは，1972〜1976年にかけて共立出版から刊行された『生態学講座』における刊行の言葉の冒頭部である．この刊行から30年以上も経ち，状況も変わったので，講座の改訂というより新しいシリーズができないかという話が共立出版から日本生態学会に持ちかけられた．この提案を常任委員会で検討した結果，生態学全体の内容を網羅する講座を出版すべきだという意見と，新しいトピック的なものだけで構成されるシリーズものが良いという対立意見が提出された．議論の結果，どちらにも一長一短があるので，中道として，新進気鋭の若手生態学者が考える生態学の体系をシリーズ化するという方向に決まった．これに伴い，若手を中心とする編集委員が選任され，編集委員会での検討を経て，全11巻から構成されるシリーズにまとまった．

　思い起こせば『生態学講座』が刊行された時代は，まだ生態学の教科書も少なく，生態学という学問の枠組みを体系立てて示すことが重要であった．しかも，『生態学講座』冒頭の言葉には，日本における人間と自然とのかかわり合いの急速な変化に対する懸念と，人間の行為によって自然が失われる前に科学的な知見を明らかにしておかなければならないという危機感があふれている．それから30年以上経った現在，生態学は生物学の一分野として確立され，教科書も多数が出版された．生物多様性に関する生態学的研究の進展は特筆すべきものがある．また，生態学と進化生物学や分子生物学との統合，あるいは社会科学との統合も新しい動向となっており，生態学者が対象とする分野も拡大を続けている．しかし，その一方で生態学の細分化が進み，学問としての全体像がみえにくくなってきている．もしかすると，この傾向は学問における自然な「遷移」なのかもしれないが，この転換期において確固とした学問体系を示すことはきわめて困難な作

業といえる．その結果，本シリーズは巻によって目的が異なり，ある分野を網羅的に体系づける巻と近年めざましく進んだトピックから構成される巻が共存する．シリーズ名も『シリーズ　現代の生態学』とし，現在における生態学の中心的な動向をスナップショット的に切り取り，今後の方向性を探る道標としての役割を果たしたいと考えた．

　本シリーズがターゲットとする読者層は大学学部生であり，これから生態学の専門家になろうとする初学者だけでなく，広く生態学を学ぼうとする一般の学生にとっても必読となる内容にするよう心がけた．また，1冊12〜15章の構成とし，そのまま大学での講義に利用できることを狙いとしている．近年の日本生態学会員の増加にみられるように，今日の生態学に求められる学術的・社会的ニーズはきわめて高く，かつ，多様化している．これらのニーズに応えるためには，次世代を担う若者の育成が必須である．本シリーズが，そのような育成の場に活用され，さらなる生態学の発展と普及の一助になれば幸いである．

2011年　10月

日本生態学会　『シリーズ　現代の生態学』　編集委員会　一同

まえがき

　本書は，森林生態学を理解する上で，基本となる考え方や知識を紹介するための教科書である．
時をさかのぼること20～25年前，編集委員の2人がまだ学生だった頃，森林生態学の教科書の定番は，故・依田恭二の『森林の生態学』（築地書館，1971年）であった．その目次を見ると，

1. 森林生態系
2. 森林生態系の現存量
3. 森林生態系の生産構造
4. 森林生態系の純生産
5. 森林生態系の総生産
6. 光合成による総生産の推定
7. 森林生態系の二次生産
8. 土壌有機物の集積と分解
9. 森林生態系の物質循環
10. 原生林保護の必要とその生態学的意義

となっている．2～7章は森林の一次生産に関連する内容であり，8～9章は生態系内における物質の循環を扱い，10章は自然保護を扱っている．本書の目次と比べてみると，「気候変動」，「動物との相互作用」，「個体群動態」，「種多様性」などのキーワードが，まったくみられないことに気づかれることだろう．
　実のところ，学生だった編集委員らにとって，この教科書の内容はすでに古いものに感じられていた．編集委員らは学会に出席したり，新しく出版される本や論文を読むたびに，森林生態学が大きく変化しつつあるのをおぼろげながらもつかんでいた．しかし，その変化を理解するのにちょうどよい日本語の教科書はなかった．しかたなく，独学によって，あるいは先輩研究者に教わりながら，森林生態学の新しい流れについていったものである．
　さて，さらに時をさかのぼり，今から50年前．当時は，植物の一次生産に関する研究が日本で盛んに行われていた．吉良竜夫，篠崎吉郎，依田恭二，穂積和夫，

小川房人ら大阪市立大学のグループがこの分野で世界水準の研究を行い，佐藤大七郎，四手井綱秀，只木良也らも加わって，森林の一次生産の研究が花開いた．いわゆる生産生態学である．その根本には，現象をできるだけ簡単なモデルで記述・抽象化・一般化するという，科学者としての理想と矜持があった．彼らの研究において，森林は「生態系」・「個体群」として抽象化され，一次生産はいくつかの法則とそれを表す方程式でモデル化された．こういった科学としての基本的な立ち位置がしっかりしていたからこそ，世界に通用する生産生態学の研究がこの日本で展開されたのである．

　もちろん当時の研究は，空間スケールの観点，食物連鎖以外の動物の作用，行動生態学・社会生物学の考え方，群集の非平衡性，空間の不均一性など，現在では森林の生態を理解するために必須とされる概念を欠いていた．しかし，当時はそのための理論的基盤は確立していなかったし，複雑な解析をするためのコンピュータもなかった．コンピュータどころか卓上電卓すらもなく，そろばん・計算尺・手まわし計算器を使う時代だったのである．そんな時代に，森林の生産生態学についてあれだけの理論を，具体的なデータに基づいて展開した当時の研究者の能力と熱意は，森林生態学の研究を生業とする編集委員らにとって，眩いばかりである．

　それから50年，依田の教科書の出版からでも40年がたった現在，森林生態学は大きく異なる姿で私たちの前にある．生産生態学に続く流れの中で理論が実証データで検証・批判され，あるいは新たな理論・研究手法が取り入れられ，森林生態学は着実に発展してきた．ここで，ふたたび本書の目次をみていただきたい．「撹乱」，「ギャップ」などの用語は自然撹乱による森林群集の非平衡性を意味するものである．「水平構造」や「景観」は空間変動の概念が，「気候変動」や「動態」は時間変動の概念が明示的に取り入れられたことを示している．「動物との相互作用」や「種多様性」は，物質循環に限らない森林生態系の新たな切り口があることを表している．もちろん，一次生産の研究も新たな手法・概念を得て発展してきている．

　こうして成熟してきた森林生態学は，現在，幅広い分野を包含するに至っている．それらをすべて，限られた紙幅で一冊の本にまとめることはできない．しかし，本書に収められた知識を基本とすれば，森林生態学の全貌を大づかみに理解できるようにしたい．そのような目的のもとに本書を編集した．

森林生態学は，その時々の社会的背景の影響をうけて発展してきたのも事実である．50年前に一次生産が研究されたのは，世界人口の増加に伴い，生物資源の供給能力に対する懸念が生じていたからである．ひるがえって現在，気候変動の影響や生物多様性が研究されているのは，地球規模での気候変動や生物種の急速な消失が森林に不可逆的な影響を与え，その結果，人類の生活が脅かされるのではないか，と危惧されているからである．森林が人類の生存と密接にかかわっている以上，森林生態学は社会の動向と無関係ではありえない．

しかし，本書を読まれる読者には，そういうことはとりあえず脇においてもらいたい．そして，森林生態学の面白さ，奥深さ，今後の発展の可能性などを読み取っていただきたい．平たく言えば，森林生態学の世界を楽しんでほしい．読者が，森林の生態学に興味を抱き，さらに進んだ内容を学ぶきっかけとなったなら，編集委員ら，そして著者らにとって，それにまさる喜びはない．

本書をまとめるにあたっては，九州大学の巌佐庸博士，矢原徹一博士，農業環境技術研究所の池田浩明博士，共立出版社の松本和花子，山本藍子の各氏から多大なるご助力と励ましをいただいた．また，原稿は著者らで相互に確認したほか，饗庭正寛，潮雅之，大谷達也，大橋春香，小野田雄介，川西基博，河原崎里子，諏訪錬平，辻野亮，戸田求，鳥丸猛，中尾勝洋，中村徹，平田晶子，藤田直子，松木佐和子，松山周平，水町衣里，森章，山川博美の各氏にも目を通していただき，有益なご意見をいただいた．以上のみなさまに，ここに記して厚く感謝を申し上げる．

なお本書では，国産樹種の種・属・科などの分類群の名称は，平凡社『日本の野生植物』に準拠した．外国産樹種の場合は，編集委員の判断で選んだ和名に学名を添え，適当な和名がないと判断されたときは学名のみを記している．また，次頁以降に示すように，用語も巻全体を通して統一するように配慮した．もしも章の間に矛盾や不一致があったとすれば，それは編集委員の責任であることを最後に申し添える．

（独）森林総合研究所森林植生研究領域　　正木　隆
鹿児島大学大学院理工学研究科　　相場慎一郎

用語の定義……原生林と極相林はどう違う？

M：唐突だけど，「原生林」は今の日本にあるか否か．どう思う？

A：定義を示してもらわないと，答えようがない．

M：失礼．『大辞泉』がたまたまここにあるから引いてみよう．ふむ，「昔から現在まで，一度も人手が加えられたことのない，自然のままの森林」とある．岩波の『生物学辞典』ではどうだろう？これには原始林という語が載っていて，原生林はその同義語であり「人為的な変化をうけず，極相に達して永く変化しない森材を指す」とある．比べると，第一に，過去に人為による撹乱を受けていないこと．これは両者に共通している．第二に，極相に達していて構造や組成が変化しないこと．これは後者のみに付け加えられている．

A：第一の要素を考えると，原生林は今の日本に存在しない．あの「屋久島スギ原始林」といえども，切り株があるのは周知のとおり．奈良の「春日山原始林」も林内に巨木の切り株……たぶんスギだと思うが……が散在していた．厳密な意味で人手が入っていない森林は，今の日本にはないだろう．

M：同感．そもそも「原生林」はサイエンスの用語ではないかもしれない．だからこそ，国語辞典にも載っているといえる．では，第二の要素についてはどう思う？

A：これは文字通り極相林のことだ．つまり，極相林をさらに「人為なし」という条件で絞り込んだものが原生林．今までに人為や火災による撹乱を多少受けていても，今後も構造や組成が大きく変わることのなさそうな森林であれば，それは極相林として差し支えない．たとえ原生林ではないとしてもね．

M：つまり，日本に原生林は存在しないが，極相林ならば存在する，と．

A：そう．もちろん極相林といっても，ギャップなど様々な遷移段階の林分も含んだ，Watt のいう「再生複合体」としての極相林だが．

M：異議あり！例えば Krebs が書いた教科書 *Ecology* の 2001 年版には，「climax vegetation is an abstract ideal that is, in fact, seldom reached」とある．つまり「極相の植生とは抽象的，観念的なものであり，現実にはめったに見られるものではない」．これが正しいと思う．「永く組成の変化しない森林」は想像上の産物で，現実にある

とは思えない．

A：それは，アメリカの教科書だからだ．極相とはアメリカ人の Clements が確立させた概念だが，大規模な山火事が頻発するアメリカには極相林が存在しないことがわかってきたので，最近の教科書ではそういう説明になったのだろう．しかし，山火事の少ない日本には「極相林」はある．屋久島の照葉樹林や白神山地のブナ林は極相林と呼んで差し支えない．アメリカ人の書いたことがすべて正しいわけじゃない．

M：いや，白神山地の奥にあるブナ林にも昔の炭焼きの跡がいくつもある．日本はたしかにアメリカに比べれば大規模な森林火災は少ないかもしれない．だけど，この狭い国土で人為の及んでいない森林があるとは考えられない．今我々が極相林としてみているものは，何百年か前に伐採された後に成立した二次林が高齢化したものだ．

A：たとえそうであっても，組成として安定した状態に達していれば，それは極相とみなしてかまわない．

M：その森林はまだ「初代」にすぎない．今後二代，三代と同じ構造や組成で続いていけば，なるほど「永く変化しない森林」といえるかもしれない．しかし，我々はそれを実際にこの目でみたわけではないから，極相とは言いきれない．極相林も原生林と同じ概念上の存在で，実在はしないのではないか．

A：これは水掛け論になる（笑）．僕は今の日本に極相林はある，と思っている．君は，ないと思っている．どちらも証拠がない．森林の長期観測が何百年も続けば，どちらが正しいか，わかることだろう．しかし，「極相林」は，少なくとも遷移という概念を理解したり，気候と植生の対応を整理するための「モデル」としては有効だ．例えば，吉良による日本の森林帯の分類は，この「モデル」があったからこそ可能だったといえる．

M：それはいえる．いずれにしても，森林生態学はサイエンスである以上，言葉の定義は重要だ．意外と，原生林という言葉も無頓着に使われている．他にも，「更新」や「再生」など，よく似た言葉がいくつかあって錯綜気味だ．少なくともこの教科書では，次頁以下のように言葉を定義しておきたい．どうだろうか？

A：了解．余計な混乱の芽は，あらかじめ摘んでおくにかぎる．

M：しかし，こうして森林の定義を整理してみても，やはり複雑だ．例えば老齢林は極

相林，原生林のいずれでもありうる．これはもう，行間から読み取るしかない．

A：結局，森林は，どんなに言葉を尽くして説明しても，現場で観察しないと判断できないのではないかな．百聞は一見に如かず……まるで森林のためにあるような諺だ．

M：そして，本書が現場での観察・判断の一助になってくれれば，これほど嬉しいことはない．

A：そのとおり！うまくまとまった．

■森林の時間的な変化に基づく定義
　(a)　極相林（climax forest）
　　極相に達していて，構造・組成が変化しない状態にある森林．ギャップなど様々な遷移段階の林分からなる「再生複合体」としての極相林も含む．
　(b)　原生林（primeval forest, primary forest, virgin forest）
　　極相林のうち，過去の遷移の過程で伐採や火入れなどの人為撹乱の影響を受けていないもの．
　(c)　二次林（secondary forest）
　　二次遷移の途上にあって，構造・組成が変化しつつある森林．なお，一次遷移の途上にある森林（primary successional forest）に対応する一般的な訳語はない．

■森林の現在の構造や生育状況に基づく定義
　(a)　自然林・天然林（natural forest）
　　人の手によって苗が植えられた森林以外のすべてを指す．苗を植栽して造成された人工林はもちろん，伐採後の萌芽を苗として育て，繰り返し材を収穫してきた薪炭林もこの範疇から除く．ただし，利用強度が低い，あるいは放棄して数十年経過した薪炭林は自然林・天然林の範疇にいれることもできる．
　(b)　老齢林（old-growth forest）
　　大径木が高密度で成育すると同時に，小径木から大径木まで幅広いサイズの

個体がみられ，枯死木や倒木も高密度で存在する森林を「老齢林」と呼ぶ．アメリカ西海岸の例では，150〜200年生を超えたアメリカトガサワラ (*Pseudotsuga menziesii*) 林，260〜360年生を超えたウツクシモミ (*Abies amabilis*) 林などが老齢林と定義されている．地域や植物相によって大径木や林齢の基準は異なる．

(c) 成熟林（mature forest）

老齢林または極相林と同義で使われることが多いが，アメリカ西海岸では森林の成長が最高点に達してから老齢林になるまでの期間の森林を指す．

なお，森林科学（以前の林学）では，木材生産の目的からみて最適の林齢（おおよそ50〜80年）にある森林を成熟林とし，それを超えた林齢の森林を老齢林と定義しているが，これは倒木の量など，生態系の機能を考慮しない狭義の定義であり，本書では採用しない．

■更新と再生の定義

本来，生態学では，群集や個体群の世代交代を意味する regeneration を「再生」と訳してきた．一方，かつての林学では，「森林の若返り」を意味するドイツ語「Verjüngung」を「更新」と翻訳した．しかし，「更新」の意味が次第に拡大解釈され，現在では「更新」が「regeneration」の意味を併せ持つに至っている．

さらに最近は，破壊・撹乱された生態系を修復することを意味する「自然再生」などといった用語が出現し，群集や個体群の世代交代を意味する場合には，「再生」が使われる頻度が減ってきたようにみえる．

そこで，この教科書では以下のように「更新」と「再生」を定義する．

(a) 群集や個体群の世代交代を意味する場合には，regeneration の訳語として「更新」を用いる．例えば，「天然更新」は伐採後の林分を植栽することなく世代交代させることを指し，「ギャップ更新」はギャップに定着した稚樹が成長して群集・個体群が世代交代することを指す．

(b) 稚樹や実生の定着（すなわち本来の意味での「更新＝森林を若返らせること」）には，文脈に応じて「新規加入（recruitment）」，「実生の定着（establishment of seedlings）」などと表記する．ただし，慣用として定着している用語については例外を認める（例えば，倒木上に稚樹が定着している現象を指す「倒木更新」など）．

(c) 裸地や撹乱地からの林分の発達過程を意味する場合には，regeneration の訳語として「再生」を用いる．この場合の regeneration は recovery と同義である．例えば，発達段階の異なる林分のモザイクは「再生複合体」(Watt, 1947) である．

■散布と分散の定義

Dispersal という用語は，新しく生まれた個体（雛や種子など）が，成長・成熟して親個体から離散していく現象を指す．この用語には「分散」と「散布」の2通りの翻訳が行われてきた．本書では，以下のように定義する．
(a) 「分散」は生物一般の dispersal に用いる．
(b) 「散布」は対象を植物に限定した dispersal に用いる．

■階層構造の定義

「階層構造」は hierarchy の訳語である．この単語は，本来は社会の構成物を重要度のレベルに応じて序列化するためのシステムを意味する．生態学ではこれを援用して，「景観→生態系→群集→個体群→個体→遺伝子」などの序列を「階層構造」と呼んでいる．

しかし，森林の場合は，「林冠層→亜林冠層→下層→低木層」など，種や個体が垂直方向に不連続な層を形成するパターンについても階層構造と呼ぶのが一般的である．さらに，森林の断面に沿った葉の連続的な分布パターンも階層構造と呼ぶことがある．同じ日本語であるが，こちらの「階層構造」は stratification の訳語である．また，この文脈での個々の階層は，英語では stratum か layer である．

つまり，森林生態学で「階層構造」という言葉は，hierarchy か stratification のどちらかの意味で使われ，そして，どちらの意味であるかは文脈で判断するしかない．この用語上の混乱は，生態系の中でも特に発達した垂直構造を持つ森林の生態学に固有の問題である．

そこで本書では，この「階層」という言葉についての混乱を避けるため，以下のように記述上の規則を定めた．
(a) hierarchy の文脈で「階層構造」や「階層」という言葉を用いるときは，「階層構造 (hierarchy)」や「階層 (hierarchy)」と表記する．
(b) stratification の文脈で「階層構造」という言葉を用いるときは，「階層構造

（stratification）」と表記し，同じ文脈で「階層」という言葉を用いるときは「階層（stratum）」と記す．ただし，不連続な階層の存在を前提にする必要がない場合は，「垂直構造」という言葉を用いることとする（垂直構造は階層構造を含む概念であることに注意してほしい）．

(c) 混乱を避けるため，第 7 章では「成層構造」（stratification）という用語を提案した．地学では，地球の内部構造，海洋や大気の層構造を「成層構造」と呼んでおり，その一方で，異なる空間スケールで認識される気象現象（ミクロスケールの竜巻，メソスケールの前線・台風，マクロスケールのハドレー循環など）には「階層構造」という用語を用い，両者を使い分けている．森林の垂直方向の層構造についても「階層構造」ではなく「成層構造」とするのが望ましい．

もくじ

第1章 森林の分布と環境　　1
- 1.1 森林の定義と地球上における分布……………………………………1
- 1.2 生態系の状態決定因子……………………………………………………2
- 1.3 気候に基づく植物群系……………………………………………………4
- 1.4 植物相に基づく植物区系…………………………………………………13
- 1.5 気候や植物相では説明できない変異：地質の影響……………………19

第2章 森林の分布と気候変動　　21
- 2.1 はじめに……………………………………………………………………21
- 2.2 第四紀の気候変動…………………………………………………………21
- 2.3 ヨーロッパ大陸の森林の変遷……………………………………………23
- 2.4 北米東部の森林の変遷……………………………………………………26
- 2.5 日本列島の森林の変遷……………………………………………………30
- 2.6 地球温暖化による森林への影響…………………………………………34

第3章 森林の成立と撹乱体制　　38
- 3.1 撹乱の役割…………………………………………………………………38
- 3.2 撹乱と遷移…………………………………………………………………38
- 3.3 撹乱体制と森林の再生・成立条件………………………………………45
- 3.4 撹乱と人工林の管理………………………………………………………52

第4章 森林の遷移　　55
- 4.1 遷移の定義…………………………………………………………………55
- 4.2 遷移系列……………………………………………………………………58
- 4.3 遷移のメカニズム…………………………………………………………64
- 4.4 一次遷移と土壌生成………………………………………………………68
- 4.5 数百万年の遷移―ハワイ諸島における森林の発達と衰退―…………69

第5章　森林の土壌環境　72
- 5.1　はじめに………………………………………………………………72
- 5.2　植物の生育環境としての土壌………………………………………73
- 5.3　森林生態系における養分循環と養分制限機構　………………79

第6章　森林の水平構造　93
- 6.1　水平構造は生態過程の反映…………………………………………93
- 6.2　上からみた樹木個体は面か点か？…………………………………94
- 6.3　分布パターンの分類…………………………………………………95
- 6.4　分布パターンの見分け方……………………………………………96
- 6.5　空間スケール…………………………………………………………99
- 6.6　個体間に違いがある場合の水平構造………………………………101
- 6.7　樹木個体群の遺伝的な水平構造……………………………………104
- 6.8　集中分布するデータの統計解析には注意が必要…………………105
- 6.9　観察された分布から生態プロセスを推定できるか？……………108

第7章　森林の垂直構造　111
- 7.1　はじめに………………………………………………………………111
- 7.2　種の垂直分布と群落動態……………………………………………113
- 7.3　個体の垂直分布と個体間相互作用…………………………………117
- 7.4　葉の垂直分布と光合成生産…………………………………………118
- 7.5　森林の垂直構造と生産性・多様性…………………………………119

第8章　森林のギャップダイナミクス　122
- 8.1　ギャップダイナミクスとは…………………………………………122
- 8.2　ギャップ形成のパターンとプロセス………………………………124
- 8.3　ギャップ内の樹木群集の構造・動態………………………………128
- 8.4　ギャップ形成が森林生態系に与える影響…………………………130
- 8.5　遷移途上におけるギャップ形成……………………………………133
- 8.6　ギャップダイナミクスからみた種多様性と多種共存機構………134

第9章　樹木の繁殖と種子散布　136
- 9.1　樹木の繁殖……………………………………………………………136

9.2	種子散布	147

第10章　樹木の個体群動態　154

10.1	個体群動態とは何か？	154
10.2	樹木という生物の特徴	155
10.3	生命表	156
10.4	成育段階構造	158
10.5	推移行列モデル	161
10.6	樹木の個体群動態の推移行列モデル	167
10.7	推移行列モデルの拡張性	170

第11章　樹木の個体間競争と種の共存　173

11.1	はじめに	173
11.2	樹木個体間競争の解析における数理モデルの役割	174
11.3	樹木個体間競争の基本概念	176
11.4	植物の個体群動態と個体間競争	178
11.5	極相林における樹木個体間の競争様式	182
11.6	まとめ	187

第12章　森林と動物との相互作用　189

12.1	はじめに	189
12.2	動物にとっての森林の機能	189
12.3	植物の対植食者戦略 ―食べられることに対する植物の防御とそのコスト	193
12.4	植食者が植物および森林へ及ぼす影響	197
12.5	おわりに	204

第13章　森林の種多様性　206

13.1	樹木種の種多様性パターンを解明するためのアプローチ	206
13.2	群集の中立理論の始まり	207
13.3	中立理論の仕組み	208
13.4	統計モデルとしての中立理論	212
13.5	種子散布と加入の制限	214

- 13.6 中立理論からみた森林の歴史的な動態 ……………………………… 216
- 13.7 機能的に類似した種の拡散的共進化仮説 ……………………………… 217
- 13.8 森林群集の研究における中立理論の有用性 …………………………… 220

第14章　森林の物質生産　224
- 14.1 はじめに ……………………………………………………………… 224
- 14.2 物質生産に関与する森林の構造 ……………………………………… 225
- 14.3 森林の物質生産量の推定 ……………………………………………… 234
- 14.4 群落レベルへのスケーリングと今後の展開 ………………………… 243

第15章　森林景観と生態系サービス　245
- 15.1 はじめに ……………………………………………………………… 245
- 15.2 森林景観 ……………………………………………………………… 246
- 15.3 生態系サービス ……………………………………………………… 250
- 15.4 森林景観と生態系サービス …………………………………………… 253

おわりに　259

引用文献　263

索引　282

第1章 森林の分布と環境

相場慎一郎

1.1 森林の定義と地球上における分布

　ある場所に生育している植物の集団を植生（vegetation）と呼び，植物群集（植物群落，plant community）もほぼ同義である．植生のうち高木が優占する[1]ものを森林（forest）という．高木の生育限界に近い場所では，樹木が匍匐状態で生育したり，高木がまばらに生えた疎林になったり，草原・ツンドラなどの中に森林が断片的に存在したりする．このように森林とそれ以外の植生との境界は不明瞭であり，森林の定義は人為的なものにならざるをえない．国連食糧農業機関は森林を次のように定義している（FAO, 2006）．
「高さ5m以上かつ樹冠被度10％以上の樹木，もしくはその土地においてこれらの基準に達しうる樹木が存在する面積0.5ha以上の土地．ただし，果樹園や農林複合経営（agroforestry）用地は含まない．」
　この定義によると世界全体の森林面積は約4000万km^{2}と推定され，世界の陸地面積の27％を占める．地球上の陸地の割合は29％なので，地球表面で森林が存在するのはわずか8％ということになる．
　森林の状態によって分類すると，原生林（primary forest）が36％，人為の加わった自然林（natural or semi-natural forests）が60％，人工林（plantation）が4％を占める．森林の分布は気候帯によって偏っており，北方林（平均気温10℃以上の月が3以下）が33％，温帯林が11％（平均気温10℃以上の月が3～7），亜熱帯林（平均気温10℃以上の月が8以上）が9％，熱帯林（無霜地帯）が47％を占める（FAO, 2001）．温帯林・亜熱帯林の割合が少ないのは，これらの地帯が乾燥気候を含むことが主要因であるが，人為的な森林破壊も反映している．
　ユーラシア大陸を3つに分割して大陸ごとの森林の分布をみると，南米に

---

[1] 量的に優勢であること．森林では種ごとの幹断面積の合計値（基底面積，basal area）や個体数で評価することが多い．ある地域における森林や土地利用の種類などについても用いる．

表1.1 南極を除く世界の陸地と森林の割合（%）（FAO, 2006）

地　域	陸地	森林
ロシア	13	20
アジア	24	15
ヨーロッパ	4	5
アフリカ	23	16
北中米	16	18
南米	13	21
オセアニア	7	5
合　計	100	100

21%，ロシアに20%，北中米に18%，アフリカに16%，アジアに15%，ヨーロッパとオセアニアに5%ずつが存在する（表1.1）．陸地面積の割合と比較すると，中緯度の乾燥地帯が広いアジア・アフリカ・オセアニアで，面積のわりに森林が少ない．

このように地球全体を見渡すと，森林の分布は一義的には気候で決まっており，人間活動が副次的に作用している．

1.2 生態系の状態決定因子

ある場所に存在する生物とそれをとりまく環境（土壌・大気など）を合わせて生態系（ecosystem）という．一般に，陸上生態系のありさまを決定する状態決定因子（state factor）として，以下の5つが重要である（Amundson & Jenny, 1997）．
気候（climate）・生物（organisms）・地形（topography）・地質（母材，parent material）・時間（time）
森林は高木が優占する陸上生態系としても定義できるので，やはり以上の5因子によって状態が決定される．陸上生態系の中の土壌に限定すると，この5因子は土壌生成因子と呼ばれる（第5章）．

気候因子のうち特に重要なのは気温と降水量である．気候によって分類される植生のタイプを植物群系（plant formation）と呼び，植物以外の生物も含める場合や生態系としては生物群系（バイオーム，biome）と呼ぶ．生物因子とは生物相（biota）を意味し，大陸移動などの地史や生物の移動・進化・絶滅を反映してい

る．生物相のうち，植物相（flora）に基づき分類される地域区分のことを植物区系（floristic region）と呼ぶ．地球上の大陸を比較するような大きな空間スケールでは，気候と生物相（特に植物相）が植生の状態を決めている（堀田，1974；林，1990）．

地形因子は尾根・谷のような地表面の起伏に起因する環境の不均一性を意味し，土壌の物理・化学的性質に影響を与える（第5章，第6章）．地質因子（初期状態とも呼ばれる）は土壌の原料となる母材（基岩）の性質を意味し，土壌は母材の化学組成・物理性を反映して形成され植生に影響を与える．地形と地質は小さな空間スケールでの状態決定因子として重要で，同じ気候・生物条件であっても，海岸・湿地・渓畔・岩礫地などの特殊な地形や，石灰岩・蛇紋岩など特殊な地質上には，通常とは異なる植生が成立する．

時間因子は遷移に対応し，撹乱によって破壊された植生は時間の経過とともに極相状態へと変化していく（第3章，第4章）．さらに，数百万年に及ぶ時間スケールを考えると，土壌への撹乱がない場合は，栄養塩が溶脱したり粘土に吸着されて土壌が貧栄養化し，極相状態も変化する（第4章，第5章）．ただし，大陸移動や生物の進化・絶滅が起こるような，さらに長い時間スケール（1000万年以上）を考えると，気候・生物相・地形が変化してしまうので，以上の5因子によって生態系の状態を考えることは難しくなる．

さらに，人間活動を6つ目の因子とすることもある（第15章）．ただし，人間活動は前述の5因子と並立するのではなく，それらに影響を与える間接的因子と考えるべきだろう．人間活動は生物を絶滅または移入させ，植生を破壊・改変することで，生物・時間因子に大きな影響を与える．近年の地球温暖化の原因も人間活動だとすれば，気候にも影響していることになるし，局所的には土木工事や地下資源の採掘によって地形や地質をも変化させている．

気候と生物相によって決まる，大きな空間スケールでみた植生の分布を大分布と呼び，気候と生物相が一定の地域内で地形・地質・時間の変動によって決まる，小さな空間スケールでみた分布を小分布と呼ぶことにする（石塚，1977）．

1.3 気候に基づく植物群系

　地球上には同じような気候の場所が異なる大陸上に存在する．そのような場所に生育する植物は系統的には離れていても，適応進化によって似たような形態と生理的性質を示すようになるため，植生の様相（相観，physiognomy）も似てくる．このことを進化的収斂（evolutionary convergence）と呼ぶ．したがって，相観による植生分類も植物群系といえる．

　ただし，相観は植物相にも影響されるので，気候による植生分類と相観による植生分類は必ずしも一致しない．相観が似ていても気候が大きく異なることもあるし，気候が似ていても相観が異なることもある．例えば，常緑針葉樹の優占する森林の多くは北半球高緯度（北方林）に分布するが，北半球中緯度（北米西部や日本のモミ・ツガ林），南半球，熱帯山地などにも分布する．逆に，気候の類似した北米西部と南米南西部には，おもに常緑針葉樹林と常緑広葉樹林がそれぞれ成立する．この故に，地球全体を対象とした植生分類の多くは，気候と相観の両者を組み合せて用いている（Box 1.1 参照）．

　気候と植生の大分布の対応をみる時には，地形・地質・時間に影響される小分布を除外して考える必要がある．特殊な地形・地質条件にないかぎり，植生は気候によって決定される極相状態に達すると考えられるので，この気候的極相（climatic climax）をみる必要がある（第4章）．気候の極相を成帯植生（zonal vegetation）とも呼び，逆に，特殊な地形・地質条件のもとに成立する極相を非成帯植生（azonal vegetation）と呼ぶ．

1.3.1 気温と降水量に基づく Köppen の気候分類

　最も普通に用いられている地球の気候分類は Köppen によるものである．特に米国では Trewartha (1968) による修正版が広く使われている（例えば，Bailey, 2009）．植物群系を反映するように経験的に作られた気候分類なので，植物群系の分布とよく一致する．

　Köppen (1936) は地球の気候を A〜E の5つに区分した．まず，最暖月の平均気温が 10℃ 以下の E 気候（寒帯または極気候）と，それ以上の A〜D 気候に分けた．続いて，A〜D 気候のうち，年降水量が年平均気温に対して少ない気候を B

気候(乾燥気候)とした.さらに,E・B以外の気候を最寒月の気温によって,18℃以上のA気候(熱帯気候),18℃以下かつ−3℃以上のC気候(温帯気候),−3℃以下のD気候(冷帯または亜寒帯気候)に分けた.Eは寒さのため,Bは乾燥のため,それぞれ樹木が生育できないが,A・C・Dは樹木が生育可能な樹木気候(tree climate)である.A気候は熱帯植物の生育範囲であり,無霜地帯とほぼ一致する.D気候は冬の積雪が顕著な地帯に対応するが,TrewarthaはC気候とD気候の境界を最寒月気温0℃に修正した.

地球上の各気候の分布を見ると,A気候は赤道付近に存在し,B・C・E気候はA気候を挟んで南北両半球に低緯度から高緯度に向かってこの順に出現する(図1.1).B気候は中緯度高圧帯に対応するが,大陸西岸に偏って出現するので,大陸東岸ではA気候からC気候に直接移り変わる.この大陸東岸と西岸の違いは,暖流と寒流がそれぞれの沿岸を流れていること,中緯度で西風(ジェット気流や偏西風)が卓越することなどによって説明される.C気候とE気候の中間であるD気候は北半球にしか出現しない.D気候は夏と冬の気温差が大きい大陸性気候であり,陸地面積の少ない南半球には存在しえないのである.このことは,温帯性落葉樹(冬期落葉樹)の分布が北半球にほぼ限られることに対応する(ただし,D気候で優占するのは常緑針葉樹).

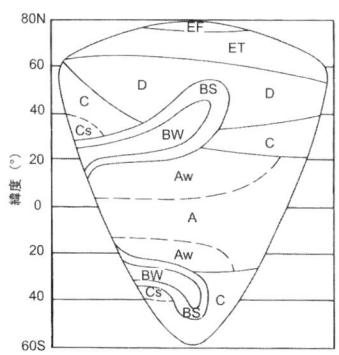

図1.1 仮想的な大陸上におけるKöppenの気候区の配置
中央の逆三角形状の部分が周囲を海洋で囲まれた仮想的な大陸を表す.A,熱帯気候;Aw,熱帯サバンナ気候;BS,乾燥気候(草原気候);BW,乾燥気候(砂漠気候);C,温帯気候;Cs,温帯冬雨(地中海性)気候;D,亜寒帯(冷帯)気候;ET,寒帯気候(ツンドラ気候);EF,寒帯気候(氷雪気候).図には示されていないが,大陸の南端部や南極にもET・EF気候が存在する.Barry & Chorley(2003)を改変して引用.

Köppenは各気候をさらに細分しているが，Trewarthaは植生との対応が不明瞭なものを修正した．Trewarthaがそのまま引き継ぎ，森林の分布との対応がよいものには以下のものがある．A気候のうち，乾期がある気候（Aw）はサバンナや熱帯季節林に対応し，熱帯性落葉樹（乾期落葉樹）が優占する熱帯落葉樹林を含む．C気候のうち夏に乾燥し冬に雨が多い気候は地中海性気候（Cs）と呼ばれる．

吉良（1976），小島（1996）は，生態学の立場から気候分類を詳しく解説している．

1.3.2 暖かさの指数による東アジアの森林帯の分類

ユーラシア大陸東岸に位置する日本は全域が多雨条件にあるので，B気候は存在せず，南部はC気候，北部はD気候に含まれる．ただし，C気候とD気候の境界の最寒月気温を -3℃としても 0℃としても植生の変化と対応せず，落葉広葉樹林は両気候にまたがって出現する．また，C気候に分類される日本南部の常緑広葉樹林を見ると，本節で後述するように屋久島と奄美諸島の間に大きな違いがある．このように日本の森林帯を区分するにはKöppenの気候分類は不十分である．

そこで，吉良（1949）は，日本を含む東アジアにおける気温と植生の関係を，「暖かさの指数」（warmth index，略してWI；温量指数ともいう）という指数を用いて体系化した（図1.2）．WIは，以下のように，平均気温5℃以上の月の平均気温から5℃を引いて1年間合計した値として定義される．

$$\mathrm{WI}=\sum_{}^{n}(t-5) \tag{1.1}$$

tは月平均気温，nは $t>5$℃である月の数である．WIは植物の生育下限温度を5℃と仮定した，一種の積算温度である．以下では，吉良が定義した森林帯を寒い方から説明する．

WI<15（寒帯）では寒すぎて森林が成立しえない．

WIが15〜45（亜寒帯）の範囲は常緑針葉樹林帯であり，北海道の山地（大雪山や知床半島）ではエゾマツ・トドマツが，本州の亜高山帯ではシラビソ・オオシラビソが優占する．エゾマツを含むトウヒ属，トドマツ・シラビソ・オオシラビソを含むモミ属は北半球の同様の気候条件で優占し，これらの常緑針葉樹林は北

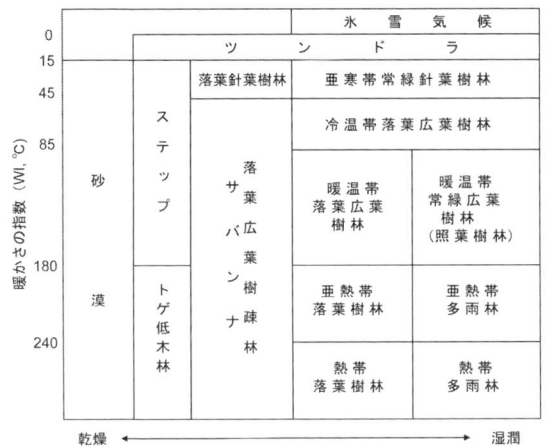

図1.2 夏に雨が多い気候における暖かさの指数 (WI) と植生の関係
吉良 (1976) を改変して引用.

方林 (boreal forest), またはタイガ (ロシア語に由来) とも呼ばれる. 垂直分布では森林限界 (高山帯の下限) の直下に位置するので亜高山帯林 (subalpine forest) とも呼ばれる. ただし, シベリア内陸の乾燥が激しい場所では, 落葉針葉樹のカラマツ属が優占する.

WI が 45〜85 (冷温帯) の範囲は落葉広葉樹林帯であり, 中部山岳地域や東北地方, 北海道の低地が該当する. 代表的な優占種はブナである. ただし, 北海道の黒松内低地より北には分布せず, 本州でもブナの優占度は日本海側に比べて太平洋側で低下する. これらの地域では, カエデ属・ミズナラなどが多くなり, アジア大陸北東部 (中国東北部・朝鮮半島・ロシア沿海州) にあるのと似た落葉広葉樹林 (北海道では針広混交林) となる. この理由としては, 太平洋側のほうが冬期に降雪が少なく乾燥するとともに最低気温が低くなる, つまり, より大陸的な気候になることが考えられてきた. ただし, 気候と関連した他の要因 (春先の山火事・ネズミによる種子の食害など) も影響しているらしい (中静, 2004). また, 黒松内低地より北にブナが分布しないのは, 気候ではなく地史が原因である可能性がある (第2章).

WI が 85〜180 (暖温帯) の範囲は, 日本ではほとんどが照葉樹林 (lucidophyll forest) 帯となり, 関東・北陸から九州に分布する. 照葉樹とは固い革質の葉を持

つ常緑広葉樹を指すが，地中海性気候の硬葉樹や大型で柔らかい葉を持つ熱帯の常緑広葉樹と区別するため，この名を用いる．代表的な優占種は，シイ属・カシ類（常緑のコナラ属）・タブノキ・イスノキなどである．より乾燥した大陸部（中国南部）では基本的には落葉広葉樹林となるが，降水量の多い山地には照葉樹林が成立する．中国南部と似た気候条件の米国南東部にも落葉広葉樹林が成立する．このようにWIが85以上であっても，降水量が不足すると落葉広葉樹林となるが，その他に，冬の寒さが厳しい場合にも落葉広葉樹林が成立する（次節）．なお，日本の太平洋側では，落葉広葉樹林帯と照葉樹林帯の移行部（WI 60〜100の範囲）に，常緑針葉樹のモミ・ツガが優占する森林（モミ・ツガ林）がみられる．

WIが180〜240の範囲は亜熱帯多雨林帯である．日本では奄美大島以南の南西諸島が該当する．相観は屋久島以北の照葉樹林に似るが，樹種多様性がもっと高い．日本本土の照葉樹林だけでなく台湾〜中国南部と共通する種・分類群も多い．これらの植物は過去に南西諸島が日本本土・台湾・中国とつながったときなどに移入してきたと考えられている．熱帯系の植物が海岸部に多く，タコノキ属のアダンやイチジク属の絞め殺し植物が海岸林を形成し，河口にはマングローブが発達する．小笠原諸島も同様の気候条件にあるが，海洋島のため固有種を多く含んだ独特の植物相を持つ．乾季が明瞭なアジア大陸部では亜熱帯落葉樹林帯となる．

WIが240以上の範囲は熱帯多雨林帯である．東南アジアでは，樹高50m以上に達するフタバガキ科樹木が優占し，林冠層の上に突き出た巨大高木（emergent）層を形成する．樹種多様性は亜熱帯林よりもさらに高い（相場，2008）．大きくて薄い葉，板根の発達や豊富なツル植物などもその相観を特徴づける．乾季が明瞭な地域では樹高が低下し，熱帯落葉樹林帯となる．

Box 1.1

世界の森林の分類

東アジアで体系化されたWIによる森林帯の分類を，世界全体に拡張するには無理がある．例えば，WI=85という冷温帯と暖温帯の境界は日本のブナの南限に合わせてある．世界のブナ属にはブナ以外に10種あるが，そのすべてが（日本のイヌブナも）ブナより暖かい地域まで分布する（Fang & Lechowicz, 2006）．また，WI=180という暖温帯と亜熱帯の境界も，屋久島と奄美大島の間で気候と植物相が

不連続的に変化する日本の特殊事情を反映している．WI が 45～85 の湿潤冷温帯気候には，日本では落葉広葉樹林が成立するが，北米西部には常緑針葉樹林が，南米には常緑広葉樹林が成立する．ここでは，相観よりも気候を重視した Walter による分類を示す（Breckle, 2002）．

●熱帯多雨林

Köppen の A 気候の一部に対応する．1 年中高温多雨で，気温の日変化のほうが月平均気温の年変化よりも大きい．アジア（ニューギニアとオーストラリアを含む）・アフリカ（マダガスカルを含む）・中南米という大洋で隔てられた 3 地域に分布するが，その相観はよく似ている．アジア（ニューギニアとオーストラリアは除く）でフタバガキ科が優占することを例外として，樹木の科の組成もよく似ている．

●熱帯落葉樹林とサバンナ

Köppen の Aw 気候にほぼ対応する．1 年周期で乾期と雨期が繰り返される．アジア（インドと東南アジア大陸部），オーストラリア，アフリカ，中南米に分布する．乾期が短いと熱帯落葉樹林となり，乾期が長いとサバンナやトゲ低木林になる．サバンナは樹木が多く混じる場合から，ほとんど草本だけの草原状まで様々である．一般に乾燥が激しいほど樹木が少なくなるが，土壌条件や人間活動（野火や放牧）の影響も大きい．

●硬葉樹林

Köppen の Cs 気候に対応する．夏に乾燥し，冬に雨が多い地中海性気候に成立する．硬葉樹林（sclerophyll forest）とは，この群系で優占する樹種が，夏の乾燥に対応して，小さくて硬い常緑の葉を持つことに由来する．ヨーロッパ・アフリカ・アジアの地中海沿岸，北米西部（カリフォルニア），南米南西部（チリ），オーストラリア南部，南アフリカ（ケープ地方）の 5 地域に分布する．樹木の分類群は大きく異なるが，相観が非常に似ており，生態系の進化的収斂の代表例としてよく研究されている．

●温帯常緑樹林

Köppen の C 気候の一部に対応する．冬の寒さも夏の乾燥も厳しくない温帯に成立し，温帯多雨林と呼ばれることもある．大陸東岸（東アジアと北米東部）では熱帯と温帯落葉広葉樹林の間に位置し，夏に雨が多い．大陸西岸（ヨーロッパと北米西部）では硬葉樹林と北方針葉樹林の間に位置し，冬に雨が多い．この森林帯では，場所によって相観が大きく異なる．東アジアでは常緑広葉樹林（照葉樹林・亜熱帯多雨林）が，北米西部では常緑針葉樹林が成立する．南半球温帯（オーストラリア・ニュージーランド・チリなど）の常緑広葉樹林も同じ群系とされる．

●落葉広葉樹林

Köppen の C～D 気候の一部に対応する．温帯常緑樹林よりも冬が寒い気候に成立する．冬が寒いため常緑広葉樹の分布が制限され，落葉広葉樹が優占する．北半球温帯の3地域，東アジア・ヨーロッパ・北米東部に分布する．相観も組成もよく似ており，共通の属が非常に多い．例えば，ブナ科のブナ属・コナラ属，カエデ科カエデ属，カバノキ科のカバノキ属・クマシデ属などである．冬が寒くない南半球には，チリとタスマニアのナンキョクブナ科樹種優占林を例外として，落葉広葉樹林は存在しない．

●北方針葉樹林

Köppen の D 気候の大部分に対応する．落葉広葉樹林より，さらに冬が長く厳しい気候に成立する．ユーラシア大陸と北米の北部に分布する．吉良の常緑針葉樹林帯に相当し，優占する属は常緑針葉樹のモミ属・トウヒ属・マツ属，および落葉針葉樹のカラマツ属である（すべてマツ科）．多くの常緑広葉樹と違って，これらの針葉樹は高い耐凍性を持ち，葉・枝・幹は -70℃以下の凍結に耐え，芽も -50℃に耐える（酒井，1995）．

1.3.3 寒さの指数と常緑広葉樹の分布

前述のとおり，夏が暑く WI>85 を満たす地域であっても，冬が寒いと高木性の常緑広葉樹の分布が制限され，照葉樹林が成立しえない．吉良（1949）は，5℃から平均気温5℃以下の月の平均気温を引いて1年間合計した値に負の記号をつけたもの，すなわち，(1.1) 式の n を $t<5$℃である月の数に置き換えたものを「寒さの指数」(coldness index, CI) と定義し，CI が -10℃以下の場合，落葉広葉樹林（モミ・ツガ林を含む）が成立することを示した．このような場所は日本の中部～東北地方の内陸部に存在し，ブナの優占する冷温帯と照葉樹林の成立する暖温帯の中間を占めるため，中間温帯林とも呼ばれる．

雪に覆われることで冬の寒さを回避できる常緑低木は例外として，常緑広葉樹の分布は冬の寒さによって制限される．最寒月の平均気温 -1℃も常緑広葉樹林の北限（上限）とよく一致し，CI よりも世界的にデータを得やすい．そこで，大沢（1993）は冬の寒さを指標するのに CI＜-10℃ではなく最寒月平均気温＜-1℃を採用している（次節）．

1.3.4 東アジアにおける森林の垂直分布

湿潤地域では，標高が 100m 上がるにつれ気温は約 0.6℃低下する．熱帯の海

岸部で年平均気温が27℃あっても，標高1500mでは18℃になり，それ以上の標高は「最寒月の気温が18℃以上」というKöppenのA気候から除外されてしまう．同様に，北半球中緯度でも標高が高くなるとC気候からD気候へと変化する．東アジアは乾燥気候によって中断されずに低緯度から高緯度まで森林が連続し，しかも森林限界に達する高峰が多数存在する，世界で唯一の地域である．大沢（1993）は，東アジアの森林について，降水量に制限されない場合の垂直分布パターンの緯度による変化をまとめた（図1.3）．

熱帯では高標高の森林限界まで常緑広葉樹林が連続する．これに対し，温帯（亜寒帯も含める）では低地から森林限界にかけて，常緑広葉樹林（亜熱帯多雨林・照葉樹林）→落葉広葉樹林→常緑針葉樹林と森林の相観が変化し，低地における低緯度から高緯度への変化と同じパターンを示す．このように熱帯と温帯では森林の垂直分布パターンが異なるので，それぞれ熱帯型・温帯型の垂直植生帯と名付けられた．なぜ垂直植生帯は熱帯と温帯で異なるのだろうか？

東アジアの熱帯でも温帯でもKöppenの最暖月平均気温10℃よりも，吉良のWI＝15℃のほうが森林限界とよく一致する．一方，高木性の常緑広葉樹の分布

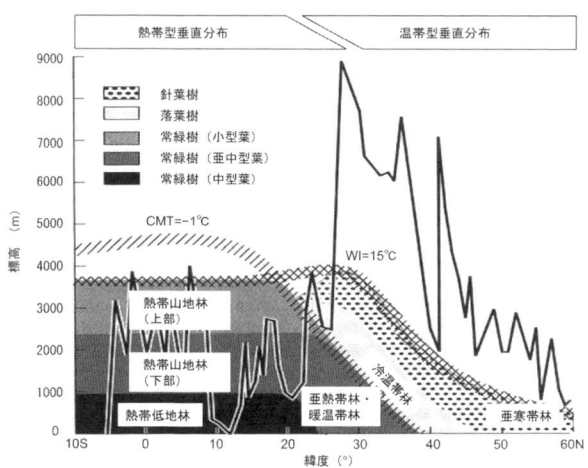

図1.3 東アジアの熱帯から温帯にかけての緯度・標高と森林の分布の関係
　　　折れ線は各緯度における最高標高を結んだ地形の断面を表す．CMT＝－1℃の斜線部は最寒月気温－1℃の等温線を，WI＝15℃の2重斜線部は暖かさの指数15℃の等温線を表す．異なる塗りつぶしパターンは優占種の生活形を示す．亜寒帯林は温帯林に含める（寒温帯林）．大澤（2003）を改変して引用．

は冬の寒さによって制限され，最寒月平均気温>-1℃（またはCI>-10℃）の地域にしか存在しえない．熱帯には気温の季節変化がなく冬も存在しないため，標高が上がるにつれWIは減少するが，最寒月平均気温は5℃以上のままである（したがって，CIはゼロのまま変化しない）．このため，最寒月平均気温<-1℃（またはCI<-10℃）よりもWI<15℃の条件のほうが，低い標高で出現する．よって，熱帯では森林限界まで常緑広葉樹が分布する．

一方，寒い冬がある温帯では，標高が上がるにつれWIだけでなく最寒月気温（またはCI）も減少していき，WI<15℃よりも最寒月平均気温<-1℃（またはCI<-10℃）の条件のほうが低い標高で出現する．このため森林限界よりずっと低い標高で高木性の常緑広葉樹が分布できなくなる．この常緑広葉樹の上限を越えて森林で優占できるのは，寒い冬に耐えられる落葉広葉樹や針葉樹である．

このように緯度と標高両方に対する森林の変化をみると，常緑広葉樹林は，熱帯低地を中心にして熱帯山地と中緯度温帯へと広がっていることがわかる．つまり，東南アジアの熱帯山地林と日本の亜熱帯多雨林・照葉樹林は，低温条件に適応した常緑広葉樹林という意味では同じ植物群系である．熱帯低地に比べて樹種多様性が低く，厚くて小さい葉，低い樹高，巨大高木を欠くのっぺりした林冠などの相観も共通する．また，常緑のブナ科樹種（シイ属・マテバシイ属・コナラ属）が優占するなど，科や属の組成の共通性も高い．同様に，南アフリカ低地の温帯林はアフリカ熱帯山地と共通種を含み，ともにafromontane forestと呼ばれる（White, 1978）．

Box 1.2

常緑性・落葉性の地理的分布パターン

東アジアについてみたように，ふつう北半球の湿潤地域では，森林の常緑性は低緯度から高緯度へかけて常緑→落葉→常緑と二山分布を示す．1)葉を作るコスト，2)呼吸などの葉の維持コスト，3)光合成による利得，4)葉の光合成能力の時間的低下（老化）という4つの要因を考慮すると，その理由を説明できる（菊沢，2005）．

冬のない低緯度では1年中光合成が可能なので，葉の寿命にかかわらず常緑になる．一方，中緯度より北では，冬には光合成ができないのに葉の維持コストだけがかかり，葉の老化も進む．したがって，冬の間は落葉して，春に光合成能力が高い新しい葉を作るほうが合理的である．ただし，葉の生産コストも考えなくてはならない．中緯度では夏が長いので，1年で葉が生産コストを上回るだけ光合成できる

ため，多くの樹種は冬に落葉する．ところが高緯度では夏が短いため，1年で葉が生産コストを上回るだけ光合成できない．そのため2年以上葉をつけておく必要があり，必然的に常緑になる．

1.4 植物相に基づく植物区系

　ある地域の植物相は，陸塊の移動と気候変動，およびそれらを反映した植物の移入・進化・絶滅の歴史の産物である．植物区系はこのようにして形成された植物相に基づくもので，科などの高次分類群の分布によって分類される．

1.4.1 長距離散布と陸塊の移動

　Darwin (1859) の『種の起源』以来，遠く海で隔てられた陸地に共通の分類群が存在することは，長距離散布によって説明されてきた．例えば，太平洋のほぼ中心にあるハワイ諸島には，約2700万年かけて約275の祖先種の植物が海を越えて移入したとされる (Juvik, 1998)．しかし，1960〜1970年代にプレートテクトニクス理論が確立すると，生物が陸塊ごと移動して現在の分布パターンを形成したとする分断生物地理学 (vicariance biogeography) が興隆した．特に，ゴンドワナ大陸由来の陸塊に分布する生物について，その有効性が主張された．

　ところが，近年，分子系統学的手法で種の分岐年代が推定できるようになり，ゴンドワナ由来の陸塊でも種の分岐が陸塊の分岐よりずっと新しい例が次々にみつかってきた．このことは海を越えた陸塊間の長距離散布が頻繁に起こったことを意味する．生物の移動は陸塊に乗ったままの移動と海を越える散布 (oceanic dispersal) の両者によって起こり，両者の相対的重要度は分類群によっても場所によっても異なると考えるべきである (de Queiroz, 2005)．植物では長距離散布が起こりやすいため，大陸間の植物相の違いは動物相に比べ小さい．しかし，種子散布能力が限られている分類群（例えば大型の乾果をつけるブナ科・ナンキョクブナ科・フタバガキ科など）の分布は，過去の陸塊の移動と陸伝いの短距離散布によって大部分を説明できる (Box 1.3)．

Box 1.3

フタバガキ科の生物地理

　東南アジアの熱帯多雨林で巨大高木として優占しているフタバガキ科樹種はすべてフタバガキ亜科に属し，マダガスカルの北東にあるセイシェル諸島からインドを経てニューギニアまでに約470種が分布する．フタバガキという名が示すように，果実にはふつう萼が変化した翼があるが，翼の数は2枚とは限らず5枚の種の方が多い．

　フタバガキ科にはフタバガキ亜科以外に2つの亜科が存在し，モノテス亜科（約30種）が南米・アフリカ・マダガスカルに，パカライマエア亜科（1種）が南米に分布する．これらの亜科の種は乾燥した森林に生え，樹高も30m以下のことが多い．フタバガキ科の果実は翼はあっても大型の乾果で，種子も休眠性を欠くため，種子散布能力は限られている．耐塩性もないため陸伝いにしか移動できない．現在のフタバガキ科の分布パターンはどうやって生じたのだろうか？

　DNAによる系統解析の結果，フタバガキ科はマダガスカル固有のサルコラエナ科（Sarcolaenaceae）に近縁であることが示された．最近の研究では，フタバガキ亜科とサルコラエナ科が単系統群を形成し，モノテス亜科とパカライマエア亜科はその姉妹群となり，さらにパカライマエア亜科は環大西洋分布を示すハンニチバナ科（Cistaceae）と単系統群を形成した（図a）．フタバガキ科がゴンドワナ大陸で起源し，このうちモノテス亜科とパカライマエア亜科がゴンドワナ西部の南米・アフリカに進出したのに対し，フタバガキ亜科がゴンドワナ東部のセイシェルとインド亜大陸上で進化した，と解釈できる．フタバガキ亜科が東南アジア〜ニューギニアに進出して多様化したのは，インド亜大陸がユーラシア大陸にぶつかった約5000万年前以降ということになる．

　フタバガキ科の3つの亜科，および近縁な2つの科（サルコラエナ科・ハンニチバナ科）はすべて外生菌根を持つ．被子植物のうち外生菌根を持つ種の割合は約3％にすぎないため，これらの科が独立に外生菌根を持つようになったとは考えにく

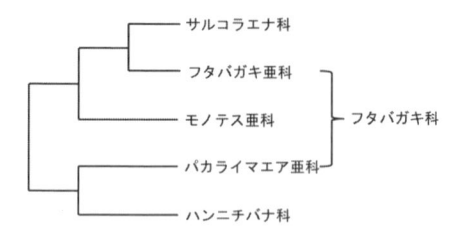

図a フタバガキ科の3つの亜科と近縁な2つの科について，葉緑体DNAによる系統解析を行った結果を示す樹状図．Ducousso *et al.* (2004) による．

い．以上のことは，ゴンドワナ大陸に存在したこれらの科の共通祖先が，南米大陸とアフリカ大陸が分裂した白亜紀前期（約1億3000万年前）以前に外生菌根菌との共生関係を確立したことを示唆する．

1.4.2 植物相形成の歴史

現生の裸子植物の科（マツ科・マキ科・ナンヨウスギ科など）が出現したのは中生代三畳紀からジュラ紀（2億5000万年前〜1億5000万年前）にかけて，現生の被子植物の科（ブナ科・カバノキ科・クスノキ科など）が出現し始めたのは中生代白亜紀（1億5000万年前〜6500万年前）である（高橋，2006）．したがって，分断生物地理学的な考え方では，この頃の陸塊の分布が現生生物の分布に影響していることになる．

古生代ペルム紀末（2億6000万年前）頃から地球上の陸塊すべては寄せ集まって，パンゲアという超大陸を形成していたが，ジュラ紀中期（1億8000万年前）になると，北側のローレシア大陸と南側のゴンドワナ大陸に分裂した（図1.4）．ローレシアは現在の北米とユーラシアに対応し，多数の陸塊が徐々に集まって形成されてきたが，北米とユーラシアの間には繰り返し陸橋が形成され，生物が相互に往来した．一方，ゴンドワナは，南米・アフリカ・マダガスカル・インド・ニューギニア・オーストラリア・南極などを現在とほぼ同じ形のまま含んでおり，パンゲア形成のはるか以前（6億5000年前）から1億6000年前（ジュラ紀）まではほぼ同じ形を保っていた．このような大陸移動の歴史が，現在もローレシア由来の大陸（北半球に分布）とゴンドワナ由来の大陸（南半球〜熱帯に分布）で生物相が大きく異なる原因である．

白亜紀中期（約1億年前）頃には，ローレシア・ゴンドワナそれぞれの内部で温帯と熱帯の植物相が分化しており，ローレシアではマツ科，ゴンドワナではマキ科・ナンヨウスギ科といった現生裸子植物の科がすでに優占していた．今でもマツ科の分布はほぼ北半球に限られ，マキ科・ナンヨウスギ科の分布は南半球に偏っている．被子植物でも同様の現象がみられ，ブナ科・カエデ科・カバノキ科・モクレン科などは北半球にほぼ限られ，ナンキョクブナ科・ヤマモガシ科・フトモモ科・シキミモドキ科（Winteraceae）などは南半球に偏っている．現在ではローレシア由来の陸塊とゴンドワナ由来の陸塊がユーラシア南部（中近東〜中国南部）や中米でつながっているが，接続部が熱帯または乾燥地帯に位置するため，

(a) ペルム紀後期（2億6000万年前）

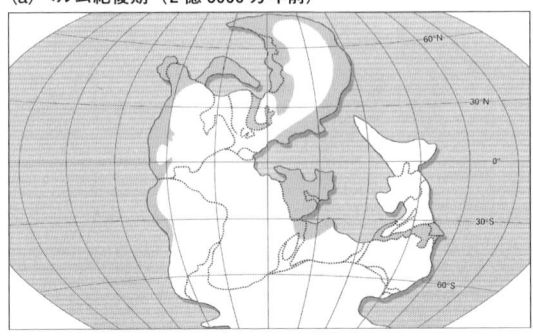

(b) 白亜紀前期（1億4000万年前）

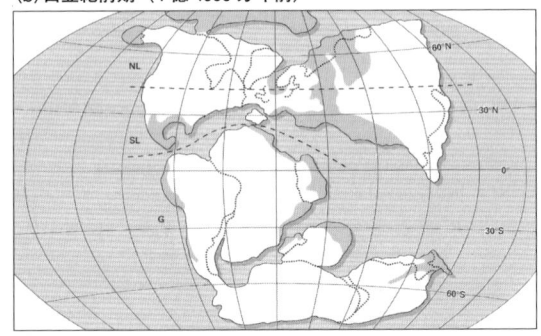

図1.4 地質時代における地球上の陸地の配置
(a)古生代ペルム紀には地球上の陸地がすべて集まってパンゲア大陸を形成していた．(b)中生代白亜紀になるとパンゲア大陸は北側のローレシア大陸と南側のゴンドワナ大陸に分裂した．NL, ローレシア大陸北部；SL, ローレシア大陸南部；G, ゴンドワナ大陸．Cox & Moore（2000）を改変して引用．

南北の温帯性の植物が交互に移動することが妨げられている．ただし，熱帯山地には，東南アジアのカエデ科，中南米のカバノキ科，両地域のブナ科・モクレン科・シキミモドキ科など，南北の温帯から進出した植物が多い（ブナ科・モクレン科は熱帯低地にまで進出）．

　現在熱帯林がみられる地域のほとんどはゴンドワナ大陸由来の陸塊上にある．ただし，東南アジアの大部分はゴンドワナ由来の陸塊であっても，白亜紀中期までにローレシアに付け加わっていた．現在東南アジアに分布するゴンドワナ由来の分類群は，白亜紀中期以降にインド（フタバガキ科）やニューギニア（マキ科・ナンヨウスギ科）から移入してきたものである．汎熱帯分布を示す科（マメ科・

クスノキ科・バンレイシ科・ノボタン科）では，ゴンドワナ大陸の分裂後にも，南米とアフリカの間などで長距離散布が繰り返し起こったらしい（Pennington & Dick, 2004）．このような長距離散布は，かつて大陸間に飛び石状の島々が存在したならば理解しやすい．

1.4.3 区系分類

多くの区系分類（生物地理区）および生物分布境界線（Box 1.4）が提唱されてきた．ここでは，ゴンドワナ大陸由来の区系（旧熱帯区・新熱帯区）[2]とローレシア大陸由来の区系（全北区）の境界部，および旧熱帯区とオーストラリア区の境界部（ウォーレシアと呼ぶ）に移行帯を認めている Walter-Breckle の区系分類を示す（図1.5）．旧熱帯区・新熱帯区と全北区の境界は無霜地帯の北限とほぼ一致しており，生物相と気候の影響を分離して評価するのは難しい．

生物の分布パターンは分類群によって異なり，特に陸地が連続している地域ではそれが顕著である．連続的に変化する生物相を線で区切るのは困難であり，区系間には移行帯があると考えるべきである．日本では，屋久島と奄美大島の間

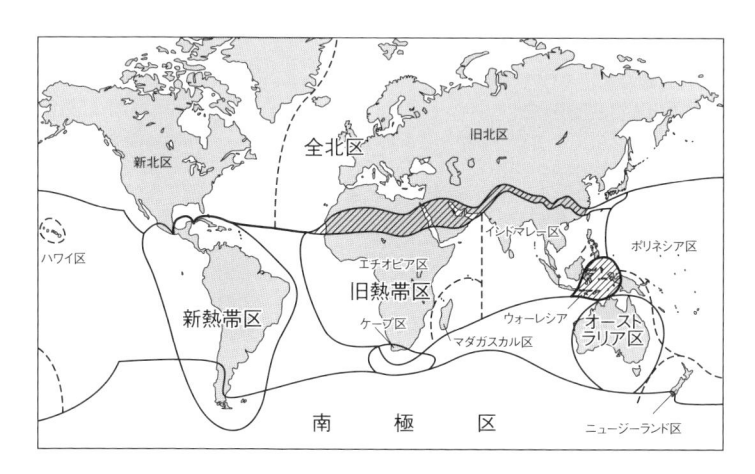

図1.5 陸上生物についての区系分類
　　大きい文字は一次区分，小さい文字は一次区分内部の二次区分の名称．斜線部は区系間の移行帯を意味する．Breckle（2002）を改変して引用．

---

[2] 旧大陸（アジア・ヨーロッパ・アフリカ）に位置する区系を旧熱帯区・旧北区と呼び，新大陸（南北アメリカ）に位置する区系を新熱帯区・新北区と呼ぶ．

Box 1.4

日本周辺の生物分布境界線

　区系生物地理学では，生物相に基づき世界を複数の生物区系に分ける．その生物区系の境界となるのが生物分布境界線である．日本周辺についても多数の境界線が提唱されてきた（図b）．境界線の多くは地史だけでなく気候にも影響され，また，特定の生物群についてのみ有効である．

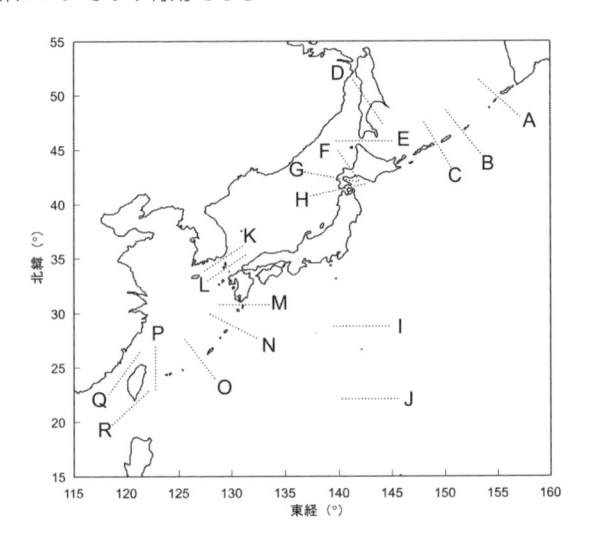

図b　日本付近の生物分布境界線
　　図中の記号に対応する名称と有効な分類群を以下に示す．A，第4クリル海峡（パラムシル島-オネコタン島），植物；B，ブッソル線（ウルップ島-シムシル島），植物（近年の研究では，宮部線より重要とされる）・陸生巻貝・淡水生巻貝；C，宮部線（択捉海峡），植物（旧北区内部の二次区分である東アジア温帯区とシベリア亜寒帯区の境界）・昆虫；D，シュミット線（サハリン中部），植物（東アジア温帯区とシベリア亜寒帯区の境界）；E，八田線（宗谷海峡），昆虫・コウモリ・両生類・は虫類；F，石狩低地帯，植物・昆虫；G，黒松内低地帯，植物（東アジア温帯区の中でも，ここより北はシベリア亜寒帯区への移行部となる）；H，ブラキストン線（津軽海峡），陸生ほ乳類・鳥類；I，伊豆諸島-小笠原諸島，植物（苔類）；J，細川線（小笠原諸島-マリアナ諸島），植物；K，朝鮮海峡線，植物・ほ乳類；L，対馬海峡線，両生類・は虫類；M，三宅線（大隅海峡），昆虫；N，渡瀬線（トカラ海峡），植物・ほ乳類・両生類・は虫類（旧北区と旧熱帯区の境界）；O，蜂須賀線（慶良間海裂），鳥類・植物；P，南先島諸島線（先島諸島-台湾），淡水魚類；Q，台湾海峡線，ほ乳類；R，新ウォーレス線（バシー海峡），植物・ほ乳類．

(渡瀬線)に大きな生物相の違いがあり，全北区（旧北区）と旧熱帯区（インドマレー区）の境界をなすとされてきた．しかし，日本本土から東南アジアまでの植物相を見ると，むしろ台湾とフィリピンの間（バシー海峡），中国南部とインドシナの間，インドシナとマレー半島の間の変化が著しい（van Steenis, 1950；Takhtajan, 1986）．したがって，全北区と旧熱帯区は渡瀬線を境にはっきり区分されるというよりは，渡瀬線からバシー海峡またはマレー半島にかけての移行帯を挟んで推移すると考えるべきである．同様に，択捉島とそれより北の千島列島の間には宮部線が引かれ旧北区の内部区分の境界線とされてきたが，近年の研究は北海道とカムチャッカ半島の間で生物相が段階的に推移することを示している（Pietsch *et al*., 2003）．

1.5 気候や植物相では説明できない変異：地質の影響

上述のように，地球上の森林の大分布は気候と植物相（生物相）で決まっている．しかし，森林の小分布は他の3つの状態決定因子（地形・地質・時間）にも影響されるので，同じ気候と植物相のもとであっても，これらの因子によって森林は変異する．ここでは，小分布に影響する3因子のうち，他章が扱わない地質の影響について熱帯林を例に説明する．日本の例については，石塚（1977），山中（1979）が解説している．

東南アジアのボルネオ（カリマンタン）島では，標高約1200m以下の低地の気候的極相は熱帯多雨林である．複数のフタバガキ科樹種が優占し，混交フタバガキ林（mixed dipterocarp forest）と呼ばれる．しかし，湿地・砂質土壌・石灰岩・蛇紋岩などの特殊な地形・地質条件には，樹種多様性が低く，しばしばフタバガキ科を欠く，特異な組成と構造を持つ森林が成立する（Whitmore, 1990）．標高約1200m以上には，やはりフタバガキ科をほとんど欠き，日本の亜熱帯多雨林や照葉樹林に似た相観を持つ熱帯山地林が分布する．

海岸部の平均気温は27℃だが，ボルネオ島北部にあるキナバル山（標高4095m）の山頂では4℃で北海道に相当する．キナバル山の標高約3000m以上の山頂部は花崗岩からなる．それより下の大部分は堆積岩からなるが，蛇紋岩も分布する．蛇紋岩は特殊な化学組成を示し，特にリンの含量が少ない．非蛇紋岩

（花崗岩と堆積岩）上には熱帯に典型的な成帯植生がみられる一方で，蛇紋岩上には非成帯植生がみられる．

組成や森林構造を蛇紋岩と非蛇紋岩上で比べてみると，標高上昇に伴う森林の変化が蛇紋岩上で加速されているようにみえる（図1.6）．低地林では，蛇紋岩上にだけ裸子植物球果類[3]（ナンヨウスギ科の *Agathis* とマキ科の *Dacrycarpus*）が出現するという違いがあるものの，蛇紋岩でも非蛇紋岩上でもフタバガキ科の *Shorea*（サラノキ属）が優占し，森林構造も似ている．しかし，標高が上がるにつれ，林冠高も樹種多様性も非蛇紋岩に比べ蛇紋岩上で低くなる．さらに，非蛇紋岩上の優占種がそれより標高の低い蛇紋岩上でも優占する傾向がある．例えば，*Leptospermum recurvum*（フトモモ科）は 3400m 以上の非蛇紋岩上の高山帯疎林と標高 2800～3400m の蛇紋岩上で優占し，*Dacrycarpus kinabaluensis*（マキ科）は標高 2800～3400m の非蛇紋岩上と 2000～2800m の蛇紋岩上で優占する．このように同じ気候（標高）であっても地質によって大きく異なる森林が成立する．

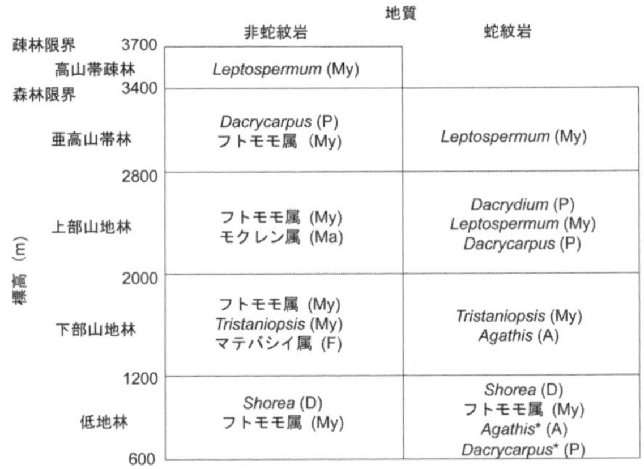

図1.6 キナバル山の蛇紋岩と非蛇紋岩上の各標高帯に分布する樹木の代表的な属
標高 3400m 以上に蛇紋岩は存在しない．A，ナンヨウスギ科（球果類）；D，フタバガキ科；F，ブナ科；Ma，モクレン科；My，フトモモ科；P，マキ科（球果類）；＊，個体数は少ないが蛇紋岩上の低地に特徴的．Aiba & Kitayama (1999) による．

---

[3] 球果類（conifer）のことをふつう針葉樹と呼ぶが，*Agathis* や日本のナギ（マキ科）は広葉樹に似た葉を持つ．

第2章 森林の分布と気候変動

松井哲哉・北村系子・志知幸治

2.1 はじめに

過去の気候の変化は森林の分布および種組成に大きく影響した．特に，最終氷期以降の気候変動に伴う森林の変遷を理解することは，現在の森林の成り立ちを考える上で重要であり，また将来の変化を予測する場合にも役に立つ．本章では，最終氷期以降のヨーロッパ，北米東部，日本における森林の分布変遷について紹介する．特にこの3地域に共通して生育し，かつ北半球における落葉広葉樹の代表的な樹種であるブナ属については詳細に述べる．また地球温暖化による森林への影響についても簡単にふれる．

2.2 第四紀の気候変動

過去258万年前から現在まで続く新生代第四紀は，それ以前の温暖な時代とは異なり，長い氷期と短い間氷期を繰り返しながら現在に至る（図2.1, 図2.2）．直近の氷期である最終氷期（ウルム氷期）は，7万年前から始まり，1万1700年前まで続いた．このうちの2万6500年前から1万9000年前までは最終氷期最盛期・LGM（last glacial maximum）と呼ばれる最も寒冷な時期である．極地における氷床コア中の酸素同位体比の解析によって，グリーンランドや南極の当時の平均気温は現在より7〜8℃低かったことが判明している．その後，1万5000年前以降の晩氷期においては，ベーリング期およびアレレード期と呼ばれる二回の温暖期の後に，ヤンガードリアス期（Younger Dryas period）と呼ばれる寒冷化が1万2900〜1万1700年前にあった．ヤンガードリアス期の終了とともに，グリーンランドでは数年で約7℃という非常に急激な温暖化が起こり，完新世（後氷期）が始まった．完新世は7000〜5000年前の最温暖期（縄文海進，ヒプシサー

第 2 章　森林の分布と気候変動

代	紀	世		年代 (百万年前)
新生代	第四紀	完新世		0.0117*
		更新世	後期	(0.126)
			中期	(0.78)
			前期	
	新第三紀	鮮新世	後期	2.58
			前期	3.60
		中新世		5.33
				23.03
	古第三紀	漸新世		
		始新世		
		暁新世		

図 2.2 で示される気候変動の範囲

＊西暦 2000 年より，11700 年前．

図 2.1　新生代の時代区分
　　　　第四紀学会 HP（http://wwwsoc.nii.ac.jp/qr/news/tangen.jpg）をもとに改変．

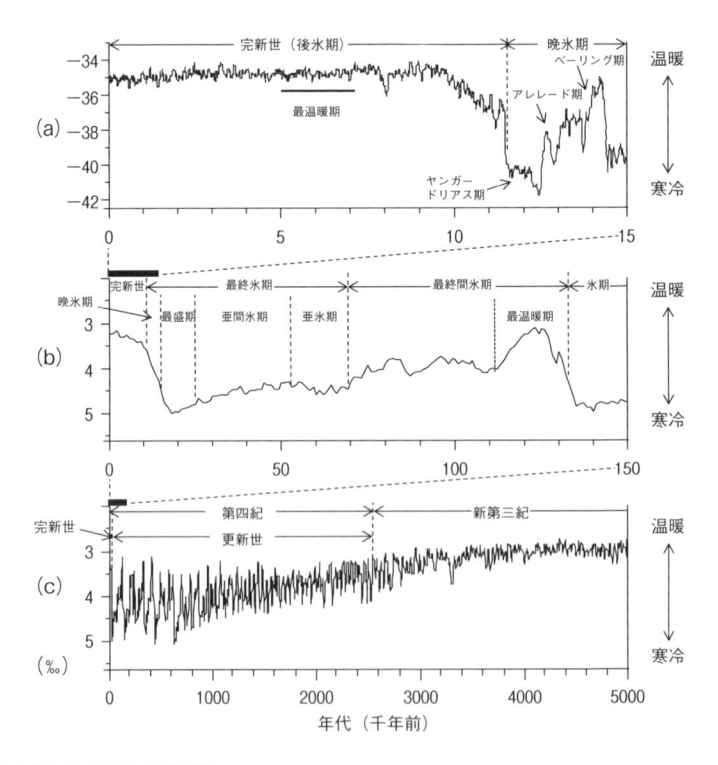

図 2.2　過去 500 万年間の気候変動
　　　　(a)グリーンランド氷床コアの酸素同位体比曲線（Grootes et al., 1993），(b)および(c)深海底コアにおける底生有孔虫の酸素同位体比曲線（LR04 Stack；Lisiecki & Raymo, 2005）．
　　　　図(b)は図(c)の最後の 15 万年間を拡大したものである．

マル，hypsithermal period）を経て，現在まで続いている．このような過去の気候変動の下で，ヨーロッパ，北米東部，日本の森林はそれぞれどのような変遷をたどってきたのだろうか．

> **Box 2.1**
>
> 時代区分
>
> 　新生代（Cenozoic）はかつて，第三紀（Tertiary）と第四紀（Quaternary）に2分されていた．しかし現在では古第三紀（Paleogene），新第三紀（Neogene），第四紀の3時代に区分され，第四紀の始まりは258万年前と定義された．さらに，第四紀は1万1700年前（西暦2000年よりさかのぼった年数）を境にそれ以前を更新世（Pleistocene），それ以後を完新世（Holocene）として区分する．したがって，現在は完新世に相当する（図2.1，図2.2）．

> **Box 2.2**
>
> 放射性炭素年代と暦年代
>
> 　おおよそ過去5万年間の年代は，放射性同位体である原子量14の炭素（^{14}C）の崩壊率を基に計算されることが多い（放射性炭素年代）．この方法は^{14}C濃度が常に一定であったと仮定しているが，実際には過去における^{14}C濃度は変動している．最近ではこのことを考慮して放射性炭素年代から西暦1950年を起点とした実際の年代に較正した値（暦年代）を用いることが多くなっており，本文中の年代も暦年代で表示している．

2.3 ヨーロッパ大陸の森林の変遷

2.3.1 LGMとそれ以降の主要樹種の分布変遷

　ヨーロッパ大陸では，第四紀に繰り返し生じた気候変動の際にアルプス山脈が植生の南下および北上の障壁となり，多くの落葉広葉樹が絶滅した（図2.3）．現在のヨーロッパでは，氷期に地中海沿岸地域に逃げ延びた樹種がその後の気温の上昇とともにヨーロッパ各地に分布を広げている．LGMにおける植物の逃避地（レフュージア，refugia）はアルプス山脈の南側とバルカン半島にあったとされる（Davis, 1983）．なかでも，地中海沿岸地域は現在の生物多様性が高いホット

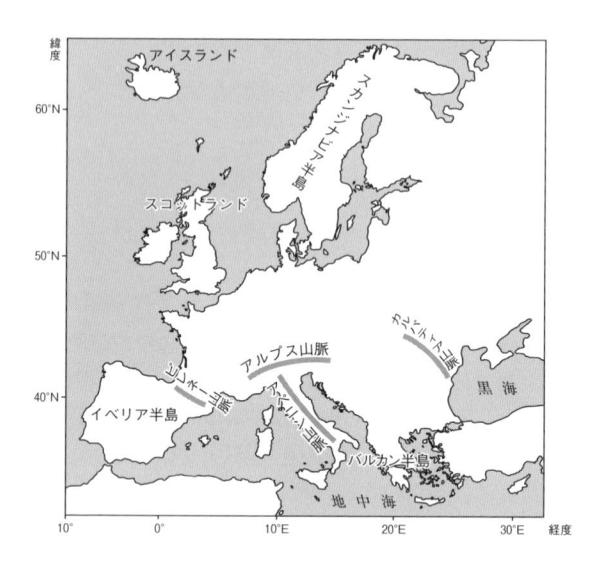

図2.3 ヨーロッパ大陸の地図と主要な地名

スポット (hotspot) であることから, 多くの植物の逃避地と考えられている. ヨーロッパの逃避地は数十カ所にのぼるが, 後述する北米の逃避地に比べて小規模で点在していることが特徴である. また, ヨーロッパ大陸の森林は単純に高緯度地域に拡大する北進だけでなく, 内陸ロシアに向かう東進も同時に起きている.

晩氷期（1万5000年前）のヨーロッパでは, 大陸氷河がスカンジナビア半島とスコットランドおよびアイスランド島の一部を, 山岳氷河がピレネー, アルプス, カルパティア山脈をそれぞれ覆っていた (Delcourt & Delcourt, 1987). そのころのヨーロッパの植生は, アルプス山脈以北はツンドラ, 以南はステップ（温帯草原）が主体であり, 東経20度以東に針葉樹と落葉広葉樹（カバノキ属）からなる針広混交林が, イベリア半島南端に広葉樹林がみられるのみであった. その後気温が上昇し, 氷河の後退と森林の北進および内陸への分布拡大（東進）が始まった. トウヒ属がロシア西部に拡大し, カバノキ属, マツ属, カラマツ属, トウヒ属からなる針広混交林が南東ヨーロッパの小規模な逃避地からアルプスおよび中部ヨーロッパに拡大した. 完新世初期の1万年前までには, ヨーロッパ中部から東部は針広混交林に覆われ, イベリア半島南部から中央ヨーロッパに広葉樹林が拡大した. この頃にギリシャ南部に地中海性の常緑硬葉樹林（第1章）が成立し始めた. さらに2000年前までに針広混交林がスカンジナビア半島およびアルプ

ス，カルパティアおよびピレネー山脈に侵入し，常緑硬葉樹がイタリア半島を北進した．

　ヨーロッパにおける樹木の北進速度はトネリコ属の25m/年からハンノキ属の2000m/年までの報告があり，カエデ属，クマシデ属，カバノキ属，ハシバミ属，マツ属，ニレ属などに属する多くの樹種では100m/年～500m/年とされているが，気候条件にも左右される（Davis, 1983）．

2.3.2 ヨーロッパブナの分布変遷

　ヨーロッパブナ（*Fagus sylvatica*）は現在，バルカン半島およびシチリア島を南限にスカンジナビア半島の南端まで分布している（図2.4）．最終氷期のヨーロッパブナの分布面積は現在よりかなり狭く，第四紀更新世の逃避地は小集団が複数地域（ピレネー山脈，イタリア南部地中海沿岸，バルカン半島，アルプス山脈の北側）に点在していたと考えられている（Davis, 1983）．ヨーロッパブナの分布はこうした逃避地を起点として1万年前から3500年前までに急速に拡大していくが，カルパティア山脈やバルカン半島，イタリア半島を起源とするヨーロッパブナについてはアルプス山脈が障壁となって中央ヨーロッパに拡大することはで

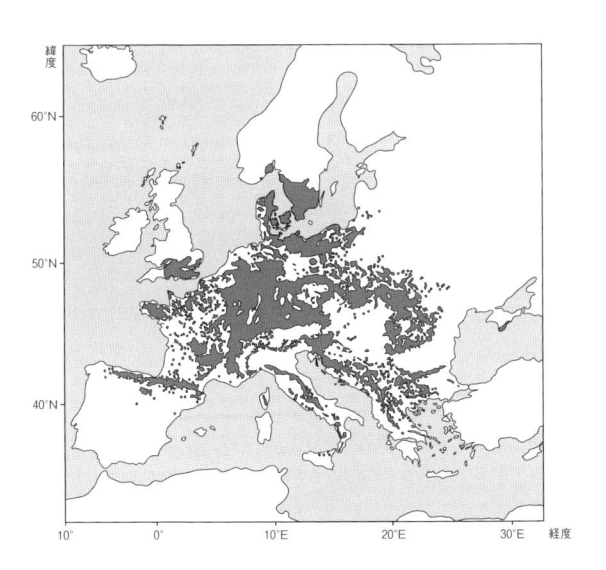

図2.4　ヨーロッパブナの現在の分布
EUFORGEN（2009）を一部改変．

きなかった．モミ属でも同様の結果が得られている．3000年前以降，ヨーロッパブナの分布拡大速度は低下する．現在，南ヨーロッパではヨーロッパブナはわずかに減少傾向にあり，気候条件が生育の限界に達している可能性も考えられる．それに対して，中央ヨーロッパでは南ヨーロッパの3倍近く急速かつ大規模に拡大して北ヨーロッパに到達した．現在は最大個体数にまで達し，ブナ林の分布可能域ではほぼ飽和に達していると考えられる（Magri, 2008）．さらに，完新世後半のヨーロッパブナの拡大要因として，人類の定着および移動に伴う森林の撹乱が，ブナの定着に適した生態的空白状態（empty patch）を生み出し，分布拡大に貢献したことが挙げられる．

ヨーロッパ大陸において，ブナは古くから植林されてきた歴史がありしばしば生態分布域を超えた場所にも植えられ，老齢林が多く存在する．これらについては記録に残っていないものも多いことから，地理的生態の分布域を現在でも正確には把握できていない．

2.4 北米東部の森林の変遷

2.4.1 LGMとそれ以降の主要樹種の分布変遷

現在，北米大陸のプレーリー以東の東部には落葉広葉樹林が分布し（図2.5），セントローレンス川北側にその北限がある．ヨーロッパとは異なり，北米では山脈が南北に走っているために，LGMには植物の南下が可能であった．そのために絶滅を免れた植物が多数あり，ヨーロッパに比べて種数も多くなっている（Davis, 1983）．なかでも，アパラチア山脈の南端に位置するアパラチコラ（Apalachicola）は現在でも種多様性が高い地域であることから，北米東部における最終氷期の広葉樹林帯の植物の逃避地であったと考えられる．大陸氷河の後退に伴って，北米では森林の優占種の交代や分布の拡大・縮小が起きた．このような樹木の分布拡大は，面的に一様に進行したわけではない．また，北進は一度だけではなく，過去の間氷期に何度も起きている．多くの樹種の北進速度は200～300m/年（ヨーロッパと同様の速度）であり，クリ属では100m/年とされている．アパラチコラに逃避していたアメリカブナ（*Fagus grandifolia*）をはじめとする樹種の拡大経路は，氷河の後退に伴い山脈沿いに北上したルートと，海岸沿いの

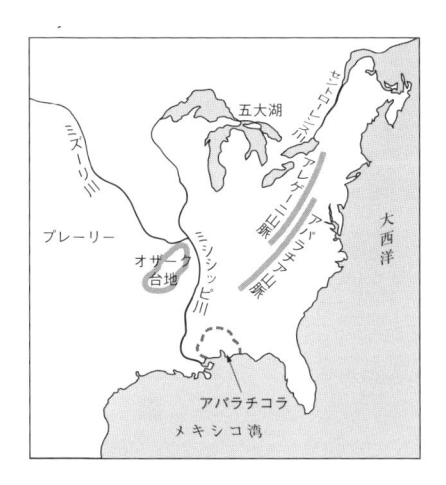

図2.5 北米東部の地図と主要な地名

低地に拡がったルートがあった．アパラチア山脈は標高が低く亜寒帯および温帯性樹種にとって移動の障壁にはならなかった（Davis, 1983）．北進速度については，分子情報を使った値として花粉情報からの推定値の約半分である80〜90m/年という説もある．カエデ属など一部の種類はアパラチア山脈北部に別の逃避地が存在した可能性も新たにわかってきている（McLachlan et al., 2005）．

2.4.2 アメリカブナの分布変遷

北米東部における過去2万4000年のアメリカブナの分布変遷の研究によると（Delcourt & Delcourt, 1987），アメリカブナは1万7000年前以降にメキシコ湾岸とフロリダ半島の一部から氷河の後退に伴って北上したが，ミシシッピ川が障壁となって西には分布拡大できなかった（図2.6）．その後，北進しながら五大湖南岸で1万3000年前に最大の優占度を迎えた．また同時期に，ミシシッピ川を越えて西進し，現存の隔離分布地（disjunct distribution）であるオザーク台地まで分布を拡大した．その後，9000年前まで優占度は徐々に減少しながらも北進を続けた．この時期は五大湖の水位が現在よりも低かったため北進を妨げる要因にはならず，現在の北限地域にまで分布を拡大した．しかし，この時期は西側の分布域はむしろ後退して，オザーク台地のアメリカブナが連続分布から分離され，取り残された結果，現在の隔離分布地が形成された．最温暖期に対応する7000年

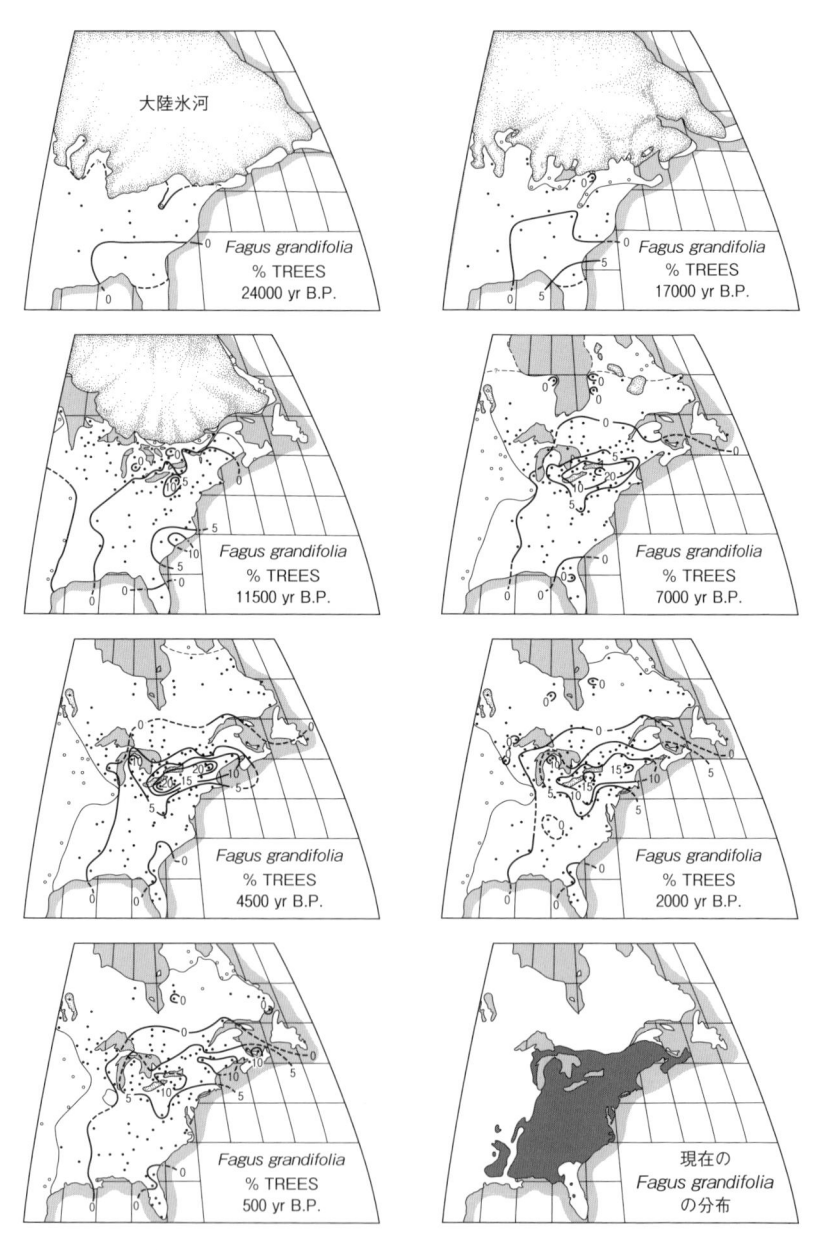

28 第2章 森林の分布と気候変動

図2.6 2万4千年前(暦年)から現在にかけての氷河の後退とアメリカブナ(*Fagus grandifolia*)の分布拡大
白丸は当時の草原,黒丸は当時の森林を示す.等値線は樹木花粉に対するブナ花粉の産出割合を示す.Delcourt & Delcourt, 1987 および Fowells, 1965(現在の分布図)を一部改変.

前～4500 年前に優占度はふたたび増加したが，分布の中心が北に移るに従って南部のアメリカブナは衰退し，連続分布が途切れて隔離分布地となった．その後，4500 年前以降は個体数が減少に転じて現在に至る．

アメリカブナについても，葉緑体 DNA 多型および酵素多型分析から，北部に分布する系統はアパラチア山脈以西に限られており，海岸平野に広く分布する南部の系統とは異なっている．このことから，アパラチア山脈に別の逃避地が存在した可能性が新たに指摘されつつある．アメリカブナは分子マーカーによる系統分類だけでなく根萌芽（root sucker）による無性繁殖の有無や樹皮の地域的な相違から，いくつか起源が異なる系統があると考えてよいだろう（Kitamura & Kawano, 2001；McLachlan *et al.*, 2005）．

Box 2.3

過去の植生変遷の推定手法

過去の植生変遷を推定するには，おもに花粉や大型植物遺体などの化石を用いる古生態学（palaeoecology）的な手法と，遺伝子系統関係から起源を明らかにする分子生物学（molecular biology）的な手法が用いられる．

(1) 花粉分析：嫌気的な環境下にある湖底，海底あるいは湿原などの堆積物中には，過去数百万年以上にわたって堆積した花粉や植物遺体が保存されている．とりわけ花粉は分解しにくく，おもに属レベルで特有の形態を持つため，過去の植生や気候を推定するのに有効である．ただし，花粉媒介様式（第 9 章）によって花粉生産量が異なり，風媒の種で多くなることに注意する必要がある．

(2) 大型植物遺体分析：前述の花粉のほか，種子や果実など大型の植物化石から植物群を推定することが可能である．特に各地で発掘される遺跡から多くの植物遺体が得られることが多い．

(3) 遺伝子系統樹：現存している種あるいは集団を対象に，遺伝子の対立遺伝子頻度や突然変異の部位から異なる種や集団の系統関係を再構築して起源を探ることができる．遺伝子の系統関係を推定する標識遺伝子は植生変遷を探る上では欠かせないツールである．用いられる遺伝マーカーは，メンデルが遺伝の法則を発見した花や果実の色あるいは葉の形などの形態形質，核型，テルペノイドやタンニンなどの化学物質，代謝にかかわる酵素多型など様々である．特に 1984 年に DNA 指紋法が確立されて以来，その安定性と再現性から DNA 多型が広く使われるようになった．

2.5 日本列島の森林の変遷

2.5.1 最終氷期最盛期（LGM）前後の自然環境

7万年前から始まった最終氷期は，5万年前にかけてやや寒冷な亜氷期が存在し，その後2万6500年前まで亜間氷期が存在した後にLGMが到来した（図2.2）．LGMには日本列島周辺の海面は現在よりも最大で150m低下し，屋久島と種子島は九州南部と陸続きであり，朝鮮半島と九州を隔てる対馬海峡や，本州と北海道を隔てる津軽海峡も現在よりかなり狭くなっていた．また宗谷海峡や間宮海峡は陸橋となっていた．このために日本海は湖の状態にあり，対馬暖流は日本海へ流入しなかった．よって日本海側地域でも降雪量は少なく，太平洋側地域も乾燥していた．

ヨーロッパや北米大陸と異なりLGMには日本列島は大陸氷河に覆われていなかった．また大陸よりも地形が複雑であることは寒さからの逃避に役に立ち，また南北に走る山脈が多いために植物の南北移動は妨げられなかった．このためヨーロッパ大陸とは異なり，日本列島の多くの植物はLGMを生き残ることができたと考えられる．

LGM後は海面が上昇して暖流が日本海へふたたび流入し，積雪量が増加した．この気候の大きな変化はLGM後の植生変遷に大きな影響を与えた．

2.5.2 LGMの植生

おおよそ2万4000年前の北海道の道北から道東地域にかけてはツンドラや疎林ツンドラが，道央以南から東北地方や中部地方を中心に中国山地や四国山地にかけては亜寒帯性針葉樹林が，関東地方や新潟・能登半島以西の西日本の主要な部分は温帯性針葉樹林が，関東地方沿岸域や能登半島沿岸域以南の西日本には温帯性針広混交林が，当時九州と陸続きであった屋久島と種子島を含む古屋久半島では暖温帯常緑広葉樹林がそれぞれ分布していた（口絵1参照）．現在の植生（口絵2参照）と比較すると，2万4000年前の森林帯は現在と比較してかなり南下または下降していたことがうかがえ，中部地方では森林帯は現在よりも1200～1400mほど低標高に分布していた（塚田，1984；安田・三好，1998；Okitsu, 2003；福嶋・岩瀬，2005）．

2.5.3 LGM以降から完新世初期にかけての植生変遷

　LGM以降，気候は徐々に温暖化していった．完新世初期の9500年前には海水面は上昇し，対馬暖流が日本海へ本格的に流入するようになり，降雪が増加した．日本ではヤンガードリアス期前後の気候変化の影響が植生分布に明瞭に現れているデータは少なく，北大西洋地域で起きたような厳しい寒冷化およびその直後の急激な温暖化があった可能性は小さいと考えられる．しかし，ヤンガードリアス期にあたる寒冷期に北海道ではグイマツ（*Larix gmelinii* var. *japonica*）が増加，若狭湾沿岸地域ではブナ属が増加，北海道函館市周辺ではトウヒ属の消滅とカバノキ属やコナラ亜属[1]の増加が報告されている．

　完新世初期の特徴として，北海道，東北，関東，中部地方におけるカバノキ属の一時的な増加や，南西日本におけるエノキ-ムクノキ属（この2属は花粉では区別できない）の増加が挙げられる．これらの先駆性樹木は，それまで優占していた森林が気温の上昇に伴って衰退した後に一時的に拡大したと推定される（塚田，1981；辻，1983；安田・三好，1998）．

2.5.4 LGMから完新世における特筆すべき森林の変化

　当時は現在の日本列島には分布していないか，すでに絶滅してしまった樹種も森林の構成要素であった．例えばグイマツは，現在はバイカル湖以東のユーラシア，サハリン，カムチャッカにかけて分布するが，10万年前には，北海道でも花粉分析において存在が認められ，LGMには北海道から宮城県の仙台市付近にまで分布していた．しかしその後，完新世初期の9000年前までに日本列島から消滅した．また絶滅種であるトミザワトウヒ（*Picea tomizawaensis*）やコウシントウヒ（*Picea pleistoceaca*）の植物遺体も仙台市付近から産出する．同様に，LGMには東北地方以南に広く分布していたが，現在は長野県の八ヶ岳や南アルプス北西部にのみ生育するヤツガタケトウヒとヒメバラモミ，その他にも，宮城県の蔵王（馬ノ神山）に隔離分布する北限のカラマツ，本州では唯一，岩手県の早池峰山に隔離分布するアカエゾマツ，長野県上高地のケショウヤナギ，四国の石鎚山に隔離分布するシコクシラベなどはそれぞれ，LGM以降，集団が縮小した遺存

---

1) コナラ属はコナラ亜属とアカガシ亜属に大別される．日本ではウバメガシを除くコナラ亜属はすべて落葉性で，アカガシ亜属はすべて常緑性である．ウバメガシは花粉形態からは常緑性のナラ類と同定されるため，ここでは落葉性のナラ類が増加したことに間違いはない．

的（relict）な種だと考えられる．氷期の遺存種とされているものは，トウヒ属やケショウヤナギのように寒冷で乾燥した気候の北海道と八ヶ岳・上高地に隔離分布するものが多い．さらには，低山で局所的に絶滅した森林の存在も明らかになっている．その一例として，隠岐島のブナ属の絶滅が挙げられる．隠岐島では4万年前から完新世初期までブナ属の花粉が出現しているが，完新世の気温上昇によって逃避地を奪われて絶滅したと考えられている（安田・三好，1998）．

上記の例とは逆に，LGMには森林の優占種ではなかったが，現在では優占林を形成している樹種もある．例えば東北地方のオオシラビソがそうである．オオシラビソ林は，LGM後の温暖化が進行した時期に，衰退した亜寒帯性針葉樹林に代わって成立した森林だと考えられる．青森県の八甲田山においては，3000年前から増加を開始し，1500年前以降に優占林を形成した（守田，1987）．

LGMには，温帯系の樹種は海岸沿い低地や九州などの比較的温暖な場所に逃避していたと考えられる．例えば2万5000年前の伊豆半島ではスギ属，コウヤマキ属，ブナ属などが生育していたとされる．また三河湾の低地部ではアカガシ亜属などの暖温帯性樹種が生き延びていたとされる（安田・三好，1998）．当時は海面が100m程度低下していたために，現在は海面下である場所にも森林が成立していた可能性がある．

2.5.5 縄文海進期前後の植生変遷

完新世において気温が最も高かったのは7000年前～5000年前の縄文海進期である．この頃の海面は現在よりも上昇し，気温は現在よりも2～3℃高かった．北海道札幌市では，トドマツやトウヒ属などの針葉樹は標高870m以上の高所に逃避しており，代わってコナラ亜属が優占林を形成していた．東北地方の山地帯ではブナ属やミズナラを主体とする落葉広葉樹林が発達していた．関東ではエノキ-ムクノキ属やコナラ亜属を主とする落葉広葉樹林の増加が認められ，また8500年前には，湘南および房総地域で常緑広葉樹林が成立し始めた．東海地方の低地でもシイ属が急増し，8000年前からアカガシ亜属も出現し始めたことで，常緑広葉樹林の成立を示している．紀伊半島では7200年前にアカガシ亜属とシイ属からなる常緑広葉樹林が形成されていた．九州では9500年前から5000年前にかけて落葉広葉樹林に代わって常緑広葉樹林が増加した．縄文海進期のピーク頃には九州の低地から落葉広葉樹林はほぼ消滅した（安田・三好，1998）．

2.5.6 縄文海進期以降の植生変遷

その後，5000年前以降は冷涼・湿潤化が起こり，南西日本では常緑広葉樹林がやや減少し，ブナ属を主体とする森林が増加した．中部日本の山地帯や東日本ではブナが減少し，代わって亜寒帯性森林が増加した．また，日本海側の低湿地を中心としてスギの分布が拡大した．若狭湾周辺において，スギ林に混じってアカガシ亜属を主体とした常緑広葉樹林が優占するのは5000年前頃である．スギ林との競合が日本海側地域における常緑広葉樹林の拡大を阻害した要因であると考えられる．本州のブナ属は，4000年前までにはほぼ現在と同じ分布域に達していた．関東地方では4000年前にはスギ，モミ属，ツガ属を含む常緑広葉樹林が成立し，アカガシ亜属の花粉が広範囲に産出する．その後，約1500年前からアカマツを主とするマツ属複維管束亜属（二葉マツ）がほぼ全国的に増加しており，人々の定住に伴う焼畑農耕との関連が示唆される（安田・三好，1998）．

> **Box 2.4**
> **過去の気候変化に対する植生変遷の未解決トピック**
>
> 現在よりも温暖であった縄文海進期において，植生帯は現在よりも高標高域にまで分布を上昇させていたのであろうか．この時期に中国山地の湿原ではアカガシ亜属の花粉が30〜40%まで増加したことから，当時の常緑広葉樹林帯の分布上限は，現在よりも300〜400m上昇していたと考えられている．また北アルプスでは，ブナ属の垂直分布は現在の分布上限（約1700m）よりも500m上だった．一方で，東北地方では，現在の標高を超えたブナ属の上昇は最大で100mだったとされる．その理由として，当時の亜高山帯などの山岳上部では土壌が未発達であったために，樹木の定着が遅れた可能性が指摘されている．このような植生帯の上昇幅の地域差は，以下のように説明できるかもしれない．それは，完新世初期からの温暖化により，縄文海進期の直前には西日本の常緑広葉樹林はすでに気候上の分布可能域まで拡大していたのに対し，東日本のブナ林などは分布可能域全体にまで拡大していなかった，というものである．そのため前者は，縄文海進期には現在の分布上限よりも高標高域に拡大できたが，後者は分布を最大限にまで拡大できなかったのかもしれない．しかし，近年の研究では，最温暖期である7000年前の日本列島の植生分布は現在と類似しており，植生帯が現在の標高よりも上昇していたという確固たる証拠はない．縄文海進期の森林帯の分布上昇に関しては，ヤンガードリアス期直後の気温上昇に対する植生の応答と同様，日本列島の植生変遷史上の未解決なトピックである（安田・三好，1998；Tsukada, 1958；守田，1987；Takahara *et al.*, 2000）．

2.6 地球温暖化による森林への影響

2.6.1 温暖化によって変化する森林の構造や種組成

　近年の世界の平均気温は 2005 年までの過去 100 年間で 0.74℃上昇し，21 世紀の終わりには 1990 年比で 1.1℃～6.4℃上昇すると予測されている．急激な温暖化による森林への影響は，分布範囲の限られている種や極地方・高山に分布する種などで顕著になると考えられる．日本列島の多雪地域では，温暖化による積雪深や積雪期間の減少が多雪に適応した植物の更新に影響を与える可能性がある．様々な複合要因が長期的に植物種の絶滅，種組成，森林の拡大・縮小に影響を及ぼすと考えられる（IPCC, 2007）．

2.6.2 温暖化による影響検出の事例

　温暖化の森林生態系への影響を検出した事例としては，開葉や開花などの生物季節（phenology）の変化や，分布域の移動などがある．Parmesan & Yohe (2003) は世界中の生物分類群（植物，鳥類，昆虫類，両生爬虫類，魚類，海洋無脊椎動物，プランクトン）の分布データを統合的に解析することで，自然生態系が気候変化に反応している程度を検証した．その結果，893 種の生物種のうち 434 種は過去 66 年間で分布域や分布の中心が極地方へ移動したことを検出した．そして，その平均移動速度は水平方向に 610m/年，垂直方向に 1 m/年であった．

　森林では欧米を中心に報告例があり，ノルウェーでは 19 の山岳で，過去 68 年間に低地性植物，匍匐性低木，分布域の広い種を中心に分布標高が上昇した．スイスアルプスの高山帯では，1985 年以降の気温上昇によって植物の分布範囲が上昇し，種数が増加している．デンマークとスウェーデンでは，セイヨウヒイラギ（*Ilex aquifolium*）が温暖化とともに北進している．フランスにおいては，過去 100 年間で山地性植物 171 種のうち 118 種の分布範囲が高標高域に上昇した．分布域が狭い山地性植物は，分布域がより広い植物よりも分布移動の程度が大きく，また短寿命の草本種は長寿命の木本種よりも大きく分布移動した．さらに興味深いのは，逆に低標高側へ分布を拡げた植物が 53 種報告されたことである．分布標高が下がった理由として，温暖化と人間活動による土地改変によって撹乱が増加し，それが種間競争の一時的な減少につながり，分布拡大のチャンスが増

加したことが挙げられる（Walther *et al.*, 2005；Lenoir *et al.*, 2008）.

2.6.3 温暖化影響の予測手法と事例

　温暖化影響予測手法の1つとしてギャップモデル（gap model）などの森林動態モデルの利用がある．ギャップモデルは個々の樹木の成長・死亡・他種との競争関係などの生物的条件とともに土壌・光などの環境条件も考慮しながら，森林の動態を高精度でシミュレーションすることができる個体ベースモデルの総称である．チベット高原のGongga山の氷河に削られた地域では，現在と同じ気候条件が継続すると仮定した場合，100〜200年後に*Abies fabri*の優占林が成立すると予測されたが，一方，温暖化シナリオを仮定した場合は*Picea brachytyla, Tsuga chinensis, Pinus densata*からなる混交林が成立するという結果が得られた．近年，広域の森林群落動態を扱えるSEIB-DGVM（Spacially Explicit Individual Based Dynamic Global Vegetation Model）が開発され，空間的に広域な森林の構造や機能の変化に関する温暖化影響シミュレーションが可能となった（Huo *et al.*, 2010；Sato *et al.*, 2007）.

　別の手法としては分布予測モデルがある．この手法は，種の分布を現在の環境条件から予測する統計モデルを構築し，生育に適する地域（適域）や生育が可能な地域（潜在生育域）を予測する．そしてこれに様々な温暖化シナリオを当てはめて適域・潜在生育域を予測し，大きな変化が予測される地域を地図化する．北米では東部の主要樹種134種について，ヨーロッパでは1000種以上の植物種について，またニュージーランドでも41種の樹木種について潜在生育域が予測され，温暖化の植物種多様性への影響などが評価されている．日本列島でもこの手法を用いてブナ，アカガシ，針葉樹，ササ類，シダ類などに対する温暖化影響予測研究が行われている（Thuiller *et al.*, 2005；Iverson *et al.*, 2008；Matsui *et al.*, 2009；田中ほか，2009）.

　今後，分布予測モデルに使用する様々な前提条件に加えて種特性，長期森林動態，遺伝変異，種子の豊凶や種子散布距離情報などを組み込みながら，複数モデルのシミュレーション結果を統合して，温暖化影響予測の不確実性を最小限に抑える努力が必要だろう．近年，開葉・開花・結実などのフェノロジー，霜害，生存，繁殖などのサブモデルを統合し，適合度（fitness）を計算するモデルによる樹木の広域分布予測と温暖化影響評価が北米を中心として行われており，今後多く

の地域や樹種に利用される可能性がある（Morin *et al.*, 2008）.

植物は過去の気候変動に対応して分布を変化させてきたが，今後の温暖化に伴う急激な適域や潜在生育域の変化にすぐに対応できない可能性がある．さらに人間活動による自然林・天然林（natural forest）の断片化は，植物の分布移動の妨げになる．分布予測モデルによって検出された温暖化に脆弱（vulnerable）な種や地域，逃避地には特段の注意を払う必要がある．

> **Box 2.5**
>
> **最終氷期以降のブナ属の分布変遷と現在のブナ北限**
>
> 　世界自然遺産に指定された白神山地に代表されるように，ブナ林は日本の冷温帯落葉広葉樹林を代表する森林として知られている．しかし，最終氷期にまとまった森林帯を形成していたという証拠はみつかっていない．当時の気候がブナにとっては乾燥しすぎていたためと考えられる．花粉分析の結果からは，当時のブナは新潟と福島以南の沿岸域に分布の中心があり，他の温帯性落葉広葉樹や針葉樹に混じって生育していたか，部分的に小集団を作っていたと推定される．その後，晩氷期の1万4000年前から日本海側地域でブナ属は分布を拡大し始めた．この頃，東北地方の各地でもブナ属花粉が顕著に出現し始めており，ブナが少しずつ分布を拡大していたことが示唆される．1万1000年前には山陰や東北地方南部の低地にブナ林が成立し，1万年前には青森県の津軽・下北半島にもブナが生育していた．その後，6000年前までにはブナは津軽海峡を越えて渡島半島に達した．その後もブナは渡島半島を北上し，1200年前には現在の分布北限である黒松内低地帯へ到達している．一方，函館に近い横津岳では1万4000年前にブナが生育していた可能性や，黒松内低地帯の西側に位置する狩場山では9000年前からブナの花粉が出現するという報告があり，さらに奥尻島や横津岳では北海道の他地域では見られない太平洋側ブナの遺伝子がみつかっていることから，北海道のブナは複数起源あるいは複数回の分布拡大および縮小を経ている可能性がある．
>
> 　現時点で確認されている北限ブナの分布最前線は，黒松内低地帯よりも道央寄りの，蘭越町幌別岳東斜面と豊浦町礼文華峠を結ぶ地域である．分布北限域のブナの花粉量は過去3000年間増加しており，分布北限域におけるブナの生育・更新状況も良好であることから，ブナはまだ気候上の分布北限に達していないという考え方がある．さらに，将来の温暖化の進行によって，ブナの生育可能な気候条件が日本海側に沿って道北地域にまで広がる可能性がある．しかしながら，温暖化による等温線の水平移動速度は花粉分析から推定された過去のブナの分布拡大速度よりも早い

ために，将来の気温の上昇には追いつけないと考えられる．また，人間活動による自然林・天然林の断片化も今後のブナの移動を阻害する要因である（Tsukada, 1982；小野・五十嵐，1991；米林，1996；安田・三好，1998；紀藤，2008；松井ほか，2009）．

第3章 森林の成立と撹乱体制

伊藤 哲

3.1 撹乱の役割

　森林を構成する樹木は生き物であり，いずれは枯死する．森林が維持されるためには，次の世代の樹木が成立し，世代交代（更新，regeneration）しなければならない．しかし，新しい世代の樹木にも光などの資源を獲得できる空間が必要である．森林ではときどき台風で樹木が倒れたり山火事で焼失したりすることによってその構造が破壊され，新しい世代の樹木が利用できる空間が作られる．このように森林が部分的あるいは全体的に破壊されるような現象を撹乱（disturbance）と呼ぶ．つまり，撹乱という森林の破壊現象が，森林の維持や次代の森林の成立に重要な役割を果たしている．

　一口に撹乱といっても，そのタイプは様々である．また同じタイプの撹乱でもその撹乱の起こり方次第では，森林の維持どころか次世代の森林の成立すら不可能になることもある．他方，撹乱は森林の維持だけでなく，森林の生物多様性の維持や安定性にも大きく影響している（中静・山本，1987）．したがって，様々な撹乱を科学的に捉えていくことは，森林の成立や維持機構を理解する上で重要である．ここでは，撹乱のタイプや生態学的な捉え方を整理するとともに，撹乱が森林の再生（recovery）や維持に及ぼす影響を紹介する．

3.2 撹乱と遷移

3.2.1 撹乱の定義

　生態学では，撹乱は一般的に「生態系，群集，個体群の構造を破壊し，資源・基質の獲得可能量あるいは物理的環境を改変する，時間的にやや不連続なあらゆるできごと」と定義される（White & Pickett, 1985；中静・山本，1987）．この定

義には3つの視点がある．まず1つ目は，撹乱をいろいろな階層（hierarchy）レベルにおける森林構造の破壊現象として捉える事ができるということである．すなわち，撹乱は生態系レベルで物質生産や物質循環に影響を与える現象と捉えることもできるし，群集レベルの森林構造，種組成や種多様性を変化させる要因の1つとみることもできる．また，撹乱は森林全体の動態やある樹種の個体群動態を規定する重要な現象の1つでもある．2つ目は，撹乱が森林の構造を破壊するだけでなく物理的環境を変化させるという点である．これによって，撹乱後の森林再生を担う樹木の生育環境が決定され，様々な遷移の方向や速度を生み出すことになる．3つ目は，撹乱という現象がある程度突発的に起きる出来事であるという点である．樹木が枯死し森林構造が変化する要因は撹乱だけではなく，生理的なストレス，すなわちじわじわと進行する乾燥なども，樹木が枯死し森林構造が変化する要因となる．これらのストレスと撹乱の違いは，その現象が継続的で徐々に森林構造を破壊していくのか，それともある程度突発的に破壊するのかという点にある．

Box 3.1

自然枯死は撹乱か？

　撹乱の定義のなかで「やや不連続な出来事（relatively discrete event）」という部分の解釈は実は厄介であり，「連続」と「不連続」にどこで線を引くかを決めるのは非常に難しい．例えば，数十年に1回発生するような豪雨で低地の森林が長期間水没し，徐々に樹木が枯死していったとする．この現象によって森林構造や資源の獲得可能量は大きく変化するだろう．すなわち撹乱の定義のうち最初の2つの視点（構造の破壊と物理環境の変化）には合致する．しかし，樹木の枯死の原因が長期的な滞水による根の呼吸阻害などの生理的なストレスであったり，滞水時に樹勢が衰えたことが原因となって水が引いた後も継続して樹木の枯死をもたらすとすれば，これに伴う森林構造や物理環境の変化は「やや不連続」なイベントとは言い難いだろう．一方で，そもそもの原因が数十年に1回の豪雨に由来するのであれば，これは「やや不連続」どころか，かなり突発的な現象だといった方が納得してもらえそうな気がする．

　生理的なストレス以外にも，「やや不連続」の解釈に迷うような場面がある．例えば放牧地で家畜が継続的に植物を採食する現象や草原の植物を踏みつける現象は，その1つ1つを数えることが可能な断続的イベントである．しかし，これが毎日何度も発生しているとしたら，植物側にしてみれば「連続的」とみることもできなく

もない．さらに，寿命に達した樹木が枯死して倒伏し，森林の部分的な破壊が起きる現象も厄介である．枯死木が倒伏する以前に，光環境の変化は生理的な落葉の時点で起きている．これら一連の現象のどこから撹乱と呼ぶのかを一般的かつ明確に決めることは難しい．

このように，「やや不連続」という定義は字面の通り曖昧であり，これらの問題をここで決着するのはとても無理である．「やや不連続」という部分については，個々の現象を扱う人それぞれのスタンスや目的によって捉え方が異なる場合が多々あると考えておいた方がよい．

3.2.2 撹乱のタイプ

実際に森林で発生している撹乱には，その発生要因によって様々なタイプがある．これらはまず，自然界の現象の1つとして発生している自然撹乱と，人間活動に由来する人為撹乱に大別される．以下，自然撹乱と人為撹乱の代表的な例を挙げ，その特徴を紹介する．

A．自然撹乱

日本の森林で最も一般的な森林撹乱のタイプは，強風によって樹木が倒伏する風倒撹乱（wind throw）である（中静・山本，1987）（図3.1A，B）．我々の住む日本は初夏から秋にかけてしばしば台風の襲来を受ける．これらの台風の際の強風によって樹木が倒伏する現象は，樹木の寿命という時間スケールでみると比較的頻繁に（ただし明らかに不連続に）発生している．風による撹乱には，葉がちぎれたり枝が折れたりするものから，幹折れ（stem breakage, snapping）や根返り（uprooting）まで，破壊の程度や形態に違いがある．また，林冠木の幹折れや根返りは，しばしば下層木を巻き添えにして倒伏させる．

枝折れによる撹乱で林冠層に形成される空間（ギャップ）は面積が小さく，林床の光環境の改変度合いも小さい．また，ギャップの修復にかかる時間は比較的短い．林冠木の幹折れや根返りによるギャップは面積が大きく，光環境も大きく改善される．このようなギャップの修復には，長い時間が必要となる．根返りの場合は鉱物質土壌が露出して土壌の環境も局所的に改変される（第8章）．風倒に類似したタイプの撹乱としては，樹冠に降り積もった雪の荷重で幹や枝が折れる冠雪害などが挙げられる．特に針葉樹人工林など林冠木のサイズが揃った森林

3.2 撹乱と遷移　41

A) 林冠木の幹折れと巻き添え撹乱(霧島)

B) 幹折れによってできたギャップ(霧島)

C) 人工林に発生した風倒 (平戸)

D) 小規模な崩壊(奥)と右手の支流から流下し堆積した土石流(手前)(屋久島)

E) 渓畔林に氾濫した土石流 (霧島)

F) 洪水による河川周辺の撹乱(九州山地)

G) 地表火によって下層が焼失し幹の下部が焼け焦げた森林 (スウェーデン)

H) 熱帯林の伐採 (カンボジア)

図3.1　様々な撹乱

では，風倒の場合も冠雪害の場合も複数の樹木が一斉に倒伏することが多く，この場合は非常に大きな空間が形成される（図3.1C）．

地形の急峻な山地や河川の周辺では，樹木の風倒以外に土砂の侵食（erosion）や堆積（sedimentation）などに由来する撹乱も発生する．これらの撹乱の多くは，地表変動（earth surface process）（東，1979）と呼ばれる地形形成過程に伴って発生するため，地表変動撹乱と称される．侵食型の撹乱と堆積型の撹乱は一連の土砂移動現象によるものであり，基本的には両者がセットで発生している．土砂の侵食には，河食（fluvial erosion）や洗掘（scoring）のように河川などの水の動きによるものと，風食（wind erosion）や重力による崩落などのように水の動きを介さないものとがある．土砂の堆積も同様に水の動きを介するか否かで分類される．すなわち，流水によって土砂が移動し堆積する作用を沖積作用（alluviation）と呼び，重力によって崩落する土砂の堆積作用を崩積作用（colluviation）と呼ぶ．沖積作用でできた堆積物が沖積層（沖積堆積物，alluvium）であり，この作用で形成される地形に沖積平野（alluvial plain），沖積扇状地（alluvial fan），沖積錐（alluvial cone）などがある．また，崩積作用で斜面の麓に溜まった堆積物を崩積層（崩積堆積物，colluvium）と呼び，この作用によって麓部斜面（foot slope）や崖錐（talus）などが形成される．

地表変動撹乱の代表的なものが，斜面の表層崩壊（shallow landslide）（図3.1D）や大規模な深層崩壊（deep-seated landslide），地滑り（earth flow），および生産された土砂が流下して堆積する土石流（debris flow）（図3.1E）などである．これらは土砂の個々の粒子が別々にではなく塊として移動するので，マス・ムーブメント（土石流の場合は集合運搬，どちらも mass movement）と呼ばれる．このほか，河川周辺では洪水（flood）（図3.1F）も森林撹乱の要因となる．また，豪雨時の雨滴侵食や表面流による表土の移動なども，破壊のエネルギーは小さいが地表変動撹乱の1つである．さらに火山周辺で発生する火砕流（pyroclastic flow：高温のマグマの破片とガスの混合物が高速で流下する現象）や溶岩流（lava flow：液状の溶岩が流下する現象）は，様々な撹乱の中でも森林に与えるインパクトが非常に大きい．

このように地表変動撹乱にも様々なタイプや発生のメカニズムがあるが，それぞれのタイプの中で破壊の程度などが異なるイベントが発生する．崩壊や土石流は一般的な風倒撹乱に比べると発生の確率が低い．しかし日本の山地のようなモ

ンスーン多雨気候下の急峻な地形に成立する森林では，森林の成立や動態を説明する上で無視できない現象であり，近年は森林生態系の不均一な構造を創出する重要な要因としても注目されてきている（中村，1990；伊藤・中村，1994）．

　森林火災（forest fire）も森林撹乱の1つに位置づけられる（図3.1G）．雨が多く湿潤な日本では風倒などに比べるとあまり馴染みがなく，ひとたび森林火災が起きると大きな問題になるが，地球規模でみると森林火災が主要な自然撹乱の1つに数えられる地域は多い．例えば，熱帯雨林の周囲や大陸の内陸部にある半乾燥地の森林（サバンナや熱帯落葉樹林，第1章）では，落雷などの自然発火による山火事が森林の主たる撹乱要因の1つである．また，北米西部の温帯針葉樹林や，北欧，シベリア，アラスカ，カナダの亜寒帯針葉樹林においても，自然撹乱の主要因は森林火災であることが多い．すべての森林火災が林冠木の樹冠をすべて焼失させるわけではなく，地表に堆積したリターや下層植生が燃える地表火（surface fire）や，表層土壌（A層，第5章）の有機物が燃える地中火（underground fire）など，程度の小さな火災も多く発生する．

　その他の生物的な撹乱要因として，動物による摂食（herbivory）や病虫害などがある．わが国では近年，シカの個体数が爆発的に増加し，その食害が森林生態系を大きく変質させる重大な問題となってきている．病虫害も樹木の大量枯死などを引き起こすが，これらは徐々に進行するものが多く，「やや不連続」な現象である撹乱としては扱わない見解もある．

B．人為撹乱

　人間の活動に由来する人為撹乱のうち，最も身近でわかりやすいのが森林伐採である（図3.1H）．土地開発も最初は伐採という人為撹乱から始まるのがほとんどであろう．森林伐採や草原の刈り払いのほか，火入れや焼畑，林床の落ち葉掻き，農地の耕運，樹木の剪定，埋め立て，ダム建設による湖沼化なども人為撹乱である．こうしてみると，人間が資源利用や土地利用の目的で森林生態系に対して行う行為のほとんどは，生態学的には撹乱と考えてよい．そしてその多くは，自然撹乱のいずれかのタイプに類似している．

　そもそも，広くみれば人間も自然の構成要素の1つとみなせるが，それでも人間が起こす人為撹乱を自然撹乱と分けて考える理由は，人為撹乱の森林に対する影響の度合いが自然撹乱のそれとは異なることが多いからである．これは，人為

撹乱が自然に起こり得ないタイプの撹乱だからではなく，撹乱が起こる時間・空間スケールが自然撹乱とは異なるからである（3.4節で後述）．

3.2.3 遷移――撹乱後の森林の再生

撹乱を受けた森林は破壊された構造を回復させつつ再生する．この再生プロセスが遷移（succession）である．撹乱の起こり方の特徴を詳細に解説する前に，撹乱後の遷移について概観しておきたい（詳細は第4章を参照）．

一般的に遷移とは，環境の変化や撹乱によって生態系の構造が変革を受けた後に，生態系の構造が時間とともに変化することを指す．遷移が進行した結果到達する，植生が十分に発達して安定した状態が極相（climax）である．遷移のうち，気候変化などが顕著でないような比較的短い期間に生態系の構造が著しく変化する過程を生態遷移（ecological succession）と呼ぶ．本章のテーマである撹乱と密接に関連するのはこの生態遷移である．

生態遷移は，初期条件によって一次遷移と二次遷移の2つに大別される．一次遷移とは，火山活動によって溶岩流で埋まった場所での植生再生過程のように，植物の繁殖体を含まない基質の上に始まる遷移のことである．これに対して二次遷移とは，伐採後の森林再生のように土壌の有機物や植物の繁殖体が存在する状態から始まる遷移のことである．二次遷移では，撹乱を生き残った前生樹（advance regeneration）や萌芽（sprout, coppice）を発生させる根株，あるいは休眠埋土種子（buried seed, seed bank）などの再生材料が存在する場合が多く（Bormann & Likens, 1979），植生再生の速度は一次遷移よりもはるかに早い．特に根株が残存する場合は，成長の早い萌芽によって二次萌芽林（coppice, coppice forest）を形成する（Oliver, 1981）．実際の遷移の過程は，再生材料や再生基盤の残存度合いによって速度も経路も実に多様である．そして，遷移の速度や経路の違いをもたらすような再生の初期条件を決定するのが撹乱のタイプや起こり方の違いである．

3.3 撹乱体制と森林の再生・成立条件

3.3.1 撹乱体制

　ここまで，撹乱には様々なタイプや起こり方があること，さらに撹乱のタイプや起こり方によって遷移の初期条件が決まり，遷移の速度や経路が規定されることをみてきた．では，撹乱の起こり方の特徴は生態学的にどのように整理すればよいのか．これを包括的に整理する概念が撹乱体制（disturbance regime）である．撹乱体制は基本的に，個々の森林で観測される撹乱のサイズ・強度・頻度の3つの視点で評価することができる（White & Pickett, 1985）．

A．撹乱のサイズ（面積規模：size）

　撹乱サイズとは，発生する個々の撹乱の面積のことである．風倒という同じタイプであっても，撹乱は様々なサイズで発生し，サイズに応じて林床の光条件など環境の改変度合いが異なる．例えば，100 ha の面積の森林で樹木が1本倒れる場合と，100 ha の面積の樹木がすべて倒れる場合とでは，撹乱後の遷移の起こり方がまったく異なる．

B．撹乱の強度（物理的破壊強度：intensity）

　撹乱の強度とは，物理的な破壊の度合いの指標である．具体的には破壊される生物体の単位面積あたりの量である．例えば，仮に同じ面積の空間が空いたとき，すなわちサイズの等しい撹乱だとしても，幹が途中から折れるのと根返りを起こすのでは破壊の強度が異なり，前述のように再生のプロセスも異なる．風倒や冠雪害では，強度が上がるにつれて林冠から地表に向かって上から下に破壊される部分が拡大していく．これに対して地表変動撹乱や森林火災の場合，強度の低い撹乱は地表部のみを破壊し，強度が強くなるほど破壊は下から上へ拡大するという特徴を持っている．

C．撹乱の頻度（発生頻度：frequency）

　撹乱の頻度とは，一定の期間にその撹乱が何回発生するかという指標である．一度撹乱が発生してから次の撹乱が発生するまでの間隔を再来間隔（return period）と呼ぶ．撹乱の頻度は再来間隔の逆数で，単位時間あたりに撹乱が起こる回数を意味する（Box 3.2）．頻度が異なると，撹乱を受けた場所の森林がどのくらい再生した時点で次の撹乱を受けるかが変わる．

> **Box 3.2**
>
> **撹乱の頻度**
>
> 　撹乱の頻度は2つの評価方法がある．1つは「ある面積の森林の中で撹乱が一定期間内に何度発生したか」という評価方法で，もう1つは「森林内のある地点が一定期間内に何度撹乱を受けたか」という評価方法である．言い換えれば，広がりを持った面における頻度の評価方法と，点における頻度の評価方法である．前者の「面の撹乱頻度」が同じでも，後者の「点の撹乱頻度」が同じとは限らない．例えば，ある面積の森林で100年間に5回の撹乱が発生したとすると，面の撹乱頻度は5回/100年である．しかし，その森林の中では撹乱を被らなかった地点もあれば，5回とも全部被った地点もあるかもしれない．さらに，1回1回の撹乱のサイズが小さければ，5回の撹乱のいずれも被らなかった地点や何度も被った地点が混在するであろうし，個々の撹乱のサイズが十分に大きければ，ほとんどの地点が5回とも撹乱を被ることになるだろう．つまり，「面の撹乱頻度」とは，その森林が均等に撹乱を被ると仮定したときの平均的な撹乱頻度であり，「点の撹乱頻度」は撹乱の発生が森林内で不均一である場合に，その集中性を考慮して評価するための撹乱頻度であるといえる．
>
> 　一般に森林生態学で「撹乱頻度」という場合は，前者の「面の撹乱頻度」の評価方法が用いられることが多いが，例えば河川沿いの斜面で水面からの比高の異なる位置での洪水撹乱のように「この地点の冠水頻度は○○年に1回」というような「点の撹乱頻度」による評価が必要となる場合もある．さらに，同じ「面の撹乱頻度」でも，「最大風速40m以上の台風の襲来頻度」のようにイベントの強度別に頻度をカウントする場合もあるので，「頻度」という言葉が出てきたときには，それぞれの定義に注意が必要である．ちなみに前出のWhite & Pickett（1985）の定義では，頻度や再来間隔は1点に対して定義されている．

3.3.2 撹乱体制が規定する遷移の初期条件

　次に，撹乱のサイズ・強度・頻度が異なることによって，遷移の初期条件がどのように規定されるのかを整理する．異なる撹乱体制は，ⅰ）再生材料・再生基盤の残存度合い，ⅱ）再生・生育環境の改変度合い，ⅲ）次期撹乱体制の変化の3つ

を通して，遷移の初期条件を規定する（図3.2）．

A．再生材料・再生基盤の残存度合い

撹乱の強度が異なると，再生材料（地表に散布されて休眠している埋土種子や発芽して待機している前生稚樹，折れた個体の根株など）や再生基盤（土壌など）の残存度合いが異なる．例えば，強風による撹乱のように強度が増すにつれて上から下に破壊が拡大する場合，枝の先端が折れるような弱い強度の撹乱であれば幹の上方にある休眠芽（dormant budまたは抑制芽，suppressed bud）が萌芽再生の原基として残るであろうし，幹折れのように強度の撹乱の場合は萌芽再生位置が幹の下方に限定される．根返りして根系が完全に地表に露出した場合は生き残った前生稚樹が再生を担うことになり，これらも撹乱の巻き添えになった場合は地表の埋土種子や外部から散布される種子（seed rain）に再生を頼ることになる（第9章）．さらに斜面崩壊のような地表変動撹乱を伴う場合は，埋土種子はおろか新規に移入する種子の定着基盤である土壌も失うことになる．このように，おもに撹乱強度によって（場合によっては撹乱のタイプによって）再生材料・再生基盤の残存度合いが異なり，遷移の初期速度が大きく左右される．また，萌芽能力や種子散布能力などの特徴が種によって異なることから，強度の異なる撹乱はその後の再生の速度だけでなく再生する樹種の構成に影響を与える．なお，前述の一次遷移は再生材料・再生基盤が残存しない状態からの遷移であり，二次遷移は再生材料・再生基盤が残存する状態からの遷移と理解できる．

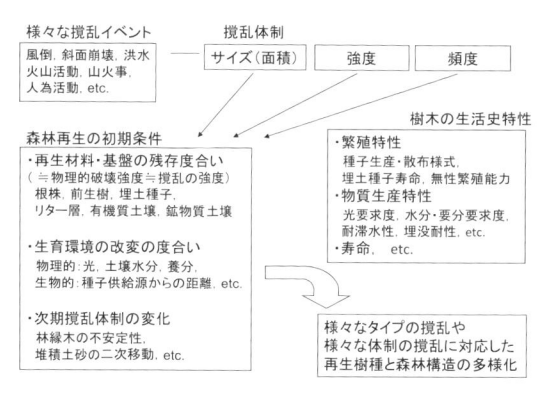

図3.2 撹乱体制が森林の成立・再生過程および森林構造の多様性に与える影響の模式（Buckley et al., 2002を一部改変）

B．再生・生育環境の改変度合い

　撹乱のサイズが異なると，まずは光環境などの物理環境の改変の度合いが異なる．また，撹乱のサイズが大きい場合，周囲の森林からの種子散布距離が長くなる．さらに，撹乱の強度が高いと，土壌の環境も改変され，撹乱跡地に新たに侵入する樹木の発芽定着環境やその後の生育環境を変化させる．このように撹乱によって規定される再生・生育環境に対して，それぞれの樹種の耐陰性（弱光環境下で生存する能力），耐乾燥性や種子散布能力などの特性に応じて更新（regeneration）が成功したり失敗したりすることになる．

C．次期撹乱体制の変化

　いったん発生した撹乱は，再生材料や再生環境を規定するだけでなく，その森林の未来の撹乱体制をも変化させる．例えば，風倒によってギャップが形成された場合，ギャップの周辺の樹木は撹乱前よりも風当たりが強くなり，風倒撹乱を受けやすくなることによって，撹乱の頻度が変化する．人為撹乱の場合も同様であり，皆伐地の林縁木や間伐を行った直後の人工林で風倒が発生しやすくなるのは経験的にもよく知られた事実である．また，いったん強い台風で倒れやすい状態にあった樹木の多くが倒れてしまえば，同じ強さの台風が来ても倒れるべき樹木は残っておらず，風倒の発生確率は低くなる可能性もある（齊藤・佐藤, 2007）. このように，風倒撹乱1つをとってみても次期撹乱体制は様々に変化する．撹乱体制は地表変動撹乱でも変化する．これまで地表が安定した場所であっても，そこに土石流によって土砂が堆積すれば，その土砂は次の降雨で二次移動する可能性が出てくる．撹乱によって地面を覆う植生が失われれば，表面流による侵食が増大するであろうし，崩壊地周辺の地面も崩れやすくなるであろう．逆に，これまで高頻度で流水の撹乱を受けていた水辺に土石流が高く堆積して段丘を形成すれば，洪水撹乱の頻度は激減し地面は安定するかもしれない．このように，ある撹乱イベントは未来の撹乱体制を変化させ，時にその影響を周囲に波及させる．特に，地表変動撹乱では，上流側での撹乱イベントが水系を通した土砂の移動を介して下流側の生態系にその影響を波及させる（中村, 1992）.

D．樹木の生活史特性と森林構造の多様性

　ここまで述べてきたように，撹乱のサイズ・強度・頻度の違いは，再生材料・

再生基盤の残存度合い，再生・生育環境の改変度合い，および次期撹乱体制の変化を通して，遷移の初期条件を規定する．これに対して樹木は，それぞれの生活史特性に応じて撹乱跡地で更新し，森林を再生する．言い換えると，様々な撹乱タイプや異なる撹乱体制が樹木にとって多様な更新ニッチ（regeneration niche）(p. 134) を提供することで，多くの樹木種の共存（coexistence）を可能にし，森林構造の多様性を形成する重要な要因の1つになっている．撹乱体制と多種共存の関係に関する仮説の1つに中規模撹乱仮説（intermediate disturbance hypothesis）がある（Connell, 1978）．例えば，撹乱が起きることによって，安定条件下では排除されてしまうような先駆種（pioneer）が森林内で個体群を維持できるようになり，逆に大きなサイズで高い強度の撹乱が高頻度で発生する場合は，発達した森林が成立できず，先駆種だけで群落が構成される．したがって，中程度の撹乱体制で最も多くの種が共存できるという説が中規模撹乱仮説である．

　森林構造の多様性は，撹乱だけでなく樹木側の生活史特性が多種多様であることも反映しており，それぞれの樹種の戦略（自然選択の結果としての生物の形質，strategy）はまさに種特有（species specific）である．この様々な生活史戦略（life-history strategy）を，類型化する考え方に r–K 淘汰説（Pianka, 1970）や C–S–R モデル（Grime, 1979）などがある．r–K 淘汰説は，個体数の内的自然増加率（intrinsic rate of natural increase）（r）と環境収容力（carrying capacity）に依存して決まる最大の個体群密度（K）のいずれを高めるかという視点で生活史戦略を類型化する考え方であり，基本的には撹乱などによる環境の変動を考慮していない．これに対して C–S–R モデルでは，安定した環境での資源の獲得可能量（すなわち環境収容力）に加え，構造を変動させる要因である撹乱も考慮して，植物の生活史戦略を次の3つに類型化している：ⅰ）競争型（competitor）：撹乱の程度が低い安定した環境で，かつ資源が豊富でストレスが低い状況下で種間競争に勝つ戦略，ⅱ）ストレス耐性型（stress tolerator）：撹乱の程度は低く安定しているが，資源不足・過多によるストレスが大きい状況下で，資源の利用効率を高めて他種よりも優位に立つ戦略，ⅲ）撹乱依存型（ruderal）：撹乱が頻繁に生じる状況下で短い期間に生活史を完結することなどにより他種が生育できない場所を利用する戦略．このモデルの3つの類型は種についてではなく戦略についてのものなので，ある種にとっての3つの戦略の相対的な重要性を評価することになる．したがって，競争型の特徴を併せ持つ撹乱依存種（competitive ruderal：CR）や

ストレス耐性も有する競争種（stress-tolerative competitor：SC）といった評価もある．C-S-R モデルは撹乱の影響を考慮しつつ生活史戦略をいくつかの機能タイプ（functional type）に区分する上で非常に有効な考え方である．

3.3.3 撹乱体制と森林動態
A．自然撹乱の法則性

これまで，撹乱の起こり方をサイズ・強度・頻度に分解してその影響を説明してきたが，これらは必ずしも独立ではなく，自然界での撹乱体制にはそれぞれの間に大まかな法則性が認められることが多い．例えば，根返りや幹折れを発生させるような強い台風は，葉や小枝がちぎれる程度の風速の台風よりも襲来頻度が低いので，強度の高い撹乱の再来間隔は長くなる（齊藤・小南，2004）．地表変動撹乱を例にとっても，サイズの小さな表層崩壊は頻度が比較的高いが，大面積の崩壊現象は低頻度で発生する．洪水の規模（最大水位）とその頻度の関係も同様である．このように，自然撹乱のサイズおよび撹乱強度と再来間隔との間には比例関係がある（図 3.3）．これを森林の成立という側面からみると，再生に時間がかかるような大サイズ・高強度の撹乱ほど再来間隔が長く，その撹乱跡地が十分に再生できるくらいの再来間隔を置いて次の撹乱が発生することを意味する．ただし，動物による摂食などの生物的な要因による撹乱の発生は時間的・空間的な変動が大きく，必ずしも規則的ではない．さらに，人為撹乱は自然撹乱の法則性とはまったく異なる社会的・経済的な背景でそのサイズ・強度・頻度が決定されることが多いため，自然撹乱の法則性に照らすと大きなサイズの撹乱を短い再来

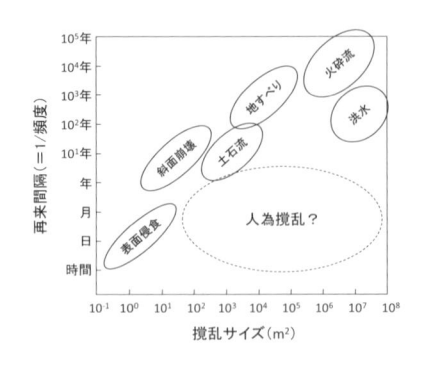

図 3.3　地表変動撹乱の平均的時空間スケールの模式（伊藤・中村，1994 を一部改変）

間隔で発生させるような撹乱体制となることが多い．このことが，人為撹乱の影響の度合いが自然撹乱のそれよりも大きくなる原因である．

　自然撹乱に関するもう1つの法則性として，空間的な撹乱体制の違いが挙げられる．例えば，地形によって風当たりが強く風倒撹乱が発生しやすい場所とそうでない場所がある．地表変動撹乱では，地形と撹乱体制の関係はさらに明瞭である（菊池，2001；Sakio & Tamura, 2008）．これに加えて，堆積岩，花崗岩，火山堆積物といった表層地質の違いも，地表の安定性の違いを通して地表変動撹乱の体制を大きく異なるものにしている．また，多くの地表変動撹乱が水系を通して上流から下流に波及するため，河川の上流と下流では撹乱体制が異なる（Nakamura & Inahara, 2007）．山地では崩壊や土石流といったマス・ムーブメント型あるいは集合運搬型の地表変動に由来する比較的低頻度の撹乱が主であり，中でも上流の土砂生産域では侵食型の撹乱が卓越する．これに対して，扇状地より下流域では土石流などの堆積型撹乱が卓越し，さらに下流では洪水がおもな撹乱要因となる．

B．撹乱体制と森林の安定性および成立条件

　自然界における法則性の中でどのような撹乱体制であれば森林が安定して成立しうるのかを，簡単なシミュレーションの例（伊藤，1995）で見てみよう．シミュレーションの仮定は以下のとおりである．まず100haの森林を想定し，その中で25ha（全体の1/4の面積）から0.25ha（全体の1/400）の撹乱がランダムな位置で発生するとする（図3.4a）．撹乱を受けた部分は完全に森林が消失し，その後は100年をかけて図3.4bのように森林が100％の発達段階まで再生すると仮定する．その途中で，100haの森林の中で次の撹乱が起こるまでの間隔を1年，10年および50年に設定して，森林全体の平均的な発達段階を樹木がまったく存在しない状態から計算して予測したものである．予測結果をみると，撹乱のサイズが小さい（図3.4のc)-1）と頻度がある程度高くても全体的に高い発達段階（すなわち極相に近い状態）が安定して維持され，サイズが大きくなる（図3.4のc)-3, c)-4）と頻度の上昇に伴う平均的な発達段階の低下が顕著になることがわかる．この予測から，一定の期間に十分にサイズが小さく強度の低い撹乱が，低い頻度で発生していれば，その森林は全体的に発達した状態を維持できることになる．これが，ギャップダイナミクス（局所的な撹乱と再生）による極相林の維

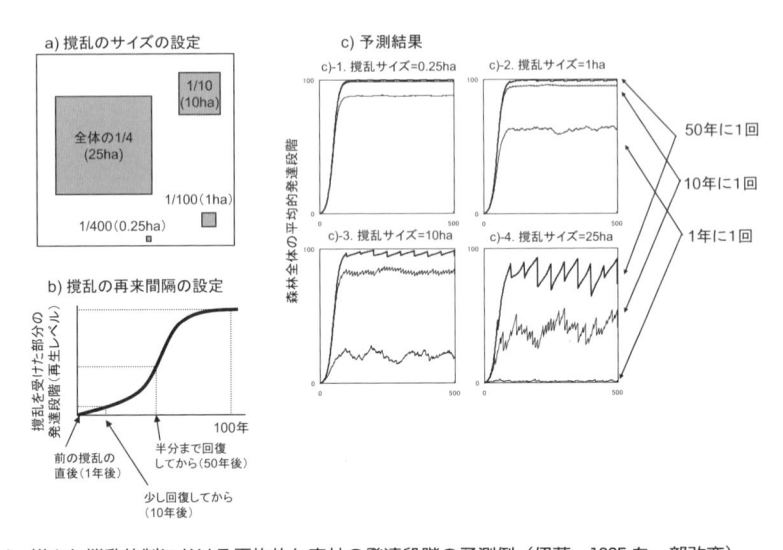

図 3.4 様々な撹乱体制における平均的な森林の発達段階の予測例（伊藤，1995 を一部改変）
a），b）：仮定した撹乱体制と撹乱パッチの再生過程，c）：森林の平均的な発達段階の予測結果

持機構である（第 8 章）．なお，ここでは強度の違いを予測因子に入れていないが，強度が低ければ図 3.4b における再生のスタート時の発達段階がゼロからでなく，ある程度発達した状態からになるので，その結果は容易に予想できるだろう．

3.4 撹乱と人工林の管理

3.4.1 森林施業における人為撹乱と森林再生

最後に人間による森林管理に目を向けて，撹乱体制の視点から林業，特に人工林施業を考える．

人工林施業に代表される育成林業では，樹木を伐採・収穫して木材を生産し，その後に樹木を植栽して森林を一定期間再生させ，ふたたび伐採する．森林経営上で重要なのは，一度にどのくらいの面積を伐採するか（伐区面積），何年後に切るか（伐期齢），どのようにして再生させるか（更新法）である．森林を育てる過程を細かくみると，収穫目的で植栽した樹木の初期の成長を保証するために競争

相手である下草を刈ったり（下刈），個々の植栽木の成長と形質を制御するために間引き（間伐）によって樹木の密度を調整したりすることによって，様々な人為的撹乱を加えている（保育）．

　これらのうち，森林全体の発達段階を大きく左右する伐区面積・伐期齢・更新法を撹乱体制にあてはめると，伐区面積は撹乱のサイズに，伐期齢は再来間隔（＝1/頻度）に，更新法は強度にそれぞれ対応する．伐区面積と伐期齢については撹乱体制そのままなのでわかりやすい．更新法が強度に対応することはわかりにくいが，更新法には樹木をすべて伐採して植え替える方法，種子を播く方法，樹木を一部残して種子源とする方法などがある．すわなち，更新方法によって再生材料の残存度を操作し，結果的に異なる強度の撹乱を与えることになる．伐区面積，伐期齢，更新法の設定が森林経営で重要なのは，この組み合わせ次第で森林全体が衰退したり減少したりしかねないからであり，これは前項で述べた自然の撹乱体制と森林の成立との関係とまったく同等である．ところが現実には，自然の法則性を逸脱するほど，人間が大きなサイズ（すなわち大きな伐区面積）や強度の高い（すなわち皆伐）撹乱を発生させてしまい，森林全体の撹乱と再生のバランスが崩れる場所が増えている．これに対して近年，世界中で求められている持続的な森林管理とは，撹乱体制の視点からみれば，まさにサイズ・強度・頻度を適正化することによって森林全体の多様な構造を安定的に維持することに他ならない．ちなみに，林学の世界では古くから「森林の保続」という概念があり，これは現在の「持続」とほぼ同義である．また森林の保続を確保するために，林学の1分野である森林計画学では森林全体の再生速度を撹乱が超えないように制限する「収穫規制」という概念も古くから存在している．

3.4.2 自然の撹乱体制を模倣した森林管理

　戦後の日本の人工林施業の主流は，森林を大面積で皆伐しスギなどの単一樹種を一斉に造林して，単純同齢林と呼ばれる森林を造成することが目的であった．これらの人工林施業は，40年程度で再度伐採し木材を収穫することを当初の目標としていたケースが多い．このような森林管理の方法を撹乱体制という視点で整理すると，大サイズの撹乱を比較的高頻度で発生させ，皆伐後は植林によって人為的に再生材料を導入する（すなわち，結果的に強度を弱めるような補助をする）ことにより，目的とする樹種で早期に森林を再生させるような森林動態の制御

(すなわち，林学でいうところの「施業」）を行ってきたといえる．こうした大面積の伐採と単純同齢林の造成は日本に限ったことではなく，むしろ先進国ではごく一般的に行われてきた森林管理の方法である．そもそも日本では明治期にドイツ林学を導入し，その理論を森林管理の基礎としてきた．しかし近年は，大面積の伐採による裸地の形成や，その後の単純同齢林造成による生物多様性の低下，これに伴う公益的機能（木材生産以外の生態系サービス，第15章）の低下などの弊害が指摘されるようになり，持続的な管理のために多様な森林構造への誘導の必要性が世界的に認識されてきた．このように，大規模な裸地の形成を避け，同時に大面積の単純同齢林を回避する方策として，自然の撹乱体制を模倣した森林管理（Nature-oriented forest management）が注目されてきている（Kohm & Franklin, 1997）．これは，撹乱体制を自然林のそれに近づけることで，木材生産に伴う生態学的なインパクトを軽減しようという考え方である（Mitchell *et al.*, 2002）．その代表的な例が小面積皆伐あるいは択伐（すなわち個々の撹乱サイズを小さくする伐採方法）であり，これによって継続的な林冠被覆（Continuing canopy cover）を維持することを目指している（Mason & Kerr, 2004）．このような森林管理では，森林内に様々な林齢の部分（パッチ）が混在することになるので，異齢林施業（uneven-aged forestry）とも呼ばれ，熱帯林を含む各国の森林で試行されている．

　近年の日本で試行されつつある他のタイプの森林管理のうち，「長伐期施業」（再度皆伐するまでの期間を長く設定する施業）は撹乱の頻度を従来よりも下げるものである．また，「複層林施業」とは，林冠下に樹木（下木）を植栽して前生樹として育成することにより「複層」の状態に誘導し，林冠木（上木）を収穫しても下木が次世代として地表を被覆するような構造を目指した施業である（日本林業技術協会，2001）．これは，上木伐採時に前生稚樹を再生材料として残すような伐採を行うので，収穫時の撹乱の強度を従来よりも弱めるような管理方法といえる．しかし，上木伐採時に下木が損傷を受けやすいことや，下木の成長を維持するために上木の密度をこまめに制御する必要があることなど，木材生産林としての経営面や技術面の問題も多く指摘されている．

第4章 森林の遷移

上條隆志

4.1 遷移の定義

4.1.1 植生遷移

　遷移（succession）とは，生態系あるいは生物群集の方向性のある時間変化のことを指す．特に森林を含めた植生，あるいはそれを取り巻く環境を含めた陸上生態系の時間変化を指す場合は，植生遷移（vegetation succession）と呼ぶ．本章では遷移といった場合，この植生遷移を指す．遷移を初めて総合的にまとめたのはClements（1916）であり，後述する一次遷移（primary succession），二次遷移（secondary succession），極相（climax），遷移系列（sere）などの概念を整理した．遷移は，森林だけでなく草原やツンドラなど，植生全般に適応できる概念である．本章では森林を中心とした遷移の具体例，メカニズム，環境形成作用（土壌生成）などについて紹介する．

　遷移は我々の身近でも観察できる．例えば，関東地方の台地では，耕作が放棄されると，メヒシバやヨモギなどからなる草原が成立する．その後の時間経過に伴い，ヌルデやクサギなどからなる低木林，アカマツやコナラなどからなる高木林へと遷移する．遷移がさらに進行すると，構造や種組成の変化は緩やかになり，ほとんど変化しない状態となる．このような定常状態のことを極相といい，関東地方の台地上ではシラカシなどからなる常緑広葉樹林となる．温暖湿潤な気候条件下にある我が国では，森林が極相となる地域がほとんどであるが，乾燥や低温が著しい地域では草原やツンドラが極相になる．一方，同一の気候条件下においても，海岸や岩塊地などの特殊な立地（地形・地質）条件では通常と異なる植生が極相となる．これを土地的極相（edaphic climax）と呼び，通常の立地条件に成立する気候的極相（climatic climax）と区別する場合がある（第1章）．

　遷移では，出現する植物の種が時間経過とともに入れ替わる．このような一連の出現種の入れ替わりのことを遷移系列と呼ぶ．また，遷移初期段階に出現する

種を遷移初期種（early-successional species）（あるいは先駆種，pioneer species；樹木では陽樹），極相ないしそれに近い遷移後期段階に出現する種を遷移後期種（late-successional species）（あるいは極相種，climax species；樹木では陰樹）と呼ぶ．

4.1.2 一次遷移と二次遷移

　遷移は，一次遷移と二次遷移に区別される．両者は植生の発達速度や植物と無機的環境との相互作用などの面で異なる．一次遷移は火山の溶岩上や氷河の後退跡などの，植物体がまったくない状態から始まる．一方，二次遷移は山火事跡地，台風などによる風害跡地，放棄畑のように土壌とともに埋土種子（buried seed）などの植物体があらかじめ存在する状態から始まる．また，土壌が残存している場合，栄養塩類の可給性（availability），水分保持力が高く，新たに散布される植物の定着が容易となる．これらの相違により，一次遷移よりも二次遷移の進行速度は速くなる．

　一次遷移の概念は生物と無機物の相互作用に関する研究とともに発達してきた．一方，二次遷移は伐採跡地のように人間の影響によって開始されることが多く，人間活動の影響を強く受ける実在の植生を説明・理解するための植生概念と関連付けられてきた（Box 4.1）．

Box 4.1

遷移と関連した植生概念

　自然植生（natural vegetation）とは，人為的影響をあまり受けていない植生のことであり，極相林だけでなく，噴火や河川の氾濫などの自然撹乱後に成立した遷移途中の植生も含む．これに対して，人為的影響を受けて成立した植生のことを代償植生（substitutional vegetation）と呼ぶ．一方，二次遷移の過程にある草原や森林のことを，それぞれ二次草原（secondary grassland），二次林（secondary forest）と呼ぶ．代償植生を成立させる人間活動は，伐採・耕作・放牧・火入れなど二次遷移を引き起こすものが多く，代償植生は二次林や二次草原であることが普通だが，例外もある．例えば，採石場跡地の場合，人間活動によって土壌なども除去され，生物体のない状態から遷移が始まる．したがって，その後に成立した植生は代償植生だが，遷移過程としては一次遷移となる．また，自然発火の山火事跡地の場合，自然撹乱によって二次遷移が引き起こされる．したがって，その後成

立した森林は，二次林であっても代償植生ではない．なお，英語では二次林をsecondary successional forest とも呼び，一次遷移の過程にある森林であるprimary successional forest と区別している．

　人間による植生改変の顕著な日本では，大部分の森林は二次林ないし人工林であり，土地改変によって形成された耕作地や住宅地も多い．このような現存植生（actual vegetation）が分布する土地に，現在の土地条件（地形や土壌条件）が一定のまま遷移が進行した場合，最も発達した植生として，どのような植生が成立しうるかを考えた概念が潜在自然植生（potential natural vegetation）である．これに対して，人為的影響が入る前の植生のことを原植生（original vegetation）と呼ぶ．概念上は原植生と潜在自然植生は共に自然植生であり，山地などの人間による土地改変の少ない地域では，一般に両者は一致するが，埋め立て地のような土地改変を受けた場所では両者は一致しなくなる．例えば，東京湾岸の埋め立て地を考えた場合，単純に過去にさかのぼると原植生はヨシ草原（場合によっては海水面）となる．潜在自然植生の場合，埋め立て後の現在の土地条件を元にして推定されるため，森林が潜在自然植生となる．さらに，埋め立てに用いられた土壌が現時点で良好なものならば，極相林のタブノキ林が潜在自然植生に推定され，現時点で良好でない場合は，土壌が未発達な遷移段階に成立する途中相のクロマツ林が潜在自然植生に推定される．潜在自然植生は，現在の土地条件が持つ潜在力を強く反映しており，それを図化した潜在自然植生図は，土地改変を受けた地域における植栽樹種の選定や植生復元目標の設定に対して有効な情報となる．

4.1.3 一次遷移・二次遷移の連続性と撹乱モザイク

　遷移を引き起こす撹乱には，前述したような噴火・山火事・耕作などがある．撹乱（disturbance）の強度（定義は第2章を参照）を考えた場合，強ければ植物体は残存せず，弱ければ植物体は残存するが，その残存量は撹乱の強度に応じて連続的となる．そのため，一次遷移と二次遷移は連続的で明確に区別できない場合がある．撹乱後には，植物体だけでなく動物の死体や枯死木を含めた撹乱以前の生態系の残存物が存在し，それらを生物体残存物（biological legacy）と呼ぶ（Dale *et al.*, 2005）．この生物体残存物の豊富さという傾度を考えた場合，これらがない状況を表す端点から開始する遷移を一次遷移として捉えることができる（露崎，2001）．

　撹乱の規模（定義は第2章を参照）が大きい場合，局地的な撹乱の強度に応じ

たパッチがモザイク状に配置される．これを，撹乱モザイク（disturbance mosaic）という（Turner et al., 2001）．北米西部のセントヘレンズ火山の1980年噴火や三宅島の2000年噴火では，大量の火山灰や軽石が放出された．これら火山では火山灰堆積深の相違や二次的に発生した帯状の泥流によって，複雑な撹乱モザイクが形成された．このような撹乱モザイクの形状と配置は，遷移の進行に強い影響を与える．セントヘレンズ火山の細く帯状に流れた泥流上では，面的に広がった泥流上より植生発達が早い．これは，形状が細長いほど，残存植生との隣接部分が多くなり，種子と落葉の供給を受けやすくなることによる（Halpern & Harmon, 1983）．

4.2 遷移系列

4.2.1 クロノシーケンス

　遷移系列の研究手法には，時間変化を直接観察する手法と，成立年代のみが異なる立地を相互比較することによって時間変化を明らかにする方法がある．後者の成立年代のみが異なる立地を相互比較する手法は，英語でクロノシーケンス研究（chronosequence study）と呼ばれる手法であり，一人の調査者が直接観察することができない，数十年から数千年といった長期的な遷移を対象とするのに適している．ここでは三宅島の研究（上條，2008）を例に説明する．

　三宅島では噴火年代の異なる溶岩流（1983年，1962年，1874年）が島の中腹から麓にかけて分布している．火山噴出物の堆積した方向はそれぞれ異なっているが，島内の方位による極端な降雨量や温度の差は少ない．そのため，これらの溶岩流上に成立した植生を比較することによって，遷移系列を知ることができる（図4.1）．現地調査は1999年に行っているので，調査時における生態系が成立してからの年数（溶岩が流れ出てからの年数）は，1983年溶岩で16年目，1962年溶岩で37年目，1874年溶岩で125年目となる．植生を見ると，16年目の溶岩流上では，落葉広葉樹のオオバヤシャブシや多年生草本のハチジョウイタドリが，まばらに生育しており，溶岩に覆われた裸地が大部分を占めている（図4.1a）．次に，37年目の溶岩上では，オオバヤシャブシが優占する低木林が成立する（図4.1b，図4.2）．125年目の溶岩上になると，落葉広葉樹のオオシマザクラ，常緑

図 4.1 (a)三宅島の 1983 年溶岩（16 年経過），(b) 1962 年溶岩（37 年経過），(c) 1874 年溶岩（125 年経過），(d)島の北西部の古い噴火年代の堆積物上（800 年以上経過）の植生

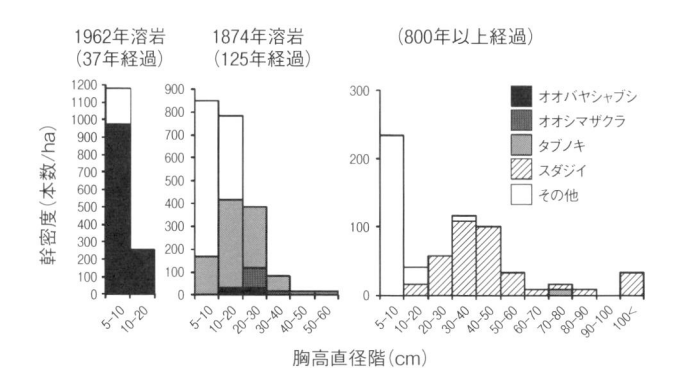

図 4.2 三宅島の 1962 年溶岩，1874 年溶岩，および島の北西部の古い噴火年代の堆積物上（800 年以上経過）における胸高直径階分布図（Kamijo *et al.* (2002) をもとに作成）

広葉樹のタブノキなどからなる高木林が形成され，オオバヤシャブシの密度は低くなる（図4.2）．以上をまとめると，裸地→オオバヤシャブシ低木林→オオシマザクラ・タブノキ林となり，125年にわたる遷移系列を理解できる．一方，800年以上大きな噴火の影響を受けていない島北西部の地域（基質は火山灰とスコリア（直径2 cm程度の噴出物）となる）には，胸高直径100 cm以上の樹木を含む発達したスダジイ林が成立する（図4.1d, 図4.2）．このことから，さらに時間が経過するとスダジイ林が成立し，極相に達すると推定される．

4.2.2 森林の一次遷移系列の実例

ここでは，熱帯から亜寒帯の森林成立域における一次遷移の研究事例について，気候帯別に整理して説明する．遷移の過程や速度は，気候や植物相が同じであっても，標高や地形などに影響されるが，ここでは，火山ガスや山頂部の風衝作用といった植生発達を阻害する要因が少ない事例を扱う．

A．熱帯

インドネシアのクラカタウ諸島（1883年に噴火）において Whittaker *et al.* (1989) は，1953年までの既存の研究報告と，1979年から1984年の現地調査をもとに（すなわち，クロノシーケンスではなく直接観察記録によって），ラカタ島低地の100年間の遷移系列を示した．ラカタ島の遷移系列は，シダ植物・藍藻→ワセオバナ草原→オオバギ属・イチジク属林→ *Neonauclea*（アカネ科）林となり，*Neonauclea* 林になるまで約70年かかる．また，ワセオバナはサトウキビの野生種であり，フィリピンのピナツボ火山（1991年に噴火）においてもみられ，東アジア熱帯域の主要な遷移初期種の1つである．次に，植生の発達過程を現存量からみると，1992年（109年後）時点の推定地上部現存量は226〜512 Mg/ha であった（Whittaker *et al.*, 1998）．この値は，温帯や熱帯の極相林の現存量に達しているが，フタバガキ科などの東南アジア熱帯林の主要構成種を欠いている．ラカタ島を含むクラカタウ諸島は，大型の大陸島であるスマトラ島とジャワ島の間のスンダ海峡に位置し，それぞれから40 km程度の位置にある．クラカタウ諸島の極相林は熱帯季節林になると考えられているが，フタバガキ科などの多くの風散布種子が散布されるのは不可能もしくは長い時間がかかると考えられている（鈴木，2008；第1章）．

一方，同じ熱帯火山でも，ハワイ諸島のように最も近い大陸であるアメリカ大陸から3800km離れ，生態系の孤立度が高い場合には，その遷移系列はまったく異なる．ハワイ諸島には大陸から植物が移入することがきわめて困難であったため種数が少なく，湿性の山地林の一次遷移ではフトモモ科のハワイフトモモ（*Meterosideros polymorpha*）という固有種が，遷移初期から後期に至るまでの主要な構成種となっている（Aplet & Vitousek, 1994；Kitayama *et al.*, 1997）.

B．温帯

　三宅島を含む伊豆諸島と同じ暖温帯域にある鹿児島県桜島では，1476年，1779年，1914年，1946年に噴火し，それらの溶岩上のクロノシーケンス研究が行われている（Tagawa, 1964）．その遷移系列は三宅島と類似性があり，ハチジョウイタドリ・ハチジョウススキ・オオバヤシャブシのそれぞれと近縁の，イタドリ・ススキ・ヤシャブシが遷移初期に出現する．一方相違点としては，桜島ではクロマツ林（ヤシャブシを含む）からアラカシ林を経て，タブノキ林に遷移するのに対して，伊豆諸島ではアラカシ林の段階を完全に欠いていることである．その理由は，鹿児島湾内にある桜島と異なり，伊豆諸島の島は本土と繋がったことがない海洋島であり，植物相がより単純でアラカシも自生しないためである．

C．亜寒帯・亜高山帯

　アラスカ南東部のグレイシャー湾では，年輪解析と直接観察の記録により，1700年代からの氷河の後退過程が復元され，氷河の後退後に形成された裸地の一次遷移系列が示された．遷移初期の定着植物は，コケ類の他，バラ科の矮生低木であるキバナチョウノスケソウ（*Dryas drummondii*）やアカバナ科の多年草のヒメヤナギラン（*Epilobium latifolium*）であり，次に木本であるヤナギ属の樹木と *Alnus crispus*（ハンノキ属）が侵入する（Crocker & Major, 1955）．さらに，64年経過した場所では，*Alnus crispus* 林が形成され，110年経つと常緑針葉樹のシトカトウヒ（*Picea sitchensis*）が優占する森林に遷移する（Bormann & Sidle, 1990）.

　1707年に噴火した富士山の亜高山帯では，山頂部から東斜面にかけて現在も裸地が成立している．遷移初期段階の裸地に侵入する種としては，草本ではイタドリ・オンタデなどであり，木本では落葉広葉樹のミヤマヤナギ・ミヤマハンノキ・

ダケカンバと落葉針葉樹のカラマツが挙げられている（Ohsawa, 1984）．一方，1707年噴火の影響を受けていない地域では，常緑針葉樹のシラビソ・コメツガが優占しており，これらが遷移後期種となる．

　亜高山帯の遷移初期段階を扱った他の研究としては，セントヘレンズ火山，有珠山（1977年〜1978年，2000年に噴火），駒ケ岳（1996年に噴火）などで直接観察に基づく研究例がある．セントヘレンズ火山・有珠山・駒ケ岳は，いずれも多年生の維管束植物が遷移の最も初期段階を形成する（露崎，2008）．有珠山において遷移初期に出現する種としては，草本種ではオオイタドリやアキタブキ，木本種では，シラカンバ・エゾノバッコヤナギなどである．一次遷移には該当しない例となるが，オオイタドリとアキタブキは，埋没した株からの再生が顕著であり，オオイタドリでは火山灰等で1〜2m埋没した株が再生する．駒ケ岳の遷移初期種は，草本種では，ヒメスゲやウラジロタデであり，木本種ではカラマツとミヤマヤナギとなる．なお，カラマツは，北海道には自生せず，植林木を起源とする国内外来樹種である．富士山と駒ケ岳に共通して出現するミヤマヤナギは，カラマツにとっての保護効果（nurse-plant effect）や他種の移入を促進（facilitation）することが知られている（Uesaka & Tsuyuzaki, 2004；Endo et al., 2008）．促進については，4.3節で詳しく説明する．

4.2.3 一次遷移初期種にみられる系統的共通性と生活形の共通性

　日本の温帯・亜高山帯に着目して遷移系列を比較すると，種あるいは属・科レベルでの共通性がみられる．一次遷移初期に侵入する草本植物としては，イタドリ属とオンタデ属を含むタデ科が，暖温帯から亜高山帯に至るまで共通してみられる．特に，イタドリは，暖温帯と亜高山帯の両方の先駆種となっている（ハチジョウイタドリは変種）．また，暖温帯に限るとススキ属も共通にみられる遷移初期の優占種である．木本種については，ハンノキ属とカバノキ属を含むカバノキ科が共通して遷移初期種となっている．また，ヤナギ属とドロノキ属を含むヤナギ科は，亜高山帯における重要な遷移初期種となっている．マツ属とカラマツ属を含むマツ科は，亜高山帯ではカラマツが，暖温帯ではクロマツがそれぞれ重要である．ここで挙げたいずれの遷移初期種も，生活形でみると多年草や木本であり，一年草は含まれていない．これは，栄養塩の不足する一次遷移初期においては，速く成長できないこと，根などの地下部へより多くの光合成産物の投資が

必要なことなどのため，一年内で繁殖に至ることが困難なためと考えられる．種子散布についてみると，前述のすべての分類群が風散布種子を持つ．一方，極相樹種に着目すると，種・属レベルで，亜高山帯と暖温帯の間の共通性は低い．

　遷移初期に侵入する維管束植物に関して系統的な共通性がみられる一方で，コケ期や地衣期の存在の有無には，基質の条件がかかわる．コケ期や地衣期が認められるのは，溶岩上や氷河の後退跡地など，岩石が露出する一方で，表層が安定した基質上の遷移である．軽石や火山灰堆積地では，むしろ遷移が進行し，立地が安定した後に，コケや地衣が侵入可能となる（露崎，2008）．

4.2.4 森林の二次遷移系列の例

　極相林は気候条件に応じて成立する（気候的極相）．極相と気候に対応関係がみられるように，遷移系列全体も気候と対応して変化する．前述のように一次遷移の観察できる場所は火山などに限られるのに対し，二次遷移は至るところで観察できるので，植生帯ごとの遷移系列の理解が可能といえる．以下，暖温帯，冷温帯，亜高山帯の二次遷移系列について樹木を中心に述べる．いずれも，森林伐採や火入れなどの人為撹乱後の二次遷移を対象としている．

　暖温帯において二次遷移の遷移初期樹種として挙げられるのは，アカメガシワ・カラスザンショウ・クロマツ・アカマツなどである．極相種が常緑広葉樹であるのに対して，二次林の構成樹種には，落葉広葉樹や針葉樹が含まれる．暖温帯に広域分布するコナラ林は，薪炭材や落葉の採取のため，定期的な伐採により維持されてきた二次林であり，コナラをはじめクリ・クヌギなどの落葉広葉樹が多いが，利用が放棄されると，シラカシ・アラカシ・ツブラジイなどの常緑広葉樹林に遷移する．本州中部冷温帯では，火入れや刈り取りで維持されてきたススキの二次草原が放置されると，まずアカマツ林が成立し，ミズナラ林を経てブナ林に遷移する．なお，北海道中部以北では，ブナを欠くため，ミズナラが極相林の優占樹種となる．亜高山帯の二次遷移では，シラカンバ・ダケカンバ・ケヤマハンノキなどが遷移初期樹種となり一次遷移系列との類似性が高い．また，遷移後期種はトドマツ・エゾマツ・オオシラビソなどのおもに常緑針葉樹となる．しかし，伐採後などに林床のササ類が繁茂する場合，遷移の進行は遅れる．なお，ギャップ更新という形での二次遷移は第8章で，薪炭林の萌芽更新という形での二次遷移は第15章で触れられている．

4.3 遷移のメカニズム

4.3.1 種の特性と遷移

　遷移初期種と遷移後期種を比較すると，多くの対照的な生理・生態学的特性が挙げられる．まず，種子散布についてみてみると，遷移初期種は撹乱を受けた立地にいち早く侵入するため，より多い種子散布量が必要となる．桜島の大正溶岩上に風散布種子も捕捉できる綿トラップを1年間設置したところ，ススキゴケなどの蘚類の体の一部の他，小型の風散布種子（ススキ・イタドリ・ヤシャブシ・アレチノギク）が捕捉され，アレチノギクを除くと，いずれも溶岩上の主要な遷移初期種であった（Tagawa, 1964）．植物体のない状態から開始する一次遷移の場合，このように外からの種子散布が裸地へ唯一の移入・定着経路となるが，二次遷移の場合，埋土種子や栄養繁殖も重要となる．埋土種子は土壌中で休眠している発芽可能種子であり，植生が除去され，地表面の温度上昇や光の増加を要因として発芽する．埋土種子は耕地などでは1 m^{2}あたり3万個以上に及ぶ場合があることが知られており（Silvertown, 1987），耕作放棄地などの二次遷移で重要となる（種子散布と栄養繁殖は第9章，埋土種子は第8章を参照）．栄養繁殖からの再生については土壌中の地下茎などからの再生が含まれ，森林伐採や森林火災後などでは樹木の萌芽が再生する．このような場合，遷移初期段階においても，萌芽再生した遷移後期種が混生することとなる．

　一次遷移において遷移初期種は高い種子散布力を持つ一方で，利用可能な栄養塩が少なく，一般に保水力の低い（湿性遷移の場合は過湿となる）立地に定着しなければならない．そのため，富士山に生育するイタドリは，発芽後，根を著しく伸長させることで，乾燥による枯死を回避する（Maruta, 1976）．また，窒素の不足を補うために窒素固定を行う種が遷移初期種となっていることも多い（詳しくは，4.3.3項）．

　遷移初期種は，上層を遮る植物のない強光下での高い光合成量を実現するため，光飽和点は高くなる．これに対して，遷移後期種は，林内のように弱い光強度でも，光合成量がプラスになるようにするため，光補償点が低い（Box 4.2）．富士山では，遷移初期～後期種の光合成が比較されており，ミヤマハンノキ・ダケカンバ・シラビソの光飽和時の光合成速度（葉温15℃）は，それぞれ15.0，

11.3，5.7mgCO$_2$·dm^{-2}·hr^{-1} と，遷移後期の樹種ほど，最大光合成速度が小さくなった（Ohsawa, 1984）．

Box 4.2

遷移初期種と遷移後期種の光−光合成曲線

　植物は光合成により有機物を生産し，これを成長や代謝に用いる（第14章）．植物の葉の光合成速度は光が強いほど大きくなるが，光が強くなると増加割合が減少する．光強度（現在では，光合成に有効な波長の光量子束密度で示されることが多い）を横軸に，縦軸に二酸化炭素の吸収速度で示される光合成速度をとると，飽和型の曲線を描く．これを，光−光合成曲線と呼ぶ（図a）．この光合成速度が飽和した時の，光合成速度を最大光合成速度と呼ぶ．一方，植物は光合成と同時に呼吸も行っており，光が弱い場合，光合成による二酸化炭素の吸収量を呼吸による二酸化炭素の放出量が上回るため，光合成速度の値はマイナスとなる．そして，二酸化炭素の吸収量と放出量が等しくなる時の光強度を光補償点（図aのAとBの部分）と呼ぶ．

　遷移初期種と遷移後期種の光−光合成曲線を比較すると，遷移初期種は最大光合成速度が大きく，明るい条件でより多くの有機物を生産できる．一方，遷移後期種の最大光合成速度は小さいが，光補償点が低く，暗い条件でも有機物生産ができる．森林の遷移を考えた場合，遷移初期は他の植物が少なく，地表面まで多くの光が届くため，最大光合成速度が高いことが定着・成長に有利に働く．一方，樹冠が閉鎖し，垂直構造も発達した極相林の林内は暗くなり，光が不足した条件となる（第7章）．その場合，光補償点が小さく，暗くても有機物を生産できることが有利に働

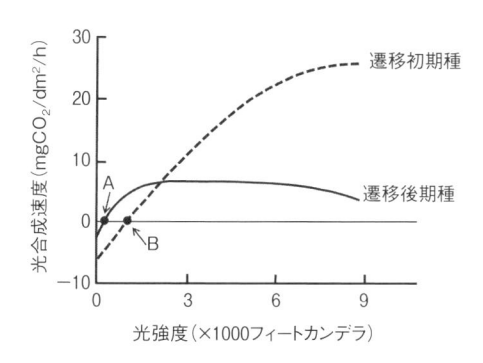

図a　遷移初期種・遷移後期種の光−光合成曲線の概念図
　　　図中のAは遷移後期種の光補償点，Bは遷移初期種の光補償点を示す．フィートカンデラは照度を示す単位．Bazzaz（1979）を一部改変．

く．遷移の進行とともに，林内の光はより不足した状態になる．どのような光合成特性を持つかは，その樹種が遷移系列上で占める位置に強くかかわる．

4.3.2 遷移のメカニズム

　遷移の進行には，土壌生成や垂直構造の発達による光条件の変化といった生物の環境形成作用が伴う．一方，気候変動や地表面の隆起・沈降といった，環境形成作用とは無関係な外的要因の変化によって遷移が進行する場合もある．これを他動遷移（allogenic succession）と呼び，環境形成作用を含む自動遷移（autogenic succession）と区別する場合がある．本節では，環境形成作用ならびに生物間の相互作用に基づく自動遷移についてそのメカニズムを扱う．

　遷移（自動遷移）のメカニズムをまとめたモデルとして，Connell & Slatyer (1977) のモデルがあり，促進モデル（facilitation），耐性モデル（tolerance），抑制モデル（Inhibition）の3つが提案されている．促進モデルとは，遷移初期種が他種の侵入を有利にするように環境条件を変えることであり，具体的な効果としては，保湿効果，地表面の安定化，窒素固定植物による窒素の付加などが挙げられる．耐性モデルは，遷移が進行し，林内の光条件が悪化する中で，より耐陰性のある樹種しか生育できなくなることで，種の置き換わりが進行する場合があてはまる．抑制モデルは，遷移初期種が後期種の侵入を抑制し，その個体が何らかの要因で枯死するまで，種の置き換わりが生じない場合を指す．このように3つのモデルのうち，耐性モデルと抑制モデルは種間の競争関係に基づくものである．

　どのモデルが適応されるかは，遷移の進行とともに変化する．一次遷移の場合，形成された裸地は，栄養塩の可給性や保水力の面からみると，植物にとって劣悪な条件から始まる．したがって，遷移初期種の侵入は，リターによって有機物を供給することとなるため，環境条件を緩和する効果を持ちうる．特に，窒素固定植物では，その効果が著しくなると考えられる．ただしその一方で，窒素固定植物による窒素付加は現存量の増加は促すが，他種の定着を促進するとは限らない場合があることも指摘されている．耕作放棄地などから始まる二次遷移の場合，土壌条件が整った状態から始まるため，どの種も定着できる状態から始まる．したがって，競争関係に基づく耐性モデルと抑制モデルが，その後の変化に適用されることになる．一次遷移に関しても，遷移初期種の促進効果によって，環境

条件が整った場合，遷移後期種の侵入が可能となり，以降は主として耐性モデルに基づいて，初期種から後期種への置き換わりを通じて遷移が進行する．一方，これらのモデルとは異なり，種の置き換わりを確率論的に扱うモデルに基づいた推移（確率）行列による解析も行われる（例えばMasaki *et al.*, 1992）．

4.3.3 一次遷移における窒素固定の効果

　一次遷移初期においては窒素固定植物の定着とその遷移の促進効果が顕著となる．その理由として，多くの養分が潜在的に岩石中に存在するのに対して，窒素だけは岩石中にはほとんど含まれていないことが挙げられる．窒素は大気中に窒素ガス（N_2）の状態で大量に存在するが，普通，植物はこれらを直接利用することはできない．したがって，一次遷移初期においては，窒素が生態系発達の制限要因となることが指摘されており（Vitousek & Walker, 1987），根粒部に共生する空中窒素固定細菌の働きによって窒素ガスをアンモニア態に変換して利用できる窒素固定植物は，遷移初期において有利となる．また，生態系全体からみると，窒素固定植物の落葉，落枝，死んだ根を通じて，生態系全体の窒素の蓄積量および可給性が増加するものと考えられる．

　一次遷移初期における地上部現存量の蓄積には，窒素固定をする遷移初期種の有無が影響を与える．これまで挙げた例のうち，ハワイ島，ラカタ島，三宅島，グレイシャー湾では，地上部現存量推定が行われている．ハワイ島を除き，窒素固定植物が遷移初期種となっており，三宅島とグレイシャー湾ではハンノキ属（それぞれ，オオバヤシャブシと *Alnus sinurata*）が窒素固定種であり，ラカタ島ではワセオバナが窒素固定種である（Urquiaga *et al.*, 1992）．109年から137年経過した立地どうしで，高標高地などを除いて地上部現存量の集積速度を比較すると，ラカタ島が2.0〜4.7Mg/ha/年（109年間，Whittaker *et al.*, 1998），三宅島が1.0〜1.6Mg/ha/年（125年間，Kamijo *et al.*, 2002），グレイシャー湾が2.3Mg/ha/年（110年間，Bormann & Sidle, 1990）であるのに対して，ハワイ島では0.01〜0.14Mg/ha/年（137年間，Aplet & Vitousek, 1994）となり，明らかにハワイ島で集積速度が遅い（後述の図4.4参照）．このように，窒素が制限要因となる一次遷移初期段階においては，地域の植物相が窒素固定植物を含むかどうかが，地上部現存量などの生態系の発達速度に大きく影響すると考えられる（第1章）．

4.4 一次遷移と土壌生成

　土壌生成過程とは，母材に含まれる一次鉱物の風化と二次鉱物の生成・移動ならびに土壌有機物の蓄積などが生じ，分化した層位を持つ土壌が，時間の経過とともに生成される一連のプロセスのことである（第5章）．火山活動などにより形成される裸地では土壌を含む生態系全体が破壊されるため，このような土壌生成の初期プロセスを観察できる．Tezuka (1961) は，伊豆大島の火山噴出物上での植生の一次遷移に伴って，土壌断面形態が変化し，炭素量の増加とともに，カチオン交換能（第5章），全窒素量などが増加することを示した．一方，クロノシーケンスを用いた三宅島のスコリアの堆積地における研究によると，125年経過したスコリア上（タブノキ・オオシマザクラなどの高木林が成立）では，土壌のA層の厚さは13cmになっていた（表4.1）．B層はまだ形成されておらず，A層の下は土壌生成の影響をほとんど受けていないスコリアなので，125年で13cmの土壌が形成されたことになる．一般に土壌の粘土粒子は植物の利用可能な養分を保持している．しかし，スコリア上では125年経過しても粘土は著しく少なく（表4.1），ほとんどの養分は土壌有機物に保持されていると考えられている．すなわち，オオバヤシャブシなどの遷移初期に侵入した植物の落葉などが分解されてできた土壌有機物が，生態系内の利用可能な養分を保持し，生態系を支える主要な役目を果たしていると考えられている．

表4.1　三宅島の各年代のスコリ堆積地における土壌断面形態とA層の粘土含量，全炭素，全窒素，カチオン交換能

	1983年スコリア[1] （16年経過）	1962年スコリア[2] （38年経過）	1940年スコリア[2] （60年経過）	1874年スコリア[1] （125年経過）
O層の有無	なし	なし	なし	あり
A層の厚さ（cm）	0	5	7	13
B層の有無	なし	なし	なし	なし
A層の粘土含量（重量％）	—	0.3	0.6	1.4
A層の全炭素（重量％）	—	0.4	1.7	4.3
A層の全窒素（重量％）	—	0.05	0.13	0.25
A層のカチオン交換能（cmol$_c$/kg）	—	1.76	3.37	5.45

1) 1999年，2) 2000年に土壌断面調査．
Kato et al. (2005) から作成した．分析値はいずれも乾土重量あたりの値で示されている．

4.5 数百万年の遷移―ハワイ諸島における森林の発達と衰退―

　遷移過程が数千年以上になった場合，気候変動といった生物の環境形成作用とは無関係な環境条件の変化が含まれてくる（第2章）．このような数千年・数万年以上の時間スケールの遷移のことを，地質学的遷移（geological succession）と呼ぶ．例えば，高緯度地方では最終氷期からの気候の温暖化に伴って植生の種構成が変化してきたことなどが該当する．本節で紹介するハワイ諸島は，クロノシーケンスによって地質学的遷移に相当する百万年スケールの遷移が調べられているが，低緯度地域にあるため氷河期の影響が少なく，気候などの外的な環境要因の影響は無視できる．したがって土壌生成などの生物の環境形成作用を持つ遷移（自動遷移）が数千年以上進行した場合，生態系がどのように変化するかを示す具体例となる．

　ハワイ諸島の噴火活動は，ハワイ島（図4.3）の東に位置する，ホットスポット（マグマの吹き出し口）に関係しており，このホットスポットに近い島ほど火山活動が活発となっている．また，ハワイ諸島全体が東から西に移動する太平洋プレート上にあるため，島々は東から西に移動している．そのため，島は噴火によってホットスポット近くで成立し，その後，プレートの移動によりホットスポットから離れるにつれて，その活動が不活発となってゆく．つまり，東西方向に並ぶ

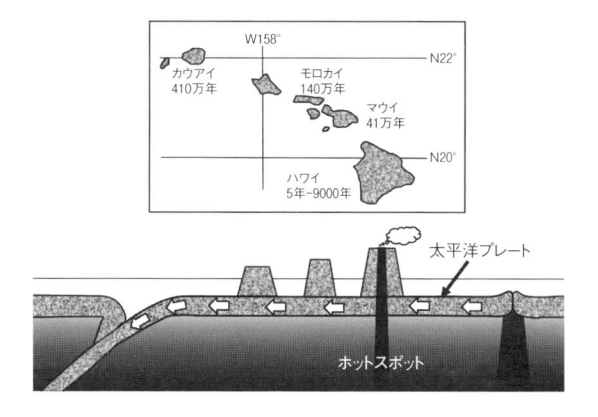

図4.3　ハワイ諸島とホットスポットの概念図
　　　年代については，Aplet & Vitousek（1994）と Kitayama *et al.*（1997）に基づいた．

島々は，それぞれ成立年代が異なり，東の島ほど新しく西の島ほど古くなる．図4.3上に示されている年代は調査地の立地の経過年数を示している．最も東にあるハワイ島の調査地は，成立後，50～9000年となっている．その西にあるマウイ島の調査地は41万年，さらに西にあるモロカイ島の調査地は140万年となっている．そして，最も西に位置するカウアイ島の調査地は410万年となっている．これらの調査地（クロノシーケンス）の森林を比較することで，410万年に及ぶ遷移を把握できる．

図4.4はハワイ諸島の湿性の山地林の研究例（図中の●と▲）とともに，他地域を含めた立地の年代と現存量との関係を示している．まず，1000年以前について比較する．ハワイ諸島の現存量は，同じ年代で比較すると，他地域よりその値が小さいことがわかる．前述したように，これは窒素固定を行う遷移初期種を欠いていることが関係する．一方，1000年以降を含めてみてみると，ハワイの湿性山地林の現存量は，最初，立地の経過年数とともに増加するが，数千年から1万年でピークとなり，その後は減少することがわかる（図4.4）．つまり，極相の，「これ以上，ほとんど変化しなくなった状態」という定義が，100万年スケールでみると，必ずしも成り立たないことがわかる．立地の年代が数万年以降になると，森林の現存量が減少する原因に関しては，植物と土壌の相互作用や土壌の養分の観点から研究（Kitayama *et al.*, 1997など）がなされており，植物の必須元素

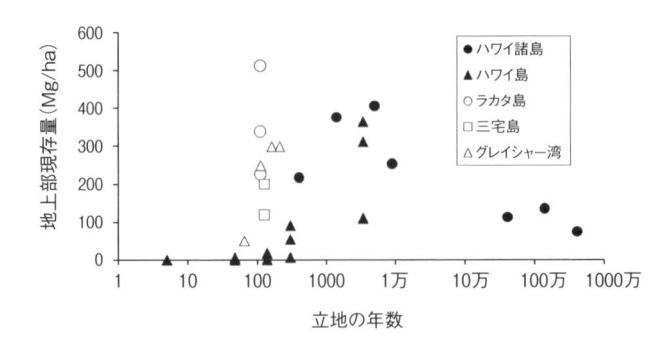

図4.4 ハワイ諸島（Kitayama *et al.*, 1997），ハワイ島（Aplet & Vitousek, 1994），クラカタウ諸島ラカタ島の低地（Whittaker *et al.*, 1998），三宅島（Kamijo *et al.*, 2002），北アメリカグレイシャー湾（Bormann & Sidle, 1990）における，立地の成立後の年数と現存量（乾燥重量 Mg/ha）との関係

Aplet & Vitousek（1994）のハワイ島については，標高2000m以下の調査地データを示し，三宅島については溶岩上のデータのみ示した．立地の年数は対数目盛となっている．

であるリンが土壌中で植物の利用できない不可吸態に変化することがその原因と考えられている．溶岩をはじめとする火山の噴出物中にはリンをはじめとする養分が含まれており，これらの養分が利用しやすい状態にある時に，ハワイフトモモ林が最も発達するものと考えられている．リンの利用形態の変化については第5章に詳しい．

　グレイシャー湾の氷河後退跡の遷移では，64年から210年にわたるクロノシーケンスを扱っており，160年経過した場所と210年経過した場所の樹木の種構成や現存量はほとんど変わらない．しかし，その定常状態は100万年スケールでみると，短い期間であることがわかる（図4.4）．リンの不可吸態化などの土壌の老化プロセスを考えれば，森林の衰退を引き起こすメカニズムが内在していることを念頭においた上で，長期間に及ぶ遷移過程を理解する必要がある．

第5章 森林の土壌環境

和頴朗太

5.1 はじめに

　森林にとって土壌とは何だろうか？土壌は，植物の根を物理的に支える足場であると同時に，高い多様性を持つ土壌動物や微生物の棲み場になっている．これら土壌生物は，落葉や土壌中の有機物を分解することで養分やエネルギーを得る．植物は，この分解活動から生じる養分（栄養塩）や水を土壌から吸収している．つまり森林生態系は，独立栄養生物（植物）・土壌・従属栄養生物（微生物・動物）という3つの構成要素の間の養分循環[1]システムとしてみることができる．その循環は植物の光合成による一次生産と土壌生物による有機物分解によって駆動され，非生物的なプロセス（風化，溶脱，土壌鉱物と養分元素の地球化学的反応）が循環速度に影響を与えている．

　地球上の様々な植物群集の一次生産は，光合成を規定する光・水分条件に加えて，土壌養分（特に窒素とリン）の供給速度によって制限される．養分の量や存在形態は，空間的・時間的に不均一であるため，植物は，光・水だけでなく養分資源の獲得のために様々な適応をしている（Grime, 2002）．その不均一性は，分解者である土壌生物の生態，土壌の物理化学的特性や土壌の成立背景と密接に関係する．

　この章では，生態系生態学的な視点から，植物に影響を与える土壌プロセスに焦点をあてる．まず，多様な分解者の生息地であり，生産者・分解者間の養分元素のやり取りが起こる場としての土壌の物理・化学的特徴を示し，森林生態系の養分循環および養分制限が引き起こされる過程やそのメカニズムについて考える．最後に，現在の地球規模の養分循環の変化が森林生態系に及ぼす影響につい

---

[1] 栄養塩循環（nutrient cycling）とほぼ同義．炭素や水の循環も含む場合「物質循環」．生物が主要な働きをする元素に絞る場合「生元素循環」と呼ばれる．また，地球の表層の生物圏における元素や分子の循環を総称し「生物地球化学的循環（biogeochemical cycle）」と呼ぶ．

5.2 植物の生育環境としての土壌

地球の「皮膚」とも呼ばれる土壌は，植物を支える能力を持つ地表面上の物質であり，その場所の地質的材料（母材，parent material）を基に，植物や微生物の活動によって生成される．土壌の性質を決定するのは母材・地形・気候・生物・時間の5つの土壌生成因子（soil formation factor）であり（Jenny, 1994），これらは生態系の状態決定因子（state factor）とも呼ばれる（第1章）．6番目の土壌生成因子として人為を入れる場合もある．母材因子は土壌生成の初期条件を定義し，地形・気候・生物因子は生物地球化学的プロセスの種類や速度を規定し，時間因子はそれらのプロセスの進行程度を決める．土壌の発達は，植生の遷移（第4章）より長い時間をかけて進行する．温暖湿潤な熱帯であっても，最も風化した特徴を持つ土壌が発達するには数十万年もの時間かかる．母材の種類と土壌の発達程度に応じて，異なる特性を持つ土壌鉱物粒子が生成され，それらが土壌の物理・化学性そして養分の供給速度に大きな影響を与える．

5.2.1 土壌の構造と物理性

土壌で起きているプロセスの理解には，まず土壌を構成する物質の空間的スケールをイメージすることが重要になる．土壌は，単なる岩石の粉砕物とは異なり，植物の根および土壌生物の生育に適した構造を持っている．森林で土壌断面を掘ってみると，鉛直方向の深さ数10cmから1mの間に明瞭な層状構造がみられる．土壌はまず有機物層[2]（O層，organic horizon）と鉱物層（mineral horizon）に分けられる（図5.1a）．有機物層は，さらに以下の3層に分類される．1) Oi層（L層，litter layer）：最上部に存在する落葉などの植物遺骸（リター）のうち形態が明確な層．2) Oe層（F層，fermentation layer）：分解が中程度に進んだリター層．3) Oa層（H層，humus layer）：リターの形態が肉眼で認識できないほど分解が進んだ有機物の層．鉱物層は，有機炭素含量が15%以下（有機物含量

---

[2] 有機物層は一般にO層と呼ばれるが，日本の森林土壌分類ではA_0層と呼ばれている．

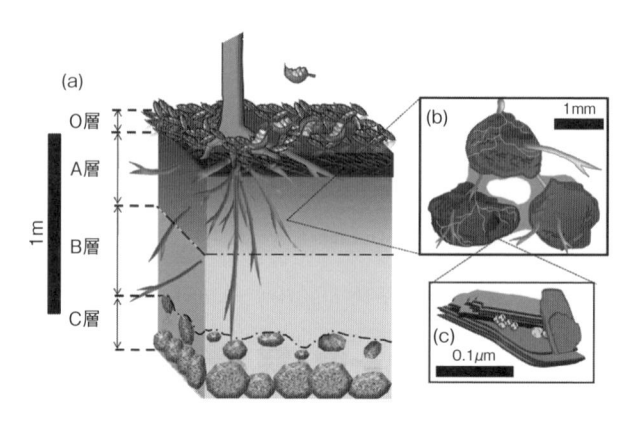

図 5.1 異なる空間スケールでみた土壌の構造
典型的な土壌断面(a)では1 m前後でC層に達する．土壌の団粒構造(b)は有機物に富むA層で顕著に観察され，その構造はおもに微細な鉱物粒子(c)によって構成されている．

30％以下）の層と定義され，一般に以下の3層が存在する．1) A層：下層に比べ有機物に富んだ層であり，強い黒色，豊富な細根，高い空隙率などの特徴を持つ．2) B層：風化の進んだ微細鉱物が卓越し，しばしばオレンジ～赤色を帯びた層．A層から溶脱した微細鉱物，鉄・アルミニウム，および分解の進んだ有機物が集積する．3) C層：母材が卓越する層．化学的な風化により砕けた岩石などが主体．

A層の土を光学顕微鏡で見ると，土の塊（団粒）や細根，菌糸が見え，土壌構造には隙間が多い（図5.1b）．典型的な土壌では，体積の約半分は隙間（孔隙）からなり，小さな孔隙や土壌粒子表面は水が占め（液相），大きな孔隙は空気が占めている（気相）．体積の残り半分は，土壌鉱物粒子が占め（固相），これら液相・気相・固相の割合を三相組成と呼ぶ．土壌鉱物は，母材（一次鉱物）とその風化過程で再結晶化された微細な二次鉱物で構成される（図5.1c）．土壌粒子は一般にサイズで分類され，直径 $2\mu m$ 以下は粘土（clay），$2～20\mu m$ はシルト（silt），$20\mu m～2 mm$ は砂（sand），それ以上は礫（gravel）と呼ばれる．微細な粒子ほど重量あたりの表面積が大きく，土壌溶液中の有機および無機イオンと反応しやすいため，土壌の養分環境に強く影響する．これらの鉱物粒子と分解途中の有機物が混ざることで団粒構造が形成され，多様な径の孔隙が生まれる．この構造が土壌中の多様な生物の棲み場環境の形成や水分保持を可能にしている．土壌有機物

はA層においても5～30%の重量を占めるにすぎないが,団粒化のための接着剤として必要不可欠な働きを持つ.

　土壌の断面形態(各層の厚さなど)や層内の三相組成は,根や微生物の活性および森林の土壌の水環境に影響する.例えば,ブルドーザーなどによる圧密は,土壌構造を壊し,孔隙率を下げ(固相の比率を上げ)るため,酸素供給不足により根や微生物の活性を下げる.土壌の水分条件を考える上で重要なのは,保水性(重力や蒸発に対抗して水分を保持し続ける能力)であり,これは土壌固相中の粘土の割合と有機物含有量に大きく影響される.森林生態系における水の挙動は,土壌の物理性や地表面の傾斜だけでなく,降った雨の樹冠による遮断,蒸散や根の吸収によって決まり(森林水文学編集委員会,2007),長期的な養分循環と密接に関係している(5.3節).

Box 5.1

土壌断面や土壌図を調べてみよう!

　土壌断面(図5.1a)を掘って観察することで多くの情報が得られる.例えば,次のようなことがわかる.①礫の形や分布:生態系の過去の撹乱が読み取れる(第2章).②土の色:有機物が多いと黒っぽくなり,鉄が多いと赤味が増す.灌水期間が長い土壌層では,鉄の還元溶解により灰色の斑紋が見られる.③根の分布:O層・A層上部に集中する根は,リター分解によって無機化される養分の吸収を,深い根は土壌深くの養分や水分の吸収をおもに行っている.

　また,土壌図から自分の調査地の土壌分類名を調べ,文献で同じ土壌タイプについて調べれば,自分の調査地の土壌の性質を推測できる.国際的には,アメリカ合衆国農務省のSoil TaxonomyまたはWorld Reference Base for Soil Resources(WRB)を基に土壌分類が行われ,『日本の統一的土壌分類体系』(日本ペドロジー学会第四次土壌分類・命名委員会,2002)がこれに準じる.日本各地については20万あるいは5万分の1の土壌図があり,森林土壌は,一般に林野庁森林土壌分類によって分類される.この分類法は,多雨気候にあるものの,急峻な山地が多い日本の国土を反映し,おもに地形に基づいている.地形の違いが,土壌の水分条件,表層剥離,低地への土壌再堆積を支配し,土壌の物理・化学性を決定づけるためであり,樹木組成や林床植生とよく対応する(森林土壌研究会,1982).森林土壌の調査・分類法および林野土壌分類群の特徴は河田(1989)と森林総合研究所立地環境領域(2008)に詳しい.

5.2.2 土壌の化学性

　土壌が適度な水分条件と孔隙率を示す場合，養分条件が根や微生物の活動を大きく左右する．土壌の化学性の指標として最も重要なのが酸性度（pH）である．土壌 pH[3] は土壌溶液中の水素イオン濃度の逆数を対数表示した変量であり，森林ではふつう 4～6 程度である．つまり，水素イオン濃度では約 100 倍の変異がある．この変異には降水量や母材の化学組成が大きく影響している．自然状態では弱酸性である雨水の加入が，土壌中のアルカリ性養分の溶脱を引き起こす．また，植物の養分吸収や根からの滲出物，リターの質が生態系内部における酸の生産（根や微生物，および有機物分解過程で生産される有機酸）に影響を与える．それに加え，大都市周辺や風下では酸性降下物（酸性雨）が土壌の酸性化を促進させている．

A．植物必須元素

　植物の生育に不可欠な約 20 種の必須元素のうち，植物体の主成分である C，H，O に加え N，P，S，Ca，K，Mg は要求量が多いため主要栄養素（macronutrients）と呼ばれる．C，H，O 以外の主要栄養素は土壌から根（あるいは共生菌根菌）を介して水溶液の状態で吸収される．主要栄養素以外の必須元素は微量栄養素と呼ばれる．これら養分元素は，植物生理における役割に応じて以下のように大別できる（Perry, 1994）．

　グループ 1（N，P，S）：N は C と，そして P は O と共有結合しており，S の場合は両方の形態がある．これらの基礎構造に CHO 骨格が加わることでタンパク質（N，S），リン脂質（P），核酸（N，P），生体内のエネルギー通貨である ATP（N，P）などの生物の基盤となる分子ができている．これらの元素の生態系への加入経路は限られているため，植物成長の制限元素になりやすく，生態系内外の循環よりも生態系内部での循環が卓越する（5.3.1 項）．土壌溶液中における無機化された（根が吸収可能な）形態は，NH_4^+ だけが正の電荷を持つイオン（カチオン）で，残りの NO_3^-，SO_4^{2-}，PO_4^{3-} は負の電荷を持つ（アニオン）．

　グループ 2（Na，Mg，K，Ca）：アルカリ・アルカリ土類金属に属す主要栄養素で，正の荷電を持つイオン（カチオン）として安定している．細胞壁（Ca）や

---

[3]　生土とイオン交換水を 1:2.5（重量比）で混ぜた後，静置し，ガラス電極法によって測定する．手法の詳細は日本土壌肥料学会編（1997）を参照．

葉緑体（Mg）に含まれ，浸透圧調整（K）や酵素の活性化（K, Na など）など，多くの生理反応に利用されるため，植物の必要量も多い．グループ1の元素に比べ地殻中に豊富に含まれ，母材の風化により土壌に供給されやすいため制限元素になりにくいが，同時に土壌から溶脱しやすい．土壌有機物中の濃度は低い．無機化された形態は，Na^+, Mg^{2+}, K^+, Ca^{2+}.

グループ3（B, Cl, Mn, Fe, Ni, Cu, Zn, Mo）：これらの微量栄養素の多くは酵素反応に関与する．Fe, Mn は酸化還元をしやすい元素で光合成などの電子伝達系に利用される．植物の必要量は小さいものの，B, Cl 以外は遷移金属と呼ばれる重金属元素で，自然条件下の土壌 pH では水に溶けにくいため，制限元素になりうる．それらを溶解して吸収するため，植物の根や微生物が特殊な有機酸を分泌する例が知られている．

B．養分の可給性

次に，植物にとっての元素の利用しやすさ（可給性，availability）について考える．森林生態系において，植物や微生物が吸収可能な養分は，基本的に土壌溶液中の無機化された元素のみであるが，養分元素のほとんどは土壌の固相に存在する．よって，養分元素の可給性は固相から土壌溶液への元素供給速度に依存する．供給源は，①土壌有機物と②鉱物がある．①有機物の分解は，微生物の作る体外酵素の働きによる高分子有機物の低分子化，可溶化，および無機化などの短期的（$10^{-3} \sim 10^1$ 年）生化学的過程である．②鉱物からの供給は化学風化と呼ばれ，長期間（$10^0 \sim 10^5$ 年）かけて進む地球化学的過程であり，水や酸との反応により，母材中の鉱物から元素が溶出する．一般に，植物要求量が多く，同時に鉱物中の濃度が低い元素（特にグループ1のNとP）ほど，その可給性には①が重要になる（詳細は5.3節）．

C．養分元素の土壌粒子との反応（吸着強度，可給性，リンの難溶化）

植物への養分可給性は，養分イオンと土壌粒子の化学反応によって制御されており，その反応は，養分濃度だけでなく土壌鉱物タイプとpHに強く支配されている．固相から土壌溶液中に溶出した養分元素はイオンとして存在しており，土壌粒子表面も一般に正か負に帯電しているため，溶存する元素はおもに粒子表面に引き寄せられた状態で存在する．この電気的な力による局在化は，養分イオン

の流亡（溶脱）を抑える機能を持つ．土壌1 kg あたりのカチオンの保持量は，負に帯電した土壌表面積に比例し，カチオン交換能（cation exchange capacity, CEC）と呼ばれる．同様に，アニオンについてもアニオン交換能（AEC）と呼ばれる．

　土壌粒子の周りに局在する養分イオンの挙動は，粒子表面の化学特性の影響を強く受ける．土壌粒子の表面には，土壌溶液の化学環境（特に pH）に依存して荷電が変わる「変異荷電（variable charge）」と依存しない「永久荷電（permanent charge）」表面がある．土壌有機物および鉱物粒子の一部（特に鉄・アルミ酸化物や非晶質鉱物と呼ばれる粘土鉱物）は変異荷電を持つため，低 pH（高い H^+ 濃度）では正に帯電して陰イオンを引き寄せ，高 pH では陽イオンを引き寄せる．土壌中の有機質粒子は，分解過程で変異荷電表面が増加するため，おもに負に帯電する．一方，層状ケイ酸塩（layer-silicate clay）と呼ばれる粘土鉱物の多くは，結晶構造内の元素組成から pH によらず負に帯電しているものが多い．粘土鉱物が土壌固相の表面積の大部分を占めるため，植物の養分可給性は，土壌の pH 条件だけでなく，粘土鉱物の種類に影響される（Brady, 1990）．

　次に，土壌粒子表面と養分イオンの関係を考える．負に帯電した土壌粒子表面へのカチオンの親和性（吸着のしやすさの程度）は，イオンの電荷密度に従い，$Al^{3+}>H^+>Ca^{2+}>Mg^{2+}>K^+=NH_4^+>Na^+$ の序列となる．一般的な土壌における負に帯電した土壌表面に吸着するカチオンの種類・形態と土壌 pH の関係を見ると，高 pH ではグループ2の塩基性カチオン（Ca^{2+}，Mg^{2+}，K^+，Na^+）が優占し，pH が下がるにつれてより強い荷電密度を持つ Al^{3+} と H^+ が置き換わっていく（図5.2a）．このため，土壌の酸性化はカチオン態の養分元素の溶脱を促進する．pH 4.9 以下では母材の化学風化によるアルミニウムの溶出が著しくなり，アルミニウム毒性によって多くの植物の生育が阻害される．

　正に帯電した土壌表面へのアニオンの吸着のしやすさは，$PO_4^{3-}>SO_4^{2-}>Cl^->NO_3^-$ の順になる．無機態リン酸（オルトリン酸）と土壌粒子の反応性は非常に高く，植物のリン制限の主要な原因になっている．リン酸の存在形態は H_3PO_4（pH<2），$H_2PO_4^-$（2〜7），HPO_4^{2-}（7〜13），PO_4^{3-}（pH>13）となるが，pH 4〜5以下では，鉄・アルミニウム・マンガンが土壌鉱物から溶出しやすくなり，オルトリン酸はそれらと結合して沈殿する（図5.2b）．また負の電荷を持つリン酸は，正に帯電した土壌表面に吸着されやすい．酸性になるほど鉄・アルミニウ

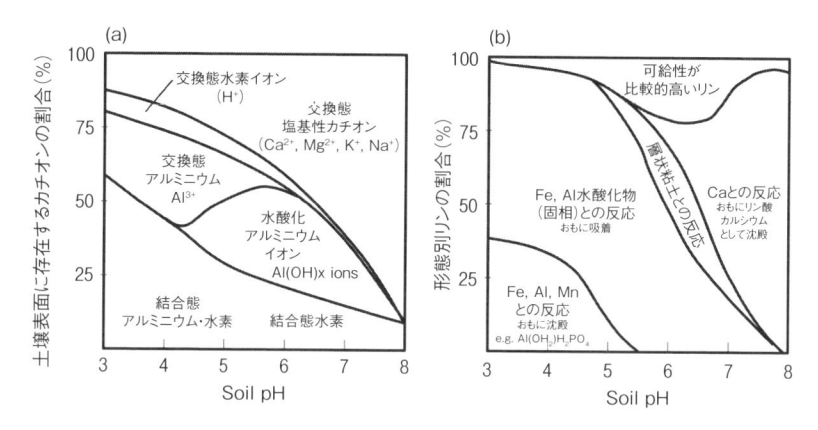

図5.2 土壌pHと土壌養分の関係
　(a)負に帯電した土壌表面に優占するカチオンと土壌pHの関係（Brady, 1990より作図）．
　(b)土壌pHに応じた無機リン酸の形態の変化（Brady, 1990を基に作図）．一般的な土壌を想定した場合の模式図．

ム酸化物の表面は正に帯電し，リン酸を強く吸着する．一方，高pHではリン酸はカルシウムと結合して沈殿しやすい．よって，Pの可給性はpH 6.5付近で上昇するが，他の養分元素に比べると総じて低い．中性のpH範囲（約6〜8）では，リンだけでなく塩基性カチオンの可給性も高く，アルミニウムの溶出も少ないため，一般に植物にとって最適な条件となる．

土壌粒子の表面に電気的に保持されているイオンは「交換態（exchangeable）」と呼ばれ，他のイオンとの交換が容易であり，植物にも吸収されやすい．リン酸は，鉄・アルミニウム酸化物に特異的に吸着（配位子交換反応）する傾向がある．吸着や沈殿によって土壌固相に移行したリン酸のうちふたたび可溶化できないほど安定化したものを吸蔵態リン（occluded P）と呼ぶ．リン酸を吸着しやすい微細鉱物が卓越する土壌（火山灰土壌や風化の進んだ熱帯土壌）では，リンが植物にとっての制限元素になりやすい．

5.3 森林生態系における養分循環と養分制限機構

土壌が植物に影響を与えるだけでなく，植物の養分利用様式が，リター分解を

介して土壌の養分環境を変化させうる.つまり,植物と土壌の間には相互作用関係がある(北山,2004).例えば,優占種が広葉樹から針葉樹に移行する途中の森林では,リターに含まれるNやPの濃度が薄まるため,微生物は無機化したN,Pを保持する傾向が強まる.その結果,土壌溶液中のN,P濃度は下がるため,貧栄養条件に適応的な針葉樹に有利な土壌環境に変化していく.つまり,針葉樹の定着がさらに針葉樹の存在を促進することになる.このように,ある過程(過去に起こった出来事の結果)がさらにその過程(出来事の頻度)を加速する関係を正のフィードバックという.以下では,森林生態系において土壌を介して行われる養分循環についてみていく.

5.3.1 森林の養分循環

「岩石起源の元素」(C, H, O, N以外の必須元素)は,風化という地球化学的過程によって鉱物(母材または土壌鉱物)から土壌溶液中へ移行する.溶け出した養分イオンは,植物や微生物によって吸収されるか,または土壌粒子表面へ移行し,交換態・結合態となる(図5.3a).植物に吸収された養分は,光合成によって固定された炭素と一定の割合で結合し,タンパク質やリン脂質など植物バイオマス(生物体量)の一部となる.やがて葉や根の枯死によりリターとして土壌に戻ると,微生物によって分解される.つまり,有機炭素の大部分は,最終的に微生物のエネルギー源として酸化されてCO_2となり,炭素と結合していた養分元素

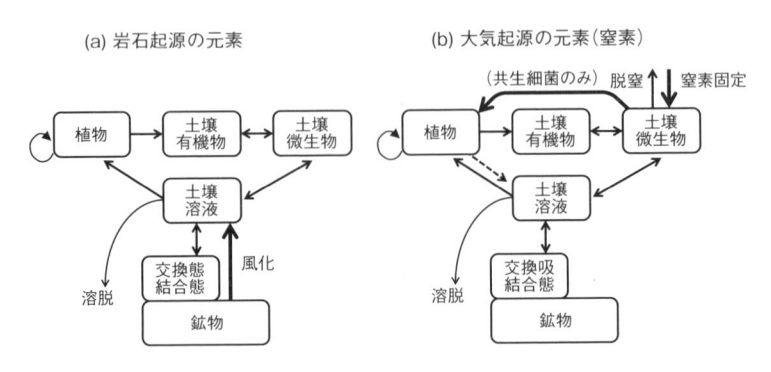

図5.3 森林生態系における2種類の養分サイクル
(a)岩石起源元素(P, K, Ca, Mgなど)のサイクルは地化学的反応(鉱物風化や吸着・沈殿)を特徴とする.(b)ガス態としておもに存在する窒素サイクルは,窒素固定や有機物分解などの生物反応を特徴とする.

は無機化された後に微生物に吸収され，吸収されなかった一部は，ふたたび土壌溶液中へ放出される．土壌溶液中のイオンは，土壌固相（鉱物および土壌有機物表面）と動的平衡状態にあり，土壌pHや溶存イオン濃度などの変化に応じて化学反応（吸着・脱着，沈殿・溶解）が進む．リターおよび微生物由来の有機物の一部は，土壌有機物として長期的に滞留する．以上が一般的な岩石起源元素の循環だが，元素によって違いがある．Pは植物必要量が比較的多く，5.2.2節の通り土壌鉱物との反応性が強いため，植物・微生物両者の生育の制限元素になりやすい．よって，土壌溶液中のリン酸イオンをめぐる植物と微生物の競争が起こるが，K，Ca，Mgは豊富に存在するため，微生物の必要量は土壌有機物の分解で賄われ，競争は起こりにくい．

「大気起源の元素」であるNは，大気中にガス態（N_2）として大量に存在し，生態系へのおもな加入経路は，微生物による窒素固定（次節）である（図5.3b）．分解によって無機化されたNの一部は微生物による脱窒反応によって大気に戻るが，大部分のNは岩石起源の元素と同じく土壌溶液中に放出され，植物や微生物に吸収される．硫黄（S）は岩石起源であるものの，ガス態としても存在するため，図5.3aとbの中間的な循環経路を持つ．図示していないが，系外からの供給（降雨やダストの加入）や溶脱以外の系外への損失（表層流亡）という過程も存在し，森林における長期的な養分バランスに強い影響を与える．

A．樹木の養分元素の利用量とその供給源

樹木が主要元素をどこからどれ位得ているか考えるために，米国北東部のカエデ属・カバノキ属・ブナ属などが優占する温帯林における主要養分元素の利用総量と各ソース[4]からの供給可能量の関係をみてみる（表5.1）．樹木が実際に利用した元素量の定量は困難であるため，この表では各ソースから土壌に供給された元素量から供給可能量を算出している．この表から，樹木が利用する養分総量の67～87％は，リター分解による無機化で賄われうることがわかる．一方，生態系の外部（大気および母材）から加入する養分の割合は少なく，特にN，P，Kではその傾向が顕著である．また利用総量のうち，葉が老化する前に養分を引き戻して再利用する再転流（retranslocation）の割合は，NとPでは30％程度あり，K，

---

[4] シンクとソースという用語は，多くの分野で使われる概念であるが，ここでは植物・土壌系における養分の吸収源，供給源を意味する．

表5.1 アメリカ北東部の温帯二次林（落葉広葉樹林）における主要元素の年間必要量とソース別の潜在的な供給量

プロセス	N	P	K	Ca	Mg
樹木の必要量（kg/ha/yr）	115.4	12.3	66.9	62.2	9.5
各ソースが供給しうる割合（%）					
【系外からのインプット】					
大気からの加入（降雨，塵）	18	0	1	4	6
母材の風化	0	1	11	34	37
【系内部における循環】					
再吸収	31	28	4	0	2
リター分解	69	67	87	85	87

Schlesinger（1997）を基に作製

Ca，Mgでは数％未満である．再転流にはコストがかかるので，この森林ではNとPが不足状態にあることが示唆される．樹木の養分利用量は，森林タイプ，樹種，樹齢，土壌条件などにより異なり，Nで20～270kg/ha/yr，Pで0.6～17kg/ha/yr程度の変異がある（河田，1989；岩坪，1996）．

Nについては生物学的窒素固定（マメ科，ハンノキ属，ヤマモモ属などの根に共生する細菌や一部の従属栄養型細菌）による加入が1年あたり100kg/haを超える生態系も少なくないが，この微生物プロセスについては未解明な部分が多い．多くの生態系でN制限が確認されている（Vitousek, 2004；Elser *et al.*, 2007）ことから，窒素固定菌はエネルギーまたはN以外の養分元素に制限されていると考えられる．また，大気汚染物質としての窒素酸化物の沈着（5.3.3項）や鳥の糞などによるP加入が重要な場合もある．しかし，一般的な森林における主要な養分循環の経路は，表5.1に示される通り，植物体内における再転流とリターの分解である．森林の養分循環は局地的な生態系内部で起こるため「系内循環（Intrasystem or within-system cycle）」と呼ばれ，水や大気の循環を通じて地域，さらにはグローバルな物質循環と繋がっている．一般に，樹木および土壌微生物にとって不足しやすい元素は，系内循環が卓越するため系外への排出は抑えられ，一方，過剰に存在する元素では，排出が多い傾向がある．

B．有機物の分解および蓄積過程

陸上，その中でも特に森林生態系が水域生態系と大きく異なる特徴として，1）一次生産者の寿命が長く生物体量（バイオマス）が大きい，2）純一次生産の数％

のみが植食性動物から始まる生食連鎖に流れ，残りは落葉などの形で土壌の腐植連鎖に供給される．3)その結果，生物死骸からなる巨大な有機物プールを持つこと，が挙げられる．土壌に存在する有機物を総称して土壌有機物[5] (soil organic matter) と呼ぶ．一般に土壌有機物は，植物リターを主体とする易分解性プールと，微生物分解に対する安定性の高いプールの2つに大別されるが，その区分は難しい．分解の進んだ土壌有機物は，腐植あるいは腐植物質（humus, humic substance）とも呼ばれる．

　分解過程は，多くの物理・化学・生物反応の連鎖による高分子の低分子化，無機化過程の総称であり，多くの分解者が関与する．リターの分解は大きく3つの過程に分けられる．①溶脱：雨や土壌水の浸透により，リター中の可溶性成分が溶脱していく．②粉砕：おもに土壌動物（ミミズ，トビムシ，ササラダニなど）によるが，乾湿や凍結溶解の繰り返しによっても起こる．粉砕によってリターの物理構造が破壊されリターの表面積が増加する．③微生物による化学変性：体外酵素により，細菌や糸状菌は化学結合を切断し，低分子化した有機物をエネルギー源として利用する．一般に，分解の初期段階では①，②，後期段階では③の重要性が高くなるとされる．以上の過程を総称して分解と呼ぶが，微生物による異化作用，微生物変性作用，腐植化と呼ばれることもある．有機物をエネルギー源とする従属型微生物は分解者バイオマスの8～9割を占め，残りはミミズやトビムシなどの土壌動物である．このため，微生物活動を支配する因子が分解速度をおもに制御する．土壌動物は，おもに②の粉砕作用を担うが，同時に土壌団粒形成を促進しうる．また，微生物を捕食することで，微生物体内の養分の土壌溶液中への放出を促す．土壌動物の生態や機能については金子（2007）などにまとめられている．

　微生物による分解活動を規定するおもな要因は，微気象（温度・水分条件），土壌pH，土壌有機物の質である．このうち前者2要因は，土壌生成因子である気候・母材・地形と関係している．土壌有機物の質（分解者にとっての分解しやすさ）は，植生と土壌の特性の影響を強く受ける．一般に養分条件が悪い土壌に生育する樹木は，ポリフェノール化合物などの炭素に富む二次代謝物質（防御物質）を使い葉の被食防衛を高める傾向があり，貧栄養条件下での養分資源の損失を抑

---

[5] 明瞭な形態が残存するリターや大型土壌動物の遺体は，土壌有機物に含めないと定義されるが，リターと土壌有機物の区別は難しい場合も多い．

えるための適応と考えられている．その結果，リター分解が遅いために，モル型と呼ばれる厚いO層を持つ土壌が形成され，養分条件はさらに悪くなる傾向がある．一方，養分条件が良好な場所ではO層が薄いムル型と呼ばれる土壌が形成され，そこに生育する樹木は逆の傾向を示す．つまり，植物の葉の形質が，分解者および分解速度に大きな影響を与えており（Hobbie, 1992），生態系全体の養分循環にも影響を与えている（次節参照）．リターの質と分解の関係については多くの研究がある（Berg & McClaugherty, 2004）．森林タイプや樹種によってリターの分解速度には最大で20倍程度の大きな違いがある．一般にC：N比やリグニン：N比が高いリターほど，分解が遅くなる．熱帯林では，NではなくPの供給量がリター分解速度を規定するという報告もある．

樹木の地上部リター（C：N：P比＝3010：50：1）と分解者である微生物（31：5：1）の元素組成には大きな違いがあるため，微生物は必要量のNやPを得るために大量のCを無機化する必要がある．しかし，そのためには，微生物はNやエネルギーを投資して分解酵素を生産しなければならないというトレードオフの関係がある．Nに富んだ（C：N比が低い）リターの分解過程では無機化されたNのうち微生物需要を上回った分が土壌溶液へ放出されるため正味のN無機化（net N mineralization）はプラスになるが，Nに乏しい（C：N比が高い）リター分解においては，微生物が無機化したNをすべて吸収するために正味のN無機化はマイナスになる．この様に元素の存在比を基に物質の動態をみる化学量論（stoichiometry）の視点は，生態系における炭素とその他の養分元素の関係を調べる上で有効である．

土壌微生物は一般的に炭素（エネルギー）制限状態にあると考えられているが，なぜ土壌に有機物は蓄積するのだろうか．土壌有機物の安定化メカニズムは，①有機物自体の分子構造の頑強さに起因する難分解性，②土壌の土壌無機成分との化学的結合による安定化作用，③潜在的には利用可能な有機物の周りを団粒構造や鉱物粒子が囲むため，微生物または体外酵素のアクセスや酸素の拡散が妨げられるという物理的安定化作用の3つに整理できる（Sollins *et al.*, 1996）．リグニンやタンニンを多く含むリターの分解が遅いことや，山火事で生じた炭化物が数千年以上も土壌中に存在することはおもに①で説明される．粘土鉱物の量や種類といった土壌特性が土壌有機物の質を規定するのは，②，③のためである．土壌有機物中の炭素量は，地球全体でみると深さ1mまでに約1600Gt，深さ2mまで

に約 2400Gt が存在すると推定され，植物体に含まれる炭素量の約 2 ～ 3 倍に相当する．植物群系ごとに見ると，根を含む森林の現存量は北方林から熱帯多雨林に向けて大きく増加（12～20kg C/m^2）するが，土壌 0 ～ 1 m の炭素量には気候に対応した傾向は見られず，植物群系間に明瞭な違いもない（9 ～19kg C/m^2）（Jobbágy & Jackson, 2000）．これには，寒冷条件下では分解が遅いために易分解性の有機物が土壌 O 層・A 層に局在化するのに対し，分解や溶脱が早い温暖湿潤な条件下では，厚い土壌鉱物層に低濃度の有機物が広く分布すること，また土壌有機物の蓄積は母材の影響を受けることが関係しているだろう．生態系の発達（一次遷移）に従い，土壌有機物の現存量は，少なくとも初期の数千年間は蓄積する傾向がある．一般的な土壌における蓄積速度は，年間 0.02～0.25kg C/ha であるが，火山性母材からなる土壌では，特徴的な土壌鉱物が有機物分解を阻害するため，年間 0.5～1.2kg C/ha もの有機物が蓄積する（Schlesinger, 1990）．

5.3.2 養分制限

リターが分解される土壌の表層には根が多く分布しており，無機化された養分は速やかに吸収され，森林生態系では効率的な系内循環が行われている．一方，陸上生態系の一次生産は，一般に N や P または両方によって制限されていることが施肥実験からわかってきた（Vitousek, 2004；Elser *et al.*, 2007）．つまり，系外からの養分加入と系内循環によって樹木の N や P の需要を満たし続けることは難しいようだ．ここから，生態系内部に N や P の可給性を低下させるプロセスが存在することが示唆される．植物の養分制限は，基本的にリービッヒの最小律に従う．つまり，植物の成長速度は，必須元素のうち最も可給性が低い元素に制限される．また 1 元素に限ってみると，その元素に対する需要が供給を上回った場合，養分制限が起こる．生態系発達の初期段階（例：氷河後退後や溶岩堆積後などの一次遷移）では，岩石由来の養分元素は豊富にあるが，生態系へのおもな供給経路である窒素固定細菌の活動が限られているため，N が一次生産を制限する（Vitousek, 2004）．このため，窒素固定能を持つ植物が一次遷移の初期に侵入しやすい（第 4 章）．一方，リンは岩石起源の養分元素の中で，土壌鉱物との反応により最も難溶化しやすく，植物の需要が高いため，長期間（数万～数十万年）の風化作用を受けた土壌では N 制限よりも P 制限が強い（Vitousek, 2004）．長い風化・溶脱を受けた土壌では，N，P だけでなく同じグループ 1 に属す S や，地

殻や土壌に比較的豊富にあるものの風化・溶脱しやすいグループ 2 の Ca, K, Mg, もともと微量しか存在しないグループ 3 の元素も樹木成長の制限元素になりうる．日本のカラマツやスギの幼齢林においては，N≧P＞K の順に施肥効果が低下するという報告がある（河田，1989）．

以下では，一次生産を最も制限しやすい N, P を中心に，森林の養分制限を引き起こす土壌プロセスを，(A)長期間にわたる系外への損失と(B)短期間で起こる系内での養分可給性の低下に分けて説明する．最後に，(C)養分制限に対して樹木がどの様に適応し一次生産を維持しているかについて考える．

A．生態系外部への損失

まず N の場合，大気への損失が起こる．脱窒（denitrification）と呼ばれる微生物プロセスは，泥炭土壌のような還元的な条件，易分解性 C と硝酸態 N（NO_3^-）の濃度が高い条件が揃う場合に顕著に起こる．森林火災は，撹乱や遷移の観点からも重要であるが（第 3 章・第 4 章），燃焼によって土壌有機物中の N は無機化されるだけでなく，一部はガス化（NO_x，時として NH_3）する．

長期間にわたる水文学的プロセスは，N を含む多くの養分元素の系外へ損失を支配する．土壌侵食（erosion）は，水や風などの外的な力によって土壌粒子が引き剥がされ流亡する現象であり，特に養分が豊富な表層土壌が失われる．米国ロッキー山脈の自然林では，1 年に厚さ 0.5mm（約 0.05t/ha），滋賀県の花崗岩質山地の植林地では，0.02mm 程度の土壌が侵食により失われる．間伐によって浸食速度は 2 倍程度に上がり，裸地化すると 1000 倍以上になる．一般に，土壌粒子や団粒構造が大きい程，また団粒の結合力が高いほど，土壌の侵食に対する抵抗性は高い．

養分元素は溶脱によっても系外へ流失する．無機態 N（NO_3^- と NH_4^+）は土壌粒子への吸着が弱く溶脱作用を受けやすい（5.2.2 項）．植物も微生物も一般に NH_4^+ を利用し，またカチオンの方が土壌に保持されやすいため，森林からの N の溶脱はおもに NO_3^- か溶存有機窒素（Dissolved organic N, DON）の形態をとる．米国北東部，欧州では，N 溶脱はおもに NO_3^- の形で起こるが（Borman & Liken, 1979），大気汚染の影響が少ない自然生態系においては N 溶脱のほとんどは DON となる（Hedin et al., 1995）．養分元素の存在形態により，溶脱しやすさは大きく異なる．無機イオンは生物が速やかに吸収できるため，樹木や土壌微生

物の需要が高い元素の溶脱量は減る．一方，元素が溶存有機物の一部（例：DON, DOP）として，あるいは鉱物粒子に吸着した形態[6]で土壌溶液中に存在する場合，生物の需要の程度にかかわらず溶脱が進む．前者の溶脱過程は，生物の養分需要によって制御されるため「需要依存型」と呼ばれ，後者は，土壌侵食過程とともに「需要独立型」の養分損失過程と呼ばれる（Hedin *et al.*, 1995；Vitousek, 2004）．

侵食，溶脱（DON, DOP），リン酸の吸蔵化といった生態系に恒常的な養分制限を引き起こす土壌プロセスは，どれも需要独立型であり，おもに外的要因（湿潤な気候，急峻な地形，低リン濃度の母材など）によって促進される．これらの土壌プロセスが継続して起こる安定的な地表面では，窒素固定という生物プロセスによって補える分 N 制限よりも P の制限が起こりやすい．しかし，生物は P より多量の N を必要とするため（表5.1），条件に応じて（例：限られた窒素固定，土壌有機物分解の停滞，高い溶脱量），N 制限や N と P の両元素の制限も起こりうる（Vitousek *et al.*, 2010）．

Box 5.2

侵食・溶脱作用が，地形傾度における養分環境の変異を強める

急峻な地形の多い日本の森林では，尾根部から斜面下部にかけての土壌環境・養分循環の変化について多くの研究がある（岩坪, 1996）．この地形傾度は，乾燥ストレスの違いから論じられることも多いが，長期的な侵食や溶脱作用とも関係している．つまり，養分や表層土壌が尾根部から斜面下部に移動・再堆積した結果，元々水はけがよく風が強い尾根部では土壌の保水性が低下し，乾燥ストレスや養分制限を受けやすくなる．このような土壌環境で優占するストレス耐性型の樹木は，防御物質を含む頑丈で寿命の長い葉を持ち，落葉前に葉内養分の多くを再転流するなど，養分利用効率が高い．その結果リターの分解性は低下し，モル型の厚い O 層が形成される．一方，養分や水分に富む斜面下部では，一次生産量やリター生産量が高く，分解も速いためムル型の薄い O 層が形成され，高い肥沃度が維持される．このような正のフィードバック作用によって土壌環境の変異が形成されると考えられる．このような地形傾度上での土壌や生態系特性の変化は，カテナ（Catena）という概念で総称される．

---

[6] 懸濁態（例：粘土粒子とそこに吸着したリン酸）．懸濁物質（particulate matter）は 0.2 または 0.45 μm 以上の大きさの物質で，それ以下のものは溶存物質（dissolved matter）と呼ばれる．

B．生態系内部での養分シンクの形成

　系外への養分流亡が起こらない場合でも，生態系内における系内循環の停滞は養分制限を強めうる．系内の循環経路から切り離されて滞留する過程は，養分元素のシンク（Sink）形成とみなせる（Vitousek, 2004）．

　Pの場合，最も長期間のシンクとなるのは土壌有機物の分解により生じたリン酸が土壌鉱物に吸着し，不可逆的に難溶化した吸蔵態Pである．Pの吸蔵化（10^3〜10^5 years）は，ハワイ諸島における数十万年におよぶ生態系発達において，一次生産に対する養分制限の一因となっている（第4章）．吸蔵化速度は，土壌鉱物タイプに大きく依存する．

　次に長期に及ぶシンク形成として土壌有機物への蓄積（10^0〜10^4 years）が挙げられる．上述のとおり微生物による植物リターの分解過程で，残存する有機物のC：N比，C：P比は低下し，微生物バイオマスのC：N：P比に近づいていく．つまり，Cに対して濃縮されたNとPが，土壌有機物として安定化されていく．ポドゾル土壌[7]のB層における有機物集積はその顕著な例といえる．また，分解が停滞する環境（低温，乾燥，過湿条件）における土壌有機物も，短期・中期的なシンクとなる．

　同様に，樹木の木部バイオマスへの蓄積（10^0〜10^3 years）は，重要な養分シンクとなっている．貧栄養土壌に成立する熱帯林では，一般に，養分を巨大な植物バイオマス（および表層土壌）に貯留し，効率的なリター分解と根からの吸収が行われるため，養分溶脱や鉱物への吸着による損失が抑えられている．砂質母材から発達するポドゾル土壌の上に発達し，極度の貧栄養条件にある熱帯ヒース林では，施肥したPとCaの99％以上が土壌表層に密集する根圏中で吸収あるいは吸着され，溶脱は0.1％という報告もある．一方，堆積岩を母材とする熱帯林においては，樹木が利用しやすい交換性Ca, K, Mg（グループ2）は，土壌深度にかかわらず一様に分布しており，下層土が重要な養分ソースになっている可能性もある（太田，2001）．

　さらに短期的な過程を見ると，養分元素の土壌微生物バイオマスへの不動化（10^{-3}〜10^{-1} years）が養分不足を引き起こしうる．微生物は個体の寿命は短くて

---

7) ポドゾル土壌とは，厚いモル型O層，薄いA層の下に白色化した溶脱層（E層）とその直下に有機物と鉄やアルミニウムの集積したB層を持つ土壌で，貧栄養条件，針葉樹植生，砂質母材，湿潤条件とおもに対応する．難分解性リターから生成する有機酸が鉱物中の鉄・アルミニウムを溶脱し，両者がB層に集積する．

も世代交代を繰り返すことにより，常にある程度の量の養分元素を体内に保持している．微生物バイオマスに比べ，リターのC：N比，C：P比は大幅に高いため，微生物はNやPの獲得のために炭素に富むリターを分解するという側面がある．よって，分解過程で生じた無機態のNとPの多くは微生物バイオマスに吸収（不動化，immobilization）され，植物の根との間で養分獲得競争が起こる．

C．養分制限プロセスの制御

養分制限を引き起こす非生物的また生物的プロセスを挙げたが，生態系では，養分加入プロセス，シンクをソースに転換させるプロセス，また養分制限に適応的な生物のプロセス（北山，2004）が同時に働いている．

系外からの加入速度が損失速度を上回る状態が長期的に続く場合，生態系内部にシンク形成作用があるとしても，シンクは飽和していくため（土壌の吸着能や有機物の蓄積能，樹木の成長には限界がある），養分制限は解消されるはずである．例えば，生態系発達の初期（一次遷移）段階においては，化学風化速度は速く，シンクを上回るため，岩石由来の元素は制限要因になりにくい．養分制限の増幅あるいは緩和に働く重要な外的因子として，撹乱（第3章）が挙げられる．撹乱のタイプやタイミングによっては，貧栄養化（特にシンク形成）は緩和される．森林火災は，樹木や土壌表層の養分元素を灰化（無機化）するため，シンクをソースに変換する．この作用を農作物生産に応用したのが焼畑農法であり，貧栄養な土地で古くから行われてきた．自然撹乱としての森林火災を人為的に抑制することは，養分シンク形成を促進し，樹木の養分制限を強めうる．暴風による根返りは，土壌下層に多く存在する岩石由来の元素や有機物中の養分を，生物活性の高い表層へ移動させるため，平坦な北方林などにおいては重要な養分循環プロセスとなっている．山地傾斜部の地滑りや，河畔林における上流で侵食された物質の再堆積は，土壌の若返りともいわれ，撹乱に伴う養分加入の例である．また人為撹乱による養分制限の増幅として，森林伐採による養分シンクの持ち出しが挙げられ，制限緩和として，周辺地域からの窒素降下や農地から飛散するダストに含まれる化学肥料などがある．

貧栄養な土壌条件に対して，植物は養分の獲得・利用における効率を高める，または養分要求度を下げる様々な適応をしている．具体的には，落葉前に養分を再転流する，葉寿命を延ばす，土壌表層に根を集中させる（ルートマット形成），

細根や共生菌根菌[8]への炭素の投資を増やすなどである．その中でも分解者への影響が大きい現象として，落葉前の養分の引き戻し（再転流）がある．樹木は，コストをかけて分解酵素を生産し葉内のタンパクやリン脂質を分解し幹や枝まで引き戻すことができる．Vitousek (1982) は，この引き戻しの程度，つまり「リターの重量：リター中の養分元素量の比（g：g）」を樹木の養分利用効率（nutrient-use efficiency）と定義し，世界の森林の文献比較から一般的傾向を見出した．Nの利用効率は最大7～9倍，Pの場合で8～10倍の変異があり，リター中の養分濃度が低い森林で利用効率が高いことから，土壌の養分可給性が低い生態系ほど樹木の養分利用効率が高まると推論した．その後，異なる土壌条件にある熱帯林の比較から土壌のN，P可給性と樹木の養分利用効率の関係が確かめられている（e.g., Kitayama *et al.*, 2000）．貧栄養土壌における利用効率の上昇（リターのC：N比，C：P比の増加）は，リター分解を遅らせ微生物のN，P不動化を促進するため，樹木の養分制限を強める方向に働く．逆に，養分に富んだ土壌を好む樹木は利用効率が低く，N，Pに富むリターは素早く分解されるため，肥沃度を高める方向に働く．つまり，一般に植物は養分循環に対して正のフィードバック作用を持つと考えられる．

　特筆すべきは，N制限への植物と菌根菌の適応である．ほとんどの植物は共生菌根菌を持ち，大きく内生・外生菌根に大別される．このうち外生菌根は加水分解酵素を分泌し，高分子の有機物をタンパク質やアミノ酸へ分解し，有機態のまま吸収する能力を持つ（Smith & Read, 2007）．貧栄養な条件下で窒素固定の少ない生態系では（高山など），菌根菌を介して溶存有機態のN (DON) を利用していることがわかってきた．分解過程でリター中のNが完全に無機化されると，微生物と根の間で競争が起こり，脱窒や溶脱による損失も増すが，DONを吸収できればそれらを回避できる．貧栄養土壌に優占する植物には，養分の引き戻しだけでなく，ポリフェノールなどの防御物質を葉に集積させて葉寿命を延ばす樹種がいる．ポリフェノールはタンパク質と結合しやすく分解を抑制する（リターNをDONの形態に留める）効果があるため，葉へのポリフェノール集積は，貧栄養条件下で菌根共生をする樹木の適応的な形質である可能性が指摘されている（Northup *et al.*, 1995）．

---

[8] 植物は，炭水化物を供給する代わりに，土壌中に張りめぐらされた菌根菌の菌糸から効率よく養分・水分を得ることができる．

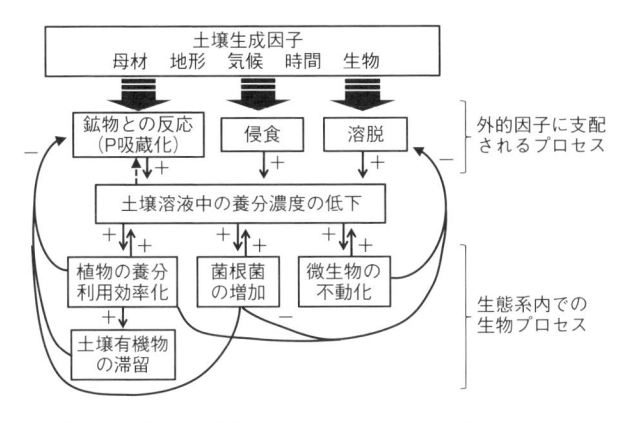

図5.4 樹木の養分制限（生態系の貧栄養化）に関係するプロセスの関係
矢印には，貧栄養化を増強する正の作用（＋）とその緩和に働く負の作用（－）を持つプロセスがある．ここに養分元素の加入プロセス（岩石風化，大気沈着，窒素固定）は示さなかったが，実際の貧栄養化は「加入＜損失」の状態が長期的に続く場合に起こる．

　5.3.2節を図5.4にまとめる．森林生態系の貧栄養化は，おもに溶脱・侵食および土壌鉱物との反応（リンの吸蔵化）といった長期的な土壌プロセスによる．これらは，母材，地形，気候などの外的因子に支配される物理化学的プロセスであるために，生物の養分需要にかかわらず起こる．貧栄養条件下の樹木は，落葉前の養分の再転流や葉寿命を延ばすなどの養分利用効率を高める適応をしており，その結果，植物バイオマスや土壌有機物中に短〜中期的な養分シンクが形成される．また，共生菌根菌による効率的な養分吸収や土壌微生物による養分の不動化も土壌溶液中の養分濃度を下げるため，短期的な養分制限に寄与する．これらの生物プロセスは，貧栄養な土壌環境をさらに貧栄養化する正のフィードバック効果を持つ．同時に，樹木や土壌微生物のこれらの適応的なプロセスは，養分の系外への損失やPの吸蔵化を遅めるため，貧栄養化にブレーキをかける（負のフィードバック）効果を合わせ持つ．一方で，生態系には鉱物風化や降雨による養分加入があり，また撹乱もしばしば貧栄養化を軽減する方向に働く．これらのプロセスの組み合わせや強弱が，場所やその土地の履歴によって異なるため，様々な養分制限状態の土壌環境が存在すると考えられる．

5.3.3 地球環境変化と土壌（土壌環境・養分循環の変化による生態系の変質）

　現在，様々な養分制限に適応する形で発達してきた森林生態系が，人間活動に

より地球規模の富栄養化に曝されている．地球上のN，P循環量は，おもに化学肥料の生産により産業革命以前に比べて，それぞれ100%，400%増加したと推定される（Falkowski *et al.*, 2000）．ガス態になるNの場合（図5.3），肥料由来のNの脱窒過程や化石燃料の燃焼過程で大気に放出された反応性の高いNの森林への加入が，問題となっている．汚染由来のN加入量は，日本では年間5〜10kg/haが一般的であるが，世界では60kg/haに上る例もあり，生物的窒素固定によるN加入量に匹敵する．これにより，植物成長の制限元素がNからPへ変化する場合もある（Vitousek *et al.*, 2010）．化石燃料由来のNO_x・SO_xは酸性雨・酸性沈着（acid deposition）の原因となり，土壌のN過剰供給と同時に土壌酸性化を引き起こしている．塩基性元素に乏しい花崗岩などを母材とする欧米の森林では，土壌の酸性化によって岩石起源の必須元素（グループ2）の溶脱およびアルミニウムの溶出が進み（図5.2a），Ca, Mgの欠乏やアルミニウム毒性による森林衰退が報告されているが，日本では，同様の問題はみられていない（伊豆田，2001）．しかし，数十年におよぶN加入が樹木や土壌微生物のN需要を上回り，硝酸態Nが地下水や河川に溶脱する現象（森林生態系の窒素飽和）は日本でもみられており（大類，1997），森林の窒素浄化機能の低下が，河川や湖の水質劣化や酸性化を招いている（Galloway *et al.*, 2003）．

　P循環の変化も，生態系の動態に大きな影響を与える．日本では，もともとリン酸を吸着しやすく強酸性である火山灰土壌に，大量の石灰とリン酸を施肥し，土壌のリン酸吸着能を飽和させることで，作物生産性を上げてきた．農地が放棄された場合，土壌改良によって富栄養となった環境で有利に生育できる外来草本が侵入する事例が報告されている（平舘ほか，2008）．

　このように，地球規模での養分循環の変化が，土壌環境を変質させつつあり，生物多様性や生態系機能の低下，外来種の侵入などの負の影響を与え始めている（e.g., Chapin *et al.*, 2000）．これらの問題に取り組むには，植物生理学や微生物学を含めた生態学と，土壌学・気象学・水文学などの生態系の養分循環に関与する他分野との連携が重要になる．

第6章 森林の水平構造

伊東 明

6.1 水平構造は生態過程の反映

　森林を高い空の上から見下ろしたときに見えてくる樹木個体の空間配置をその森林の「水平構造」と呼ぶことにしよう．現実に空から森林を見下ろす場合，上層の個体の枝葉にさえぎられて下層の樹木の配置は見えないが，ここでは，下層の個体も含めた樹木個体全体の配置を「水平構造」と考える．「水平構造」は英語の spatial pattern（あるいは，spatial structure）に当たり，「空間構造」と呼ばれることも多いが，第7章で扱う垂直方向の構造との違いを意識して，本章では「水平構造」という用語を使うことにする．

　樹木は一度定着すると死ぬまでその位置を変えない．そのため，森林内部で過去に起きた様々な生態過程（ecological process）の痕跡は，森林の水平構造に長い間残される．つまり，水平構造は生態過程の蓄積の結果と見ることができる．このことは森林生態学では古くから認識されており，水平構造に見られるパターンを探し出して，そこから森林で起きている様々な生態過程を類推しようとする多くの研究が行われてきた．

　水平構造にかかわる生態過程には，種子散布，発芽，実生の定着，定着した個体の死亡など，様々なものが含まれる．樹木個体の種子は森林内のどこにでも散布されるわけではなく，一般に母樹の近くにより多くの種子が散布される．そのため，実生の水平分布も母樹周辺に集中することになる（詳しくは第9章）．しかし，種子が多く散布される場所に常に多くの実生が発生するとは限らない．種子が散布されても，その場所が発芽，定着に適していないこともあるからだ．例えば，先駆樹種（pioneer tree）の種子は明るい場所でしか発芽，定着できない．そのため，実生は母樹近くよりも林冠ギャップ（林冠層に樹冠が無い部分，canopy gap）に集中して発生することが多い（第8章）．さらに，水平構造は定着した実生が成長するに連れて徐々に変化していく．同種の個体間の競争に基づいて起き

る自己間引き (self thinning) や異なる種の個体間の競争のために, 成育段階 (growth stage) が進むにつれて樹木の空間的な集中の程度は小さくなっていくのが普通である (第7, 8章). また, 第5章で述べられている土壌条件も水平構造と密接に関係している. 発芽, 定着, 成長に適した土壌条件が樹種によって違っていることがあり, 各樹種の水平分布が土壌条件に対応して決まっている例もみられる.

このように, 森林の水平構造研究の最終的な目標は, 水平構造のパターンと生態過程を結び付けることにある. 水平構造のパターンがわかっただけでは, 生態学的に十分に興味ある研究とはいえないからである. しかし, 水平構造を適切に分析することは, パターンをみつけ出すために必要不可欠なはじめの作業であり, これが適切に行われていなければ, その裏に隠れている生態過程を見つけ出すことはおぼつかない. そこで, この章では, 水平構造のパターンの様々な解析方法を紹介する.

6.2 上からみた樹木個体は面か点か？

ここでは, 水平構造を樹木個体の空間配置と定義したが, 個体をどうとらえるかによって水平構造のイメージは変わってくる. 樹木個体をある大きさの樹冠を持つものとしてとらえれば, 空間配置とは個々の樹冠の配置になる. こうした見方を表現する方法として「樹冠投影図 (crown projection map)」がある. これは, 各個体の樹冠の形や大きさ, お互いの上下関係を記録して, それを二次元平面上に投影したものである (図6.1). 樹冠投影図は, 実際の森林を上から眺めた様子をよく表しており, この図からは現実の森林の姿が想像しやすい. しかし, 樹冠の大きさが個体によって様々であること, 樹冠どうしが重なることもあることなどから, 樹冠の配置を定量的に解析することは容易でない. そのため, 樹冠投影図を使って水平構造を定量的に解析した研究はほとんど見当たらない. 樹冠投影図は, 林冠ギャップの同定や林床の光環境の推定に使われることが多い. しかし, 樹冠投影図は実際の森林の水平構造をよく表しているため, 将来, 樹冠投影図の定量的な解析手法を開発する価値は十分にあるだろう (例えば, 第7章).

一方, 個体の位置として根元の位置を使い, その空間配置を水平構造と考える

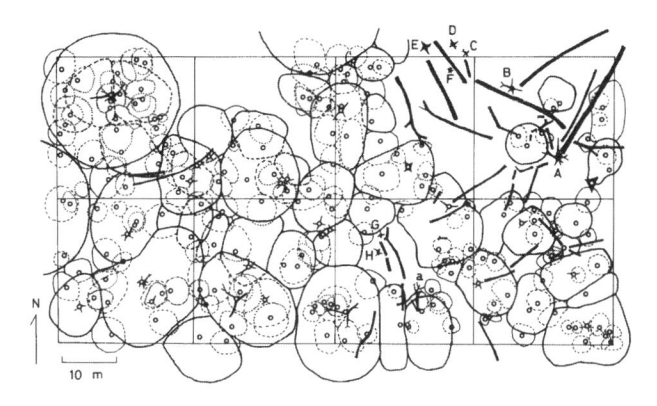

図6.1 インドネシアの熱帯多雨林の樹冠投影図
　　　胸高直径 30cm 以上の林冠木（実線）とそれらの樹冠下にある胸高直径 10～30cm の樹木とヤシ（点線）について描いてある．小さな丸は各個体の根元位置を示す．黒い線は倒木の幹と枝（Yamakura *et al.*, 1986 より）．

場合も多い．根元は実際にはある程度の面積を持っているが，樹冠に比べるとずっと小さいため，樹木個体はほぼ点とみなすことができる．根元位置を点と考えれば，森林の水平構造を二次元平面上の点の分布として記述することが可能になる．こうすることで，平面上の点分布を解析する様々な数理的手法を森林の水平構造の解析に利用することができるようになり，大変便利である．そのため，これまで森林生態学で行われてきた水平構造の定量的解析の多くは，個体を点とみなして根元位置を用いたものである．

6.3 分布パターンの分類

　二次元平面上の点の空間分布は，大きく次の3つのパターンに分類される．
　1）ランダム分布（random distribution）
　2）集中分布（aggregated distribution，または，contagious distribution）
　3）規則分布（regular distribution）
　ランダム分布とは，各点の位置がランダム（無作為）に配置されている場合に期待される点の分布で，平面上のどの地点でも点の存在する確率が等しい場合に対応する．点の存在確率がどこでも等しいことは，どの範囲にも同じ数の点があ

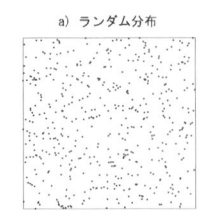

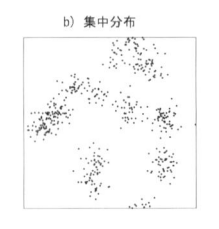

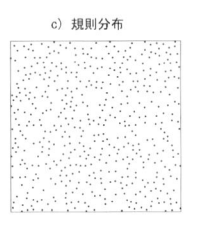

図 6.2 ランダム分布(a),集中分布(b),規則分布(c)の例
調査区の大きさは 100m 四方.実際のデータではなく,コンピュータ・シミュレーションで作成したもの.ランダム分布は一様乱数を使って 500 点の座標を決めた.集中分布は,まず調査区あたり密度が 25 になるようにランダムな位置に点を選び,各地点の周囲に分散 20m の 2 次元正規分布に従って平均 30 個の点を配置した(Neyman-Scott process と呼ばれる).そして,得られた点から無作為に 500 点を選んだ.規則分布は,ランダムな位置に 1 点ずつ配置していき,すでにある点から 2.5m 以内の位置だった場合には新しい点を削除し,点の数が 500 になるまでこれを繰り返した(hard core process と呼ばれる).

ることとは違う点に注意する必要がある.ランダム分布では,図 6.2a のように,点の分布はやや偏っている.集中分布は,点と点の間の距離がランダム分布の場合より近くなる分布である.ある地点に点をみつけた場合,その周辺では別の点をみつける確率が高くなっていると考えれば良い.集中分布では,ランダム分布よりもさらに偏った点の配置になる(図 6.2b).規則分布は,点と点の距離がランダム分布よりも離れている分布である.集中分布とは反対に,ある地点で点をみつけたら,その周囲で別の点がみつかる確率が低くなっている.そのため,点の分布は平面全体により均等になる(図 6.2c).

樹木の分布が何らかの生態過程の影響を受けて決まっている場合,配置が無作為に決まる場合に生ずるはずのランダム分布とは違った分布,つまり,集中分布や規則分布になることが期待される.もちろん,すべての生態プロセスがランダム分布以外の分布に繋がるとは限らないが,観察された樹木の水平分布がランダム分布なのかどうかを定量的に検討することが森林の水平構造解析の第一歩になる.

6.4 分布パターンの見分け方

上に挙げた 3 つの分布パターンを区別するための方法は数多く開発されてお

り，大きく2つに分けられる．1つ目は，ある面積の区画内に何個体の点が入っているかを考える「区画法（quadrat method）」と呼ばれる方法である．もう1つは，点と点の間の距離がどのくらい離れているかを使う「距離法（distance method）」である．

Greig-Smith（1957）は，複数の小さな区画に含まれる点の数の平均値（mean）と分散（variance）の間に期待される統計的な性質を利用する区画法を考えた．まず，調査区全体を面積の等しい小区画に分割し，それぞれの小区画に含まれる点の数を数える．もし点がランダムに分布していれば，小区画に含まれる点の数の頻度分布はポアソン分布（Poisson distribution）に従うことが理論的にわかっている．ポアソン分布は，平均と分散が等しい分布である．そこで，実際のデータから求めた平均と分散の比を計算し（分散／平均），この値が1ならばランダム分布，1より大きければ集中分布，1より小さければ規則分布と判断する．例えば，図6.2の調査区を100個の小区画に分割して，この値を計算すると，ランダム分布では1.05，集中分布では10.78，規則分布では0.43である．値が1と有意に異なっているかどうかを統計的に検定する方法もある（Greigh-Smith, 1957）．

この方法は，樹木の分布がランダム分布かどうかを確かめるにはよいが，もう少し定量的な解析（例えば，2つの種の分布の集中の程度を比べたいとき）には向いていない．一見すると，分散／平均の値が大きければ大きいほど集中度が高いように思えるが，実は，そうではない．試しに，集中分布を示す図6.2bの500個の点から300個をランダムに選んで，同じ計算をしてみよう．無作為に点を間引いただけなので，集中度は間引く前と同じと考えるのが妥当であろう．しかし，同じことを1000回繰り返して計算した分散／平均の値の平均は6.87で，元の値10.78より明らかに小さい．つまり，同じような集中度を持つ分布でも，分散／平均の値はサンプル数によって変わってしまうのである．この点を改良して，集中の程度を比較できるようにしたのが，森下の I_δ（Morisita, 1959）や巌の $\overset{*}{m}-m$（Iwao, 1968）と呼ばれる指数である（これらの指数についてのより詳しい説明と計算方法は，嶋田ほか（2005）にある）．I_δ と $\overset{*}{m}-m$ は，サンプル数の影響を受けないので，指数の値の大きさで集中の程度を比べることができる．例えば，分散／平均のときと同様に，図6.2の分布の個体数を変えて I_δ の値を計算すると，元のデータ（500点）では2.940，300個をランダムに選んだ場合は平均2.937となり，個体数が変わっても値はほとんど変化しない．

距離法としては，任意の点（個体）から一定の距離以内にある他点（他個体）の数の期待値を用いる Ripley の K 関数（K-function）法（Ripley, 1981）がよく使われる．K 関数はある樹木個体から一定の距離以内に他の個体がいくつ含まれるかを用いて分布パターンを解析する方法である．調査区に個体密度 λ [m^{-2}] で個体が分布している場合を考えよう．もし個体の分布がランダム分布であれば，ある個体から t m 以内に含まれる他個体の数の期待値は $\lambda \pi t^2$ になる．これは半径 t m の円の面積（πt^2 [m^2]）に個体密度（λ [m^{-2}]）を掛けた値である．一方，集中分布の場合には，ある個体の近くは，ランダム分布のときよりも多く他の個体がいることが期待されるので，同じ円内に含まれる他個体数はもっと多くなるだろう．逆に，均等分布ではある個体の近くには他個体が少ないことが期待されるため，この値は小さくなる．そこで，任意の個体から t m 以内に期待される他個体の数を個体密度（λ）で割ったものを $K(t)$ と定義し，この値が πt^2 より大きければ集中分布，小さければ均等分布と判断する．実際には，$K(t)$ を $L(t)=\sqrt{K(t)/\pi}-t$ として，L 関数（L-function）と呼ばれる値に変換し，$L(t)=0$ ならランダム分布，$L(t)<0$ なら均等分布，$L(t)>0$ なら集中分布とする．L 関数の値が 0 とどれくらい違えば統計的に有意といえるのかについては，コンピュータを使って，同じ数の点のランダム分布をシミュレーションで作って判定するのが一般的である（Ripley, 1981）．

K 関数と関係の深いものに pair correlation function（ペア相関関数）と呼ばれる関数がある．これは，調査区中の距離 t だけ離れた 2 地点の両方に樹木個体が含まれる確率を使って，ランダム分布の場合は 0 に，集中分布なら正の値に，規則分布なら負の値になるように定義したものである．K 関数（L 関数）と pair correlation function の違いは，K 関数がある個体から t m 以内にあるすべての個体を使って値を計算しているのに対して，pair correlation function はちょうど t m だけ離れた位置にある個体だけを考慮している点にある．ちなみに，pair correlation function と K 関数は，前者を極座標（平面上の点の位置を原点からの距離と x 軸となす角度の 2 つの値で表したもの）で積分すると後者になるという関係にある．ある関数を極座標で積分するとは，原点を中心とするある半径の円内の関数の値をすべて足し合わせることと考えれば良い．これらの関数間の関係については島谷（2001）がわかりやすい．

6.5 空間スケール

ここまでは，水平構造の空間スケールについては考えなかった．しかし，水平構造の特徴は空間スケールによって違うことも多い．例えば，林冠ギャップにだけみられる先駆樹種を考えてみよう．ギャップよりも小さな空間スケールのことを考えて，個体がどこに分布しているのかを詳細に解析すれば，この樹種の分布は明らかに集中分布になるだろう．しかし，ギャップより大きな空間スケールのことだけを考え，小さな空間スケールで個体がどんな分布をしているのか（例えばギャップの内部で個体がどう分布しているか）には目をつぶると，この樹種の分布は森林内にギャップがどう分布しているかで決まっているといえる．もしギャップが森林内にランダムに形成されるのであれば，大きな空間スケールでのこの樹種の分布はランダム分布になる．このように，小さな空間スケールと大きな空間スケールで分布パターンが異なることも少なくないため，水平構造を解析するときには，どんな空間スケールのことを考えているのかを常に意識しておく必要がある．

異なる空間スケールでの水平構造を解析する場合にも，基本的には，前述の方法が使える．ただし，対象とするスケールに合わせて，区画法なら区画の大きさを，距離法なら解析に使う距離（例えば，K 関数の t の値）を変える必要がある．また，様々な空間スケール（区画の大きさや距離）での解析結果を並べてみるこ

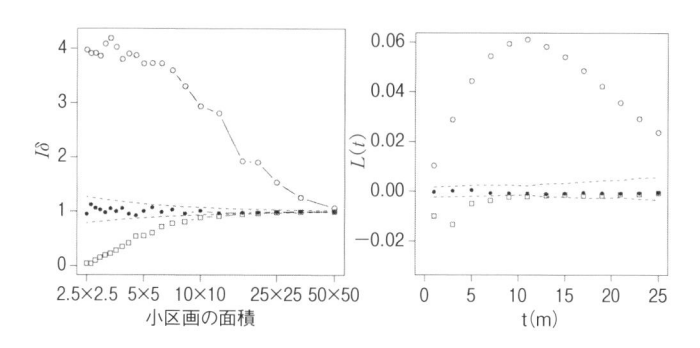

図 6.3　空間スケールを変えた場合の森下の集中度指数 I_δ（左）と Ripley の L 関数（右）の変化
　　図 6.2 に示した分布図について計算した．黒丸はランダム分布（図 6.2a），白丸は集中分布（図 6.2b），白四角は規則分布（図 6.2c）の値．点線はランダム分布の場合の 99% 信頼区間を示す．

とで，水平構造の特徴をより詳しく知ることができる．図6.3には，図6.2の分布図について求めたI_δとL関数の例を示した．ランダム分布では，空間スケールに関係なく，I_δとL関数の値はほぼ一定である．一方，集中分布と規則分布では，空間スケールによって値が変化する．大きな空間スケールでは，ランダム分布の値とあまり変わらなくなり，図6.2に示した集中分布や規則分布の特徴は，小さな空間スケールで顕著にみられることがわかる．

ここまでは，説明のためにシミュレーションで作ったわかりやすい分布データのみを使って話を進めたが，実際の森林での個体の分布はどうなっているのだろうか．これまでに行われた研究結果から，一般的には，すべての種を含めた樹木個体全体の分布はランダム分布になっていることが多く，種ごとの分布は集中分布していることが多いようだ（図6.4）．Condit *et al.*（2000）は，面積25〜50haの調査区を使って6ヶ所の熱帯林の1762種の樹木について，胸高直径1cm以上の個体の分布を解析した．その結果，ほぼすべての種で統計的に有意に集中分布していることが示された．つまり，ほとんどの熱帯林では，同種の個体が近くに固まって分布していることになる．

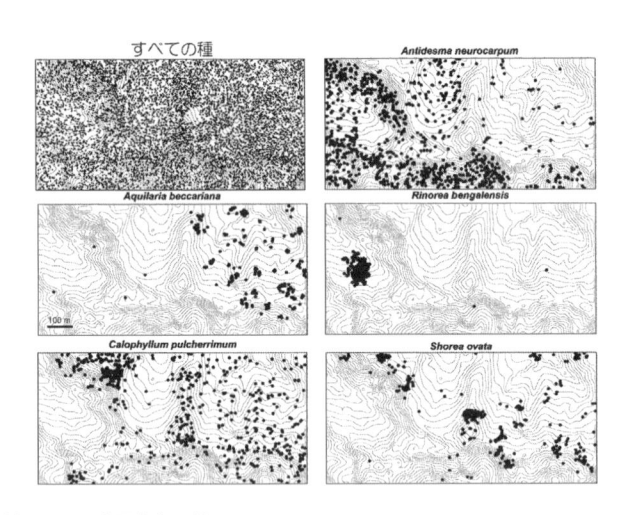

図6.4 熱帯雨林における水平分布の例
　　　左上は，マレーシア・サラワク州（ボルネオ島）の面積52haの調査区におけるすべての樹種の林冠木（胸高直径25cm以上の個体）の水平分布．その他は，胸高直径1cm以上の個体の樹種ごとの水平分布．ここでは，すべての種，各種ともに集中分布している．図中の曲線は5m間隔の等高線．

6.6 個体間に違いがある場合の水平構造

ここまで，すべての樹木個体を同等な点として扱って水平構造を解析する方法について述べてきた．しかし，実際の研究では，個体（点）と個体（点）の間に何らかの違いがあり，そうした個体間の違いも考慮しながら水平構造を解析したい場合が少なくない．個体間の違いは興味次第で何でも構わないが，例えば，種，直径，高さ，成長速度，遺伝子型などが考えられる．

最も典型的な例として，種の違いを考えてみる．例えば，解析している各点にAかBかどちらかの種名がついているとしよう．我々は，それぞれの種ごとの水平構造の解析に加えて，2種の水平構造がお互いにどんな関係にあるのかについても興味を持つだろう．これは，個体間（点）の違いを表す特性に2つの可能性（ここでは種Aか種Bか）がある場合の水平構造の解析と考えることができる．

点に2つの特性がある場合の水平構造の解析にも，点に特性がない場合の方法を応用できる．区画法の応用例として，$\overset{*}{m}-m$法を拡張したω指数 (Iwao, 1977) がよく使われる．また，距離法ではK関数（L関数）を2つの特性を持つ点の解析に拡張したものが使われることが多い．1種だけの解析の場合には，ある区画や距離内に同種の他の個体が何個体いるかを使って指数の値を計算したが，2種の解析では，自分とは別の種の個体が何個体いるかに基づいて計算される点が異なる．別の種の個体が多く見つかれば，ω指数やK関数（L関数）の値が大きくなり，2種の分布が互いに重なっていることを示す．1種の解析の場合と同様，2種の解析でも様々な空間スケールについて検討するのが普通である．

図6.5にL関数を使った2種間の分布の関係の解析の例を示す．図6.5aには仮想的に作った3種の樹木の水平分布を示してある．種1（○）と種2（●）は，どちらも調査地の左下と右上に多いように見える．そのため，L関数は，いずれの空間スケールでも2種が無関係に分布しているときに期待される値である0よりも大きくなっている（図6.5b）．ただし，後で説明する検定方法を使うと，空間スケールが10m以下では，このL関数の値は統計的に有意ではない．つまり，小さい空間スケールでの2種の分布が互いに無関係な場合とそれほど差がないといえる．

一方，種1（○）と種3（×）の分布にはほとんど重なりがない．そのため，

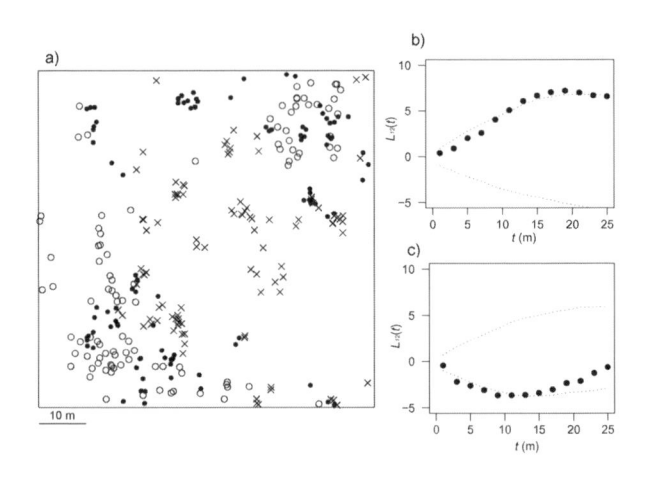

図 6.5 仮想的に作った 3 種の樹木の水平分布(a)と 2 種間の分布の関係を表す L 関数(b, c)
b)は種 1（○）と種 2（●）の関係，c)は種 1 と種 3（×）の関係を表す．L 関数の図中にある点線は，トーラスシフトを用いて求めた 95％信頼区間．

L 関数は負の値をとり，2 種の分布が排他的であることを示している（図 6.5c）．ただし，今度は，統計的に有意に排他的と判断されるのは，空間スケールが 10m以下の場合だけである．つまり，数メートル程度の狭い範囲では，これらの 2 種は互いに排他的な（重なり合わない）分布をしているが，大きな空間スケールでは，互いの分布が無関係なときと統計的に有意な違いはないことになる．ただし，100m 四方程度の調査区で半径 25m（直径 50m）の L 関数の値の統計的有意性を正しく判断することは難しいだろう．

さて，ここで，図 6.5 に点線で示した L 関数の信頼区間（confidence limit）の求め方について説明しよう．2 種類の特性を持つ点の K 関数の統計的な有意性を検定する場合にも，1 種類の点のときと同じように，普通はコンピュータによるシミュレーションを使う．ただし，2 種類のときには，適切な帰無仮説（null hypothesis）[1]が扱う対象や現象によって異なる点に注意する必要がある．1 種類の点の場合，ランダムに点を配置したシミュレーション（ランダム分布）を帰無仮説として用いた．2 種類の場合にも，それぞれの種をランダムに配置したと

---

[1] 帰無仮説（null hypothesis）：統計学的仮説検定（statistical hypothesis test）を行うときに用いる仮説．帰無仮説が成り立っていると仮定して，実際に観察された統計量（例えば，平均，分散，K 関数など）が生ずる確率を計算し，その確率（p）が十分小さいとき（例えば 5 ％未満 $p<0.05$）には，帰無仮説は成り立ちそうにないと考えて，帰無仮説を棄却（reject）する．

きに得られる K 関数の値を使うことも可能だが，これでは「2種類が独立にランダム分布をしている」ということを検定することになり，どちらか，あるいは両方がランダム分布でない場合に帰無仮説は棄却される．すでに述べたように，多くの種では同種個体の分布は，ランダム分布ではなく集中分布をしている．したがって，この検定で同種の分布がランダム分布でないことがわかることにはあまり意味はない．多くの場合，2種の樹木の分布を解析する目的は，それぞれの種がある分布様式を持っていることを前提に，それぞれの種の分布の重なりが大きいのか，小さいのかを知ることである．そこで，普通は，2種の同種内での分布は観察された通りに維持して，2種の分布の相対的な位置関係のみを無作為に変化させるシミュレーション（図6.6a，「トーラスシフト（torus shift, または, toroidal shift）」と呼ばれる．詳しくは伊東ほか（2006）を参照）を繰り返して K 関数を計算し，この値と実際に観察された値を比較する．もし，観察された K 関数の値が有意に大きければ，2種の分布の重なりは有意に大きく，小さければ2種の重なりは有意に小さい（2種は互いに避けあって分布している）と判定する（図6.5）．

2種類の特性を持つ点の分布には種の違い以外にも，成熟木と稚樹，生存個体と死亡個体など，様々な場合がある．いずれの場合でも，基本的には，上に示したのと同じ方法を使って解析できる（例えば，Nanami *et al.*（1999））．ただし，点の持つ特性の違いに応じて帰無仮説をどうするかを慎重に吟味する必要がある．

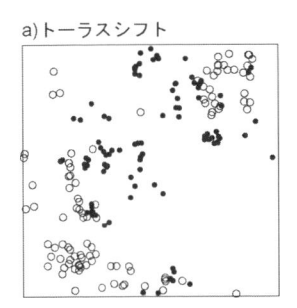

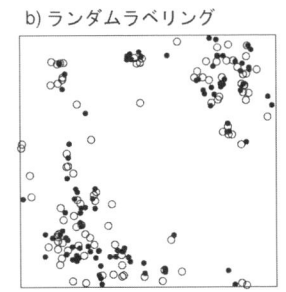

図6.6　トーラスシフト(a)とランダムラベリング(b)の例
　　　　トーラスシフト(a)では，図6.5aの種1（○）の位置を固定したまま，種2（●）の位置をトーラスシフトによって移動させた．トーラスシフトでは，方形区の反対側に位置する2つの境界線を重ね合わせて2次元トーラス（ドーナツ状の立体）を作り，その表面上で点の位置を平行移動させる（詳しくは，伊東ほか（2006））．ランダムラベリング(b)では，点の位置は元のまま動かさず，どの点がどちらの種になるかだけを無作為に入れ替える．ただし，各種の個体数は元と同じにする．

例えば，死亡個体と生存個体の関係などをみたいときには，上で述べた帰無仮説は適切ではない．なぜなら，これらの2種類の点をあわせた全個体の分布は，すでに決まってしまっていて，我々が検討したいのは，全個体のうちどの個体が死亡したかという点だからである．こうした場合，帰無仮説としては，全個体から無作為に死亡個体を選んだ場合の分布を使うのが適切になる（図6.6b）．このシミュレーションは「ランダムラベリング」と呼ばれる．観察された2種間のK関数の値が，シミュレーションで得られた値と有意に違わなければ，死亡は空間的には無作為（ランダム）に生じていると考えるべきだろう．もし死亡率が高い場所と生存率の低い場所が空間的に異なっていれば，K関数の値はシミュレーションで得られる値とは有意に違ってくる．

6.7 樹木個体群の遺伝的な水平構造

個体の特性として遺伝子型（genotype）を考える場合には，空間的自己相関（spatial autocorrelation）の指数として古くから用いられてきたMoran's Iと呼ばれる指数（Moran, 1950）がよく使われる．これは，距離の近い個体の組み合わせと距離の離れた個体の組み合わせの間で，遺伝的な類似度に違いがあるかどうかを解析する方法である．

最も単純な例として，ある個体が対立遺伝子（allele）Aを持っているかどうかを使って考えてみよう．2倍体の種の場合，この対立遺伝子に関する個体の遺伝子型はAA，AX，XXの3種類のどれかになる．ただし，XはA以外のすべての対立遺伝子を表している．2個体の遺伝的類似度が高ければ正の値に，類似度が低ければ負の値になる式を使って，近くの個体間の遺伝的類似度が調査区全体の個体間の類似より高いか低いかを検討する（Moran's Iの式の詳しい説明は島谷（2001）を参照）．近くの個体間の遺伝的な類似度が全個体間の平均的な類似度よりも高ければ，Moran's Iは正の値になり，遺伝的に似た個体が近くに集まっていることを示す．逆に近くの個体間ほど類似度が低ければ（遺伝的に異なった個体が集まっている場合），Moran's Iは負の値になる．このように個体の水平分布と遺伝子型との間に何らかの関係がある状態を「空間遺伝構造（spatial genetic structure）」があると表現する．Moran's Iなど自己相関を表す指数を様々な個体

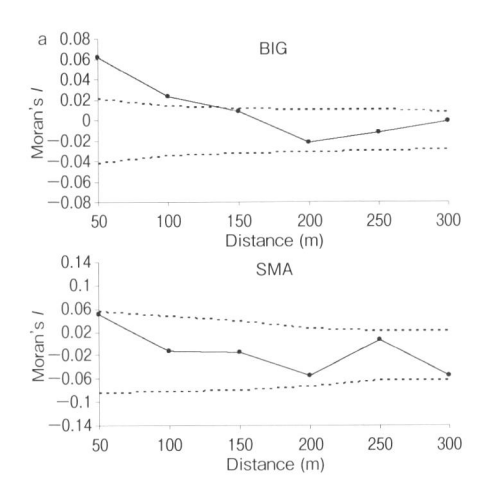

図6.7 Moran's *I* を用いたコレログラムによるフタバガキ科サラノキ属の1種（*Shorea curtisii*）の空間遺伝構造の解析例
BIG, SMA は，それぞれ胸高直径 30cm 以上，5〜10cm の個体についての結果．点線はシミュレーションで求めた 95％信頼区間．BIG では 100m 以下の小さい距離スケールで有意な空間的自己相関があるが，SMA ではどの距離スケールでも空間的自己相関は有意でない（Ng *et al.*, 2006 より）．

間距離で計算して，個体間距離と自己相関指数の関係を表した図をコレログラム（correlogram）と呼び，空間遺伝構造の解析によく使われる（図6.7）．空間遺伝構造がみられる場合，近くの個体ほど遺伝的に異なっていることはまれで，近くの個体ほど遺伝的に似ているのが一般的である．これは，種子散布が母樹の近くに集中すること，花粉の散布される距離が限られていることなどがおもな原因とされている．なお，Moran's *I* の統計的有意性の検定は，先に述べたランダムラベリングと同様のシミュレーションを使って行う．個体の分布（位置）を固定して，各個体の遺伝子型のみを無作為に入れ替える操作を繰り返して，そのつど Moran's *I* を計算する．観察された Moran's *I* の値がシミュレーションで得られた値より大きいか，小さいかで有意性を判定する．

6.8 集中分布するデータの統計解析には注意が必要

先に，ほとんどの樹木種の分布が集中分布であることを述べた．このように個

体が集中分布すると様々な解析に影響が出てくることが理論的に知られている．例として，個体数がどんな地形の場所に分布しているかを順位相関係数を使って統計的に解析する場合を取り上げてみよう．図 6.8a に示すように，500m 四方の調査区に 500 本の樹木個体が分布しているとする．個体の水平構造は，図 6.2b で示したのと同じ方法で集中分布するように決められている．ただし，どの場所に個体が集中するかは，地形を考慮せずに無作為に決めた．次に，調査区を 50m 四方の 100 区画に分けて，それぞれの区画の平均標高と区画に含まれる個体数を計算した．標高と個体数の間に関係があるかどうかを Spearman の順位相関係数を使って解析した（図 6.8b）．個体の位置は地形とは無関係に決めたので，標高と個体数の間には特別な関係はないはずである．

それを確かめるため，同じ操作を 1000 回繰り返し，標高と個体数の間に統計的に有意な相関が見られた回数を計算してみた．その結果，1000 回のうち 269 回（29.6％）で有意（$p<0.05$）な相関が得られた（図 6.8c）．

有意かどうかを $p<0.05$ で検定したのだから，正しく検定が行われていれば，有意な相関係数はおよそ 50 回（5％）程度しか得られないはずである．つまり，この検定では，実際には無関係なはずの標高と個体数の間に統計的に有意な関係があると間違って判断してしまう確率が高くなってしまっているのである．

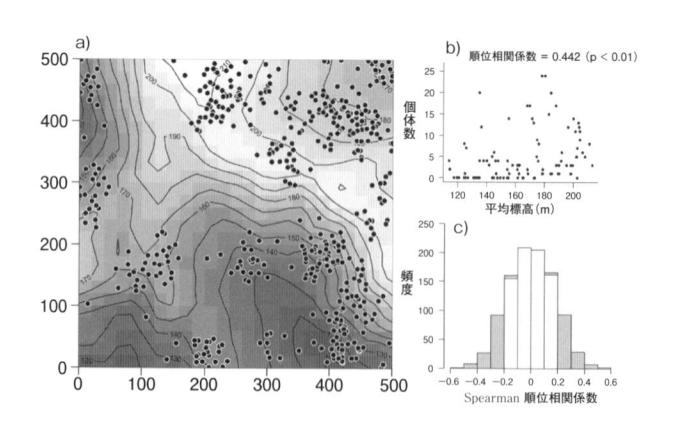

図 6.8　ある地形の調査区内に個体が集中分布するようにしたシミュレーションの例
　　a)はシミュレーションによる個体分布の一例．b)はその時の 50m 四方の方形区の平均標高と個体数の関係と Spearman の順位相関係数．c)はシミュレーションを 1000 回繰り返して得られた平均標高と個体数の間の順位相関係数の頻度分布．白は，一般的な検定で相関が統計的に有意でないもの（$p>0.05$），灰色は有意なもの（$p<0.05$）．

個体の分布自体が集中分布していなくても，死亡の起きる場所が集中する場合にも同様の問題が生ずる．例えば，ある地形の調査区に図6.2aに示したものと同じランダム分布をする樹木があったとしよう．これらの樹木の死亡率には強い自己相関があり，ある個体が死ぬとその個体の50m以内にある個体の死亡率も80％になると仮定する．例えば林冠ギャップの生成に伴う周辺樹木の死亡などを考えれば，このようにある範囲の個体のみが高い死亡率となることは十分にありうるだろう．そのような死亡率の高い場所が調査区中に20ヶ所くらい発生すると仮定してシミュレーションを行ってみた．ただし，死亡率の高い場所がどこに発生するかは，まったく無作為に選ぶ．したがって，このシミュレーションでは地形と樹木の死亡率には何の関係もないはずである．先と同様にシミュレーションを1000回繰り返し，その都度，平均標高と死亡率の関係をSpearmanの順位相関係数を使って解析した（図6.9）．その結果，1000回のシミュレーションのうち，141回（14.1％）で有意な相関（$p<0.05$）がみられた．最も多くみられた順位相関係数は，無相関から予想される0ではなく，やや正の相関に偏った0.1〜0.2であった（図6.9c）．実際には，死亡率と標高には何の関係もないはずなので，この場合も，有意な相関があると誤って結論してしまう可能性が高くなるこ

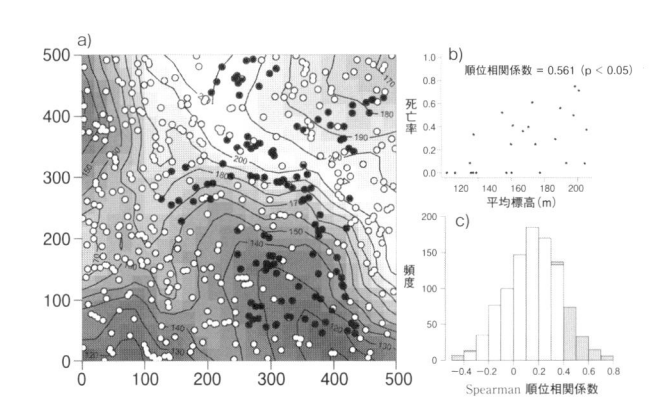

図6.9 ある地形の調査区内にランダムに分布する個体の死亡が空間的に集中する場合のシミュレーションの例
  a）はシミュレーションによる生存個体（白丸）と死亡個体（黒丸）の分布の一例．b）はその時の100m四方の方形区の平均標高と死亡率の関係とSpearmanの順位相関係数．c）はシミュレーションを1000回繰り返して得られた平均標高と個体数の間の順位相関係数の頻度分布．白は，一般的な検定で相関が統計的に有意でないもの（$p>0.05$），灰色は有意なもの（$p<0.05$）．

とがわかる．

　ここで示したのは，2つの例のみだが，空間的自己相関があるデータでは，一般的な検定を使うと誤った結論を出してしまう可能性が高くなる傾向がある．これは，空間的自己相関のために，個々のデータが完全に独立ではなくなってしまうことが原因である．一般的な検定は，データを無作為（ランダム）に選び，各データの値が互いに独立していることを前提としている．ところが，空間的自己相関がある場合には，この前提が成り立たないことが少なくない．例えば，上で述べた死亡率の場合，死亡個体は無作為ではなく，空間的に集中するように選ばれている．そのため，ある死亡個体がたまたま標高の高い場所に分布すると，別の死亡個体も標高の高い場所に多く分布することになってしまう．つまり，死亡個体の持つ標高データは互いに独立して選ばれるのではなく，近い標高のものが偏って選ばれてしまうことになる．最初の個体が死亡したのは，標高だけが原因であったかも知れないが，周辺の別の個体の死亡は標高だけが原因ではなく，たまたま初めの死亡個体の近くにいたことが原因になっている可能性がある．そのため，こうしたデータを使って統計的な解析をする場合には注意が必要である．最近では，空間的自己相関のあるデータを統計解析するために，コンピュータ・シミュレーションなどを使った様々な解析方法が考案されている（伊東ほか(2006)）．

6.9　観察された分布から生態プロセスを推定できるか？

　前節では，空間的自己相関のあるデータが統計的検定にとって厄介な存在であることを述べた．一方，最近になって，空間的自己相関を生態プロセスの推定に利用するための解析方法が少しずつ，開発されてきている．例えば，島谷・久保田（2006）は，どんな生態プロセスを組み込んだモデルが，実際に観察されたトドマツの水平構造と矛盾しないかを pair correlation function と呼ばれる関数を使って評価し，そこで生じている生態プロセスを推定する試みを行っている．その結果，トドマツの更新には林冠ギャップが必要で，かつ，林冠ギャップの形成頻度が標高に影響を受けるモデルが観察された水平構造と矛盾が少ないことが示された．Wiegand *et al.*（2007）や Lin *et al.*（2011）も，熱帯雨林の樹木について

同様の研究を行い，種の水平構造を決める上で立地環境（光環境，地形，土壌条件など）とそれ以外の要因（種子散布，種間競争など）のどちらがより重要なのかを解析しようとしている．

　これらの研究は，森林の水平構造データから複数の生態プロセスを分離して評価できるように工夫しているのが特徴である．例えば，種子散布と立地環境の2つのプロセスを考えてみよう．まず，種子散布のみ，立地環境のみで水平構造を決める2つのモデルを作る．それぞれのモデルを使って，コンピュータ・シミュレーションを繰り返して大量の水平構造を作ってみる．どちらのモデルによって作られた水平構造が現実のデータとより似ているかによってモデルの良し悪しを判定するのである．最近では，モデルのパラメータや当てはまり具合を判定する様々な手法が開発されているが（例えば，島谷・久保田，2006；Lin $et\ al.$, 2011；Waagepetersen & Guan, 2009），ここでは，単に見た目の印象を述べるにとどめる．

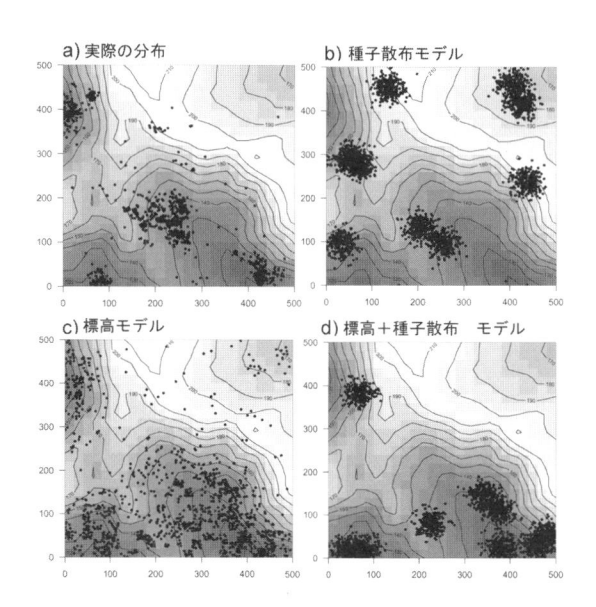

図6.10　生態プロセスを組み込んだモデルによる樹木の水平構造のシミュレーションの例
　　a)は実際に観察された水平構造．b)は種子が親木の周りにのみ散布されることで集中分布が生ずることを組み入れたモデル（Neyman-Scott process）の例．b)は標高によって個体の分布密度が異なることを組み入れたモデルの例．d)は標高による分布密度の違いと種子分散の両方を組み込んだモデルの例．それぞれのモデルのパラメータは，実際の水平構造から推定したものを用いている．調査区は500m四方．

シミュレーションの例を図 6.10 に示した．種子散布のみのモデル（図 6.10b）は，図 6.2b と同じ Neyman-Scott process を用いている．そのため，実際に観察されたものとよく似た小さい空間スケールでの集中分布ができている．しかし，実際の分布は，標高の低い場所に個体が偏っているように見えるが（図 6.10a），これを再現できていない．一方，標高による密度の違いを組み込んだモデル（図 6.10c）は，標高によって点の密度が変わるようにしてある．そのため，実際の分布のように標高が低い場所ほど多くの個体が分布している．しかし，このモデルでは，標高が同じならほぼ同数の個体が分布するため，実際の分布にみられるような小さい空間スケールでの集中分布がみられない．そこで，種子散布と標高の影響の 2 つのプロセスを同時に組み込んだモデル（Neyman-Scott process で初めに選ぶ点の位置を標高によって変化させたもの）を作ってシミュレーションを行ってみた．こうすることで，低標高で個体密度が高くなること，小さい空間スケールで集中分布をすることの 2 点を再現することができた（図 6.10c）．しかし，実際の水平構造では標高の高い場所にもまばらに個体がみられる点や個体が集中する範囲が場所によって異なっているように見える点など，まだ不十分な点が残っているように思える．さらに別の生態プロセスを組み込むなど，モデルを改良することで，より現実の水平構造に近づけることができるかもしれない．このようにしながら，水平構造の背後に隠れている生態プロセスを見つけ出していくのである．

　こうした方法を使う場合に注意を払っておくべきことがある．それは，同じ水平構造が複数の生態プロセスから生じうるという点である．現実の水平構造が特定のモデルで再現できたとしても，それが現実を説明する唯一のモデルとは限らない．他にも同じ水平構造を再現できるモデルが存在することが少なくない．そのため，ある時点での水平構造のデータのみからでは，その背後にある生態プロセスを完全に特定することは，現実的には難しい．しかし，本章の初めで述べたように，森林の水平構造には長い間の生態プロセスの蓄積が刻まれているはずであり，現在の水平構造を最もよく説明できるプロセスモデルを探索すること自体は，森林の生態プロセスの研究として十分に意義がある．現在，長期にわたる森林動態データが世界各地で蓄積されつつある．将来は，それを使って，探索した生態プロセスモデルが実際に働いているかどうかを動的な面から検証していくことが重要になる．

第7章 森林の垂直構造

石井弘明

7.1 はじめに

　森林は陸域で最も地上部構造が発達する生態系である．海洋生態系では一次生産者である植物プランクトンから始まり食物連鎖の高位に行くほど生物が大型化するが，森林生態系では一次生産者である樹木が最大の生物であり，樹木が光合成によって固定したエネルギー（純一次生産量，第14章）のうち，草食・肉食動物を含む消費者が食物として利用できるのは，ほんの一部に限られている．森林生態系における純一次生産量のうち呼吸によって消費されない部分のほとんどは木部構造として樹木個体に蓄積されるか，落葉・落枝として土壌に供給される．森林生態系において樹木は地上部構造を作り出す生態系の構築者（ecosystem engineer）であり，多くの生物は樹木が提供する空間構造を住み場所として利用している（Jones et al., 1994；武田，1994）．したがって，森林の空間構造が発達するほど，多様な生物が住む，豊かな生態系になる（Lindenmayer & Franklin, 2002；Ishii et al., 2004）．

　森林生態系を特徴づけるのは，樹木が作り出す垂直構造である．樹木は光合成に必要な光エネルギーを得るために，樹高成長を行うが，すべての樹木は，最初は高さ数センチの小さな実生であり，稚樹・幼樹・若木・成木といった成育段階を経て1000～10000倍の大きさにまで成長する．成熟した森林は様々な樹高の個体によって構成されており，葉も林床から梢まで広い範囲に分布している．また，成木の最大樹高（Box 7.1）は樹種ごとに異なり，森林群落を構成する樹種は最大樹高の違いによって低木・亜高木・高木などに分類される．森林の発達とともに成育段階の異なる様々な個体や最大樹高の異なる多様な樹種が存在するようになるため，森林の垂直構造が複雑になる．

　森林における種の垂直分布は群落の遷移や発達段階を反映しており，それぞれの群落の種構成や森林構造を特徴づける．また，個体の垂直分布は光をめぐる樹

木個体間の相互作用（第11章）を反映し，葉の垂直分布は群落内における光エネルギーの垂直分布を規定する（第14章）．さらに，森林の垂直構造は森林を住み場所として利用する多種多様な生物の種間相互作用（第12章）や群集動態など，様々な生態系過程と密接にかかわっている．本章では森林の垂直構造について，種の垂直分布，個体の垂直分布および葉の垂直分布について解説し，森林の垂直構造が果たす生態学的機能について考察する．

Box 7.1

樹木の最大樹高はどうやって決まるのか？

　木本植物は生活型の違いによって，低木，亜高木，高木，藤本（とうほん）に分類され，樹種ごとに固有の最大樹高がある．最大樹高の違いはそれぞれの樹種が光資源や生活空間を獲得するために異なる戦略をとるように進化した結果であると考えられる（石井ほか，2006）．一方，個々の樹木の最大樹高は生理学的な成長制限要因に規定されている．樹木は年齢とともにサイズが増大するため，成長を制限する要因として年齢とサイズを分離することが難しい．しかし，最近の研究では老木の枝を若い台木に接木すると，数年で成長量が回復することや（Mencuccini *et al*., 2007；Matsuzaki *et al*., 2005），成長量が低下した老木の樹冠内では萌芽による分裂組織の若返りが常に起こっていることなどから（Ishii *et al*., 2007），樹木の成長を制限するのは樹齢ではなく，個体サイズであると考えられている（鍋島・石井，2008）．

　幹や枝など，樹木の木部組織は光合成器官である葉を支持すると同時に，根から吸収した水や養分を葉に供給する機能を果たしている．樹高が高くなるほど，根から葉までの通水距離や分岐回数が増えるため，通水抵抗が増大し，末端の葉への水分輸送が困難になる（Tyree & Zimmermann, 2002）．高木の末端の葉では，蒸散要求に対して水分供給が追いつかないため葉が水分不足に陥り，葉の形態や光合成をはじめとする生理機能が制限されるため，成長量が低下すると考えられている．世界で最も樹高が高くなるセコイアメスギ（*Sequoia sempervirens*）を対象に行われた研究では，樹冠の高い位置の葉ほど，葉への水分供給が困難になる．葉の乾燥を防ぐため，樹冠の上ほど葉の表面積に対する重量（比葉重）が大きくなり，重量あたりの光合成速度が低下する．さらに，厚い葉では気孔から取り込んだ CO_2 の葉内拡散速度が低下するため，光合成効率が低下する．これらの生理的な変化が限界値に達するのがいずれも約120mであることから，これがセコイアメスギの生理的最大樹高であると考えられる（図a；Koch *et al*., 2004）．

　現存するセコイアメスギの最大樹高は2006年現在，樹高115.5mであった．したがって，生理的な内部要因の他に，先端部の損傷などの外部要因が樹高成長を制

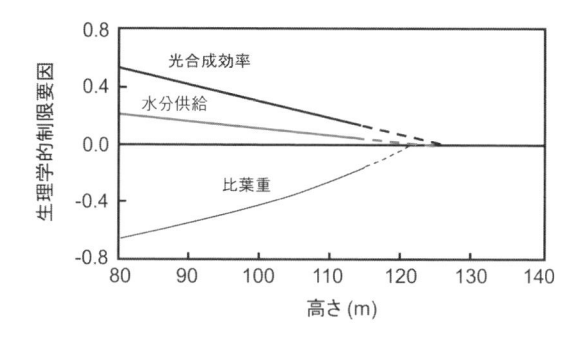

図a　セコイアメスギにおける生理学的な成長制限要因と高さの関係
　　Y軸は成長量がゼロになる値に対する相対値．実線は観測値．点線は推定値（Woodward, 2004を改変）．

限していると考えられる．風害や冠雪害が頻繁に起こる地域では，樹冠部が物理的に破壊される結果，生理的最大樹高に達する前に樹高成長が制限される．例えば，屋久島の針広混交林では林冠木のヤクスギが頻繁に台風による樹冠撹乱を受ける（Ishii et al., 2010）．直径－樹高関係から最大樹高を推定した結果，樹冠撹乱を受けた個体の樹高は，撹乱を受けていない個体と比べて，16〜26%低かった．屋久島では台風による撹乱がスギの最大樹高を規定している．スギは本州全体に分布しているが，一般に北に行くほど樹高が高くなり，秋田県の仁鮒水沢のスギが日本で最も樹高が高い（約58m）．

7.2　種の垂直分布と群落動態

　樹木は成木の最大樹高によって，高木・亜高木・低木に分類される．定性的な観察から，森林では高木層，亜高木層，低木層といった種の成層構造[1]（階層構造，stratification）が存在するとされてきたが，これは便宜上の分類であって，実際の種の垂直分布は連続的で，三層に明確に分かれているわけではない（Parker & Brown, 2000）．例えば，北海道の冷温帯林では樹種ごとに葉の垂直分布に固有のピークがみられるが，森林全体では葉や樹高の垂直分布は連続的で，明瞭な成層

---

[1] 成層構造（stratification）：高木層・亜高木層・低木層など，森林における種や個体の垂直方向に不連続な層状分布パターン．一般に「階層構造」と訳されるが，本書冒頭の「用語の定義」にもあるようにこの訳語はhierarchyと同じであるため混乱を招く．そこで本章では，これに替わる訳語として「成層構造」を提案し使用する．

構造はみられない（Ishii *et al.*, 2004）．また，樹種によっては成木から実生まで様々な高さの個体が連続的に存在するものもある．

　裸地から始まる植生遷移において，最初に定着する樹木は明るい環境を好む陽樹である．遷移初期の森林では，侵入・定着時期の異なる様々な成育段階や樹形の陽樹が互いに競争しあいながら存在する結果，森林の垂直構造が形成される（Palik *et al.*, 1993）．陽樹は明るい環境で旺盛な成長を示す一方，暗い環境が苦手である．多くの陽樹では，母樹の下は暗すぎて実生が生育することができない．暗い環境で生存する能力を耐陰性（shade tolerance）[2]と呼ぶが，陽樹はその名のとおり，耐陰性が低い性質を持っている．したがって，陽樹林の下層には陽樹の実生はほとんどみられず，耐陰性の高い陰樹の実生が定着する．陰樹は暗い環境でも少しずつ成長することができるので，遷移後期の森林へと移行するにつれて，成木から実生まで様々な大きさの陰樹が陽樹とともに存在するようになり，森林の垂直構造はさらに発達する．

　北米西海岸の温帯針葉樹林の原生林は樹高50mを超える巨木が林立し，地上部現存量が4000t/haを越える，世界で最も垂直構造が発達する森林の1つである．この地域では，森林火災後の二次遷移において，陽樹であるアメリカトガサワラ（*Pseudotsuga menziesii*）が遷移初期の森林で優占する．しかし，アメリカトガサワラは耐陰性が低く，母樹の下で更新することができないため，遷移の進行とともに，より耐陰性の高いアメリカツガ（*Tsuga heterophylla*）やウツクシモミ（*Abies amabilis*），アメリカネズコ（*Thuja plicata*）などが侵入・定着する．多くの森林では遷移後期に陰樹が林冠に達すると陽樹が徐々に姿を消すが，アメリカトガサワラは陰樹性の樹種よりも最大樹高が高く（図7.1），寿命が長いため，600～800年程度まで林冠木として存在し続ける．さらに林齢が300年以上の老齢林（old-growth forest）ではタイヘイヨウイチイ（*Taxus brevifolia*）など耐陰性の高い亜高木が定着し，成育段階や最大樹高，耐陰性の異なる様々な樹木個体が存在することによって高さ70mに及ぶ複雑な垂直構造が発達する（図7.2）．

　わが国の自然林においても遷移の進行とともに垂直構造が発達する．日本の暖温帯の潜在自然植生は常緑広葉樹林であるが，これらを伐採した後にはコナラや

---

[2] 耐陰性（shade tolerance）：植物の生存に必要な最小限の光量（Valladares & Niinemets, 2008）．植物個体は暗すぎると枯死する．林内の暗い場所でも生存できる種は耐陰性が高く，明るい場所でなければ生存できない種は耐陰性が低い．

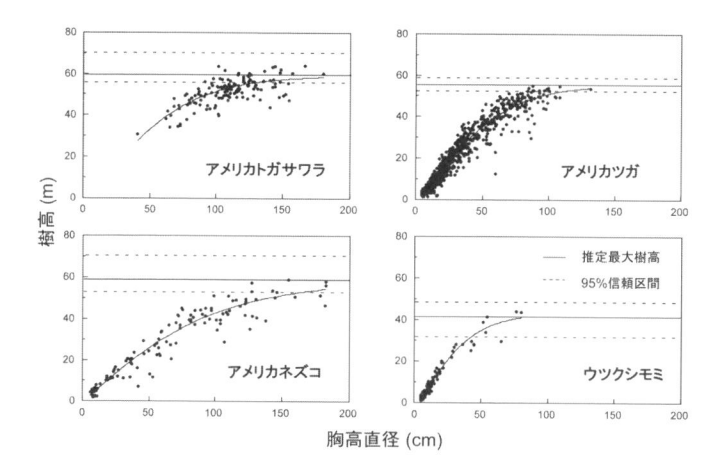

図7.1 500年生の北米西部温帯針葉樹林における主要樹種の直径－樹高関係から推定した最大樹高
実線が最大樹高の推定値．点線は95%信頼区間．Ishii et al.（2000）を改変．

図7.2 500年生の北米西部温帯針葉樹林における森林の垂直構造の模式図
遷移が進行し森林が発達すると稚樹・幼樹・若木・成木（例：ウツクシモミ①～④）といった成育段階の違いや，低木・亜高木・高木などといった最大樹高（H_{max}）の違いが広がり，垂直構造が発達する．林冠の最上層ではアメリカトガサワラ（Pm）が優占するが，陽樹であるため若木や幼・稚樹が存在しない．アメリカツガ（Ts）とアメリカネズコ（Tp）はすべての高さに存在する陰樹である．ウツクシモミ（Aa）も陰樹であるが，最大樹高が低いため45m以下の高さにしか存在しない．タイヘイヨウイチイ（Tb）は耐陰性の高い亜高木種で，最大樹高は20m未満である（Van Pelt & North, 1997を改変）．

クヌギなどの陽樹性の落葉広葉樹が優占する二次林が成立することがある．日本人はこのような遷移途中の状態を人為的に維持し，薪炭材や肥料を得るために里山として利用してきた（第15章）．しかし，多くの里山が利用されなくなった現在，遷移が進行し，陽樹に混じって常緑性の陰樹の割合が増加している．落葉広葉樹が優占していた二次林に耐陰性の高い常緑性の高木や亜高木，低木などが侵入すると，森林の垂直構造が複雑化する．

　様々な樹種が混在し，複雑な垂直構造が発達する日本の特徴的な森林として，広葉樹と針葉樹の混交林（針広混交林，conifer-broadleaf mixed forest）がある．北海道などの亜寒帯の針広混交林ではトドマツやエゾマツと落葉広葉樹が混交し，本州の亜高山帯ではシラビソ・オオシラビソなどの針葉樹に落葉広葉樹が，太平洋側温帯ではモミやツガなどの針葉樹に落葉または常緑の広葉樹が混じる（第1章）．また，屋久島の山地ではスギと常緑広葉樹が優占する針広混交林がみられる（大澤ほか，2006）．針広混交林では針葉樹のほうが広葉樹よりも最大樹高が高いことが多い．例えば，屋久島では針葉樹と広葉樹の垂直分布が明瞭に分かれているのが特徴である（図7.3，Inoue & Yoshida, 2001；Ishii *et al.*, 2010）．屋久島の針広混交林では，スギやモミ，ツガなどの針葉樹が林冠の最上層で優占するが，これらの最大樹高は台風によって生じる幹折れや先枯れなどの損傷によって制限されている．針葉樹の樹冠の下ではスギの実生はほとんどみられず，耐陰

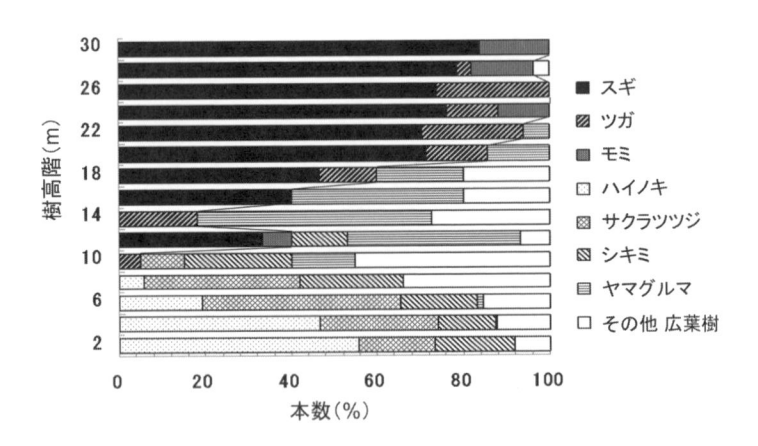

図7.3　屋久島の針広混交林の垂直構造
　　　　林冠を2mごとの高さに分け，それぞれの高さにおける各樹種の本数割合を表している．棒グラフの間の線は針葉樹と広葉樹の区別を表している（Ishii *et al.*, 2010を改変）．

性の高い常緑広葉樹種が優占する．

7.3 個体の垂直分布と個体間相互作用

　森林の下層ではそれぞれの樹種の発芽・成長に適した立地条件や種子の散布された場所が集中するため，樹種は集中分布を示すことが多い（第6章）．しかし，局所的に立木密度が高くなると，個体間競争による間引きが起こり（第11章，第14章），樹木の成長とともに集中の度合いは低下する．競争に勝ち残ったそれぞ

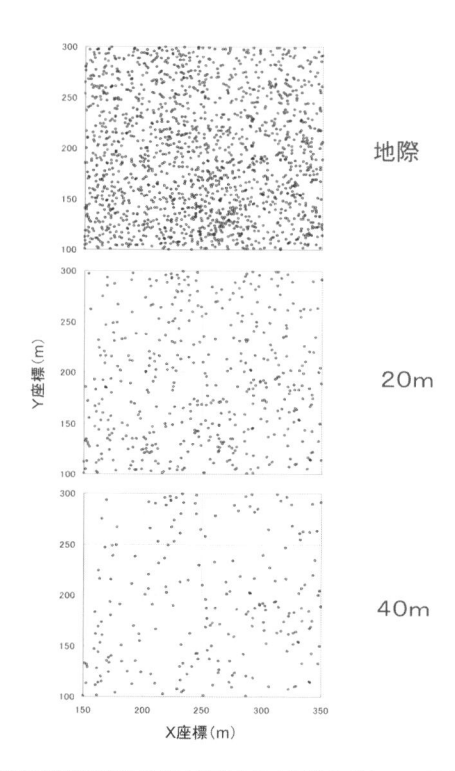

図 7.4　500 年生の北米西部温帯針葉樹林における樹木の水平分布パターンの垂直的変化
　　森林を地際，20m および 40m で切ったときの樹幹位置を表す断面図．地際ではいくつかの集中班がみられるが，20m になると個体数が少なくなり，個体間距離が比較的均等になる．40m は高木種の成木だけで構成されており，個体の枯死によって生じた林冠ギャップが存在する（Ishii et al., 2004 を改変）．

れの個体が必要とする樹冠面積を確保する結果，成長とともに樹木個体の水平分布は均一なパターンへと変化していく（第6章）．このような時間的な変化は森林の垂直構造にも見出すことができる．北米の温帯針葉樹林では，樹高の低い個体は集中分布を示し，樹高が高くなるほど水平分布パターンが均一になる（図7.4）．また，広葉樹林では樹幹が垂直に立っていないことが多いため，根元位置が集中分布していても，お互いの樹冠が離れる方向に成長する結果，上層では樹冠は均一に分布するようになる（梅木，1996；隅田，1996）．さらに，老齢林では高木の枯死によって生じた林冠ギャップや幹折れや先枯れなどの樹冠撹乱といった確率論的な要素が加わるため（第8章），上層における個体の水平分布パターンがより複雑になる．

上記のような樹木個体の分布パターンの垂直的変化は必ずしも連続的なわけではない．森林では樹高の低い個体が多く，樹高の高い個体ほど少ないのが一般的だが，ある高さ（例えば林冠が閉鎖する高さなど）を境に個体数が急に減少することがある．このような個体の成層構造は屋久島の針広混交林や沖縄の亜熱帯林などで観察されている（Inoue & Yoshida, 2001；Feroz et al., 2006）．

7.4 葉の垂直分布と光合成生産

森林の生産性を担うのは葉の光合成生産である．一定面積の森林に含まれる葉面積を土地面積で割った値を葉面積指数（leaf area index, LAI）という．LAIは常緑広葉樹林で5〜9，落葉広葉樹林で3〜7，常緑針葉樹林で4〜20，落葉針葉樹林で4〜13であり，落葉樹林よりも常緑樹林，広葉樹林よりも針葉樹林で大きな値を示す傾向がある．一般に，LAIが大きな森林ほど生産量や現存量が大きくなる（Asner et al., 2003；詳しくは第14章参照）．

森林生態系の光合成生産は光合成を行う葉の垂直分布と光合成に必要な光の垂直分布パターンに規定される．森林の群落光合成モデルでは，森林の林冠の上から下へ向かうにつれて，光が指数関数的に減少するBeer-Lambert則を用いて光量の垂直変化を表す（Monsi & Saeki, 2005，第14章）：

$$I = I_0 e^{-KF} \tag{7.1}$$

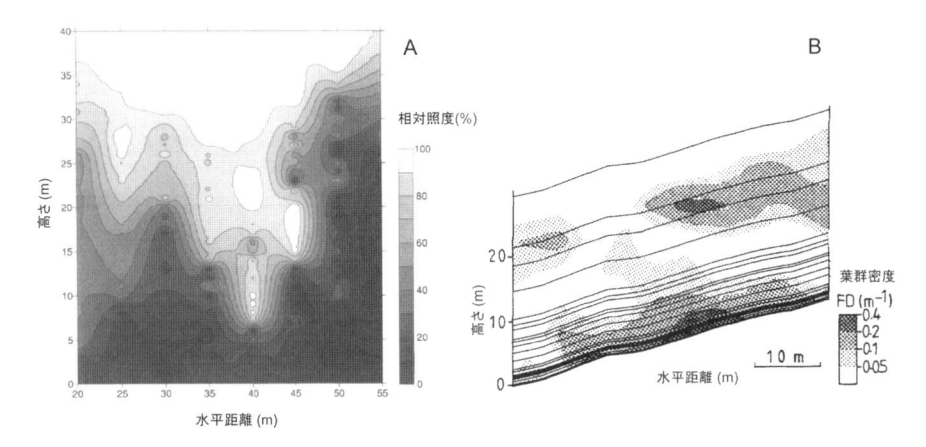

図 7.5　A) 北米東部冷温帯落葉広葉樹林（メリーランド州沿岸部）の林冠ギャップにおける相対照度の垂直分布（Parker & Brown, 2000 を改変）．B) 大山の冷温帯落葉広葉樹林における葉の垂直分布（Koike & Hotta, 1996 を改変）．葉群密度 FD は，高さ 1 m あたりの葉の枚数．

ここで，I は林冠内のある高さにおける光量，I_0 は林冠の上の光強度，K は吸光係数（extinction coefficient），F は積算葉面積指数である．この式は，一定量の葉を通過すると光量が一定の割合で減少することを表している．この法則は作物や人工林など葉の分布が比較的均一な植生には当てはまるものの，自然林や不均一に間伐された人工林では成り立たないことが知られている．例えば，立木密度が不均一な自然林や強度間伐を行った高齢人工林では，林冠の下層で光量が増加する場合もある．一般に林冠の上層は全体的に明るく，下層の光環境は上層と比べるとより均一である．上層から下層への移行帯では明るい場所と暗い場所が存在し，光環境の水平的な変異が大きい（Yoda, 1974；Parker, 1997）．よって，構造的に複雑な森林では図 7.5 に示すような林冠表面からの深さに伴う光環境の連続的な変異を明らかにする必要がある．

7.5　森林の垂直構造と生産性・多様性

森林の垂直構造が発達すると，光合成における直達光・散乱光の利用様式や季節性・日変化パターンの異なる様々な樹種が存在するようになり，時間・空間的に光エネルギーを相補的に利用するようになると考えられる（Ishii & Asano,

2010).例えば,陽樹は強い直達光を好み,陰樹は林冠を透過してきた散乱光をおもに利用する.強い光に適応した陽樹の葉は高い最大光合成速度を有する一方で,生理活性が高いため,呼吸量が高い.したがって,弱光条件では総光合成量から呼吸量を差し引いた見かけの光合成量が少なくなってしまう.一方,陰樹の葉は最大光合成速度が低いが,弱光条件では陽樹の葉よりも高い光合成速度を示し,呼吸量が低いため見かけの光合成量がゼロになる光補償点が低い.同じ森林の中に陽樹と陰樹が存在する場合,それぞれ林冠の強い直達光と林内の弱い散乱光をおもに利用して光合成を行う結果,森林に降り注ぐ光エネルギーを相補的に利用していると考えられる(Ishii & Asano, 2010).また,落葉樹と常緑樹といった着葉期間の季節的な違いによって光エネルギーの時間的な使い分けが生じる.例えば,暖温帯落葉樹林の下層に生育する常緑樹は,年間光合成生産量の半分以上を落葉樹の葉がなくなる秋から翌春にかけて行っている(Miyazawa & Kikuzawa, 2005).さらに,1日の中でも光合成を行う時間帯が樹種によって異なることが知られている.北海道の冷温帯落葉樹林では,イタヤカエデ(*Acer mono*)の光合成速度が午前6時頃にピークを示した後,時間とともに低下するのに対して,ウダイカンバ(*Betula maximowicziana*)の光合成速度は早朝に低い値を示すものの,午前9時にピークを迎え,その後低下する(Ishii *et al.*, 2004).

このように,多数の樹種が同所的に生育し,相補的に資源を利用するようになると,生態系全体の資源利用効率が高まると考えられている(Perry, 1994;Ishii & Asano, 2010).したがって耐陰性や常緑性・落葉性の違い,光合成の日変化パターンの違いなどの光利用様式の異なる様々な樹種が存在し,複雑な垂直構造を持つ森林ほど生産性が高くなることが予想される(多様性―生産性仮説;Hiura *et al.*, 2001).例えば,広葉樹だけで構成される森林と針広混交林の生産性を比較した研究では,後者の生産性のほうが高く,針葉樹の断面積や現存量が付加的であることが指摘されている(Aiba *et al.*, 2007).森林群落における多樹種共存機構については諸説あるが,このうち森林構造仮説(甲山,1993)では,最大樹高が大きい樹種ほど繁殖能力が低く,肥大成長速度が遅くなるため,樹高成長への資源分配が異なる様々な樹種が共存し,森林の垂直構造が発達すると考えられている(第11章).また,垂直構造が発達することで,光エネルギーという資源軸上において,それぞれの樹種が異なる時間・空間的ニッチを占めることで多樹種共存が可能になると考えられる.

一次生産量の大きな森林ほど，植物によって固定されるエネルギー量が多いため，食物網が豊かになり，生物多様性が増大することが予測されるが（Tilman et al., 1997），冒頭でも述べたように，森林生態系では一次生産量のほとんどは木部構造や土壌有機物など，消費者が食物として利用しにくいかたちで蓄積されてしまう．したがって，森林生態系では樹木が作りだす空間構造，なかでも発達した垂直構造が他の生物にとって多様な生活空間を提供し，生態系全体の生物多様性を支えていると考えられている（武田，1994）．北米の温帯針葉樹林において，針葉を間引いたり枝どうしを結び合わせるなどして，樹冠の構造を人為的に操作した実験では，より複雑な構造ほど，そこに生息する節足動物の多様性が高くなることが示された（Halaj et al., 2000）．また，北米の人工林では，間伐を行い林冠構造を複雑にすると，哺乳類の多様性が増大する（Carey & Wilson, 2001）．森林生態系では最大の生物である樹木が作りだす構造を土台（habitat template）として，多様な生物が共存している（Southwood, 1977）．

　人間活動の拡大によって，地球上の陸域生態系の多くが破壊され，宅地や農地などの人工的な景観に変わってしまった．自然林を伐採し，構造が単純な人工林に転換することによって二酸化炭素吸収，水源涵養，侵食防止，気象緩和など森林の様々な公益的機能が低下する（Harmon et al., 1990）．同じ年齢の苗木を一斉に植えることによって成立した人工林は，単一樹種・単層の構造的に単純な森林であるため，短期的には高い木材生産を実現することができるかもしれないが，その他の生態系機能は自然林よりも低くなる．最近では，人工林の生態系機能や生物多様性を増大させることを目的として，強度の間伐を行うことで林冠構造を複雑にし，造林木以外の樹種が下層や林床に生育できるようにする施業が考案されている（藤森，2002）．人工林の林冠構造を改変すると，林床植物の多様性や現存量が増大し，これに追随するかたちで昆虫や小動物の多様性も増大する（Maleque et al., 2009）．複雑な垂直構造が発達する森林ほど，樹木が構築した空間構造が多くの生物の共存を可能にし，生態系機能が増大するからである．

第 8 章 森林のギャップダイナミクス

真鍋 徹

8.1 ギャップダイナミクスとは

　森林全体を破壊するような大規模撹乱の再来間隔が十分に長いために極相状態に達したとみなせる森林（以後，極相林とする）は，自然撹乱による林冠層の部分的な崩壊（ギャップ形成）と再生を繰り返す空間的・時間的に不均質な存在である．このギャップ形成に端を発する極相林の維持機構は，ギャップダイナミクス理論（gap dynamics theory）あるいはギャップ理論（gap theory）として一括することができ（山本，1981；Yamamoto, 1992；McCarthy, 2001），世界各地の森林で広く認められている（図8.1）．なお，ここでいう撹乱は，生態系や生物群集，個体群の構造を崩壊させ，資源や基質の利用可能性，物理的環境を変化させる時

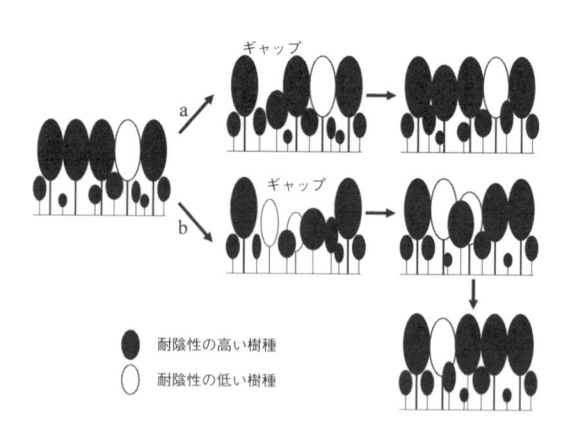

図8.1　ギャップダイナミクス理論の模式図
　　　　小さなギャップは耐陰性の高い樹種の前生樹の成長によっておもに修復される(a)が，大きなギャップでは埋土種子や新たに散布された種子から加入・定着した耐陰性の低い樹種も成長し林冠層に到達することができる(b)．新たに形成されたギャップ内をギャップ相，前生樹や新たに加入・定着した個体がギャップ内で成長している空間を建設相，林冠層が修復された空間を成熟相という．極相林は，このような異なる発達段階にある相の空間的なモザイク構造をしている（Yamamoto, 2000 を改変）．

間的に不連続なイベントと定義できる（Pickett & White, 1985；第3章）．

本章では McCarthy（2001）の総説に基づき，ギャップおよびギャップダイナミクスを次のように定義する．

ギャップ（gap）：単木あるいは数本の林冠木の枯死，倒木，幹折れなどによって林分（forest stand）内に形成される物理的空間あるいは（生物の）生息・生育空間．林冠層の欠損面積（林冠ギャップの面積）は一般に200m^{2}以下．

ギャップダイナミクス（gap dynamics）：ギャップの形成パターンや頻度，サイズ，変遷過程の空間的・時間的な変化．ギャップ形成は，一般に，1本から数本の林冠木の枯損による．この林冠の小スケールあるいは微小スケールの撹乱によって生じるギャップは，前生樹（advance regeneration）あるいは埋土種子や散布種子由来の加入実生によって占められることが多い．また，ギャップ周辺の林冠木の枝の側方伸長（lateral expansion）も，ギャップの閉鎖に貢献する場合がある．

このように McCarthy（2001）は，ギャップは単木または少数の林冠木の枯損による小規模な林冠欠損部を意味し，ギャップダイナミクスはそのようなギャップ形成を引き金とする林冠欠損部の修復あるいは変遷過程に限定している．

森林の樹木が個体の寿命を超えて次世代の個体に交代することを更新（regeneration）というが，以下では森林の更新過程におけるギャップダイナミクスの役割，特にギャップ相での樹木の挙動の理解に向け，ギャップ形成にかかわる諸要因や，ギャップ形成による森林内部の環境変化，それら環境変化に対する樹木の反応などを紹介する．

Box 8.1

森林の更新に果たすギャップ形成の意義の認識の歴史

　自然撹乱が森林の更新にきわめて重要な役割を果たすことを広く知らしめたのは，White（1979）であろう．それまで，森林を変化させる駆動力はおもに生態遷移であると考えられており，自然撹乱の重要性はほとんど認識されていなかった．White によるこのパラダイムの転換の契機となった研究は，1919 年から発表された Watt によるヨーロッパブナ林の一連の研究にさかのぼることができる（例えば，Watt（1947））．

　Watt は，ブナ極相林はギャップの形成とそれを出発点とする様々な発達段階にあるパッチ（あるいは相）が空間的にモザイク状に入り組んだ存在であることを示

し，ギャップ形成とその後の修復・再生の繰り返しによって極相林が維持されるとした．そして，極相林が発達段階の異なるパッチの複合体とみなせることから，そのような構造をした極相林を再生複合体（regeneration complex）と名づけた．

Richards (1952) は，Watt の説と同様な機構で維持されているとみなされたコートジボワールの熱帯多雨林の維持機構を，モザイク再生説（mosaic theory of regeneration）と呼んだ．また，Whitmore (1978) は，マレー半島の熱帯多雨林がギャップ相（gap phase），建設相（building phase）および成熟相（mature phase）と呼ばれる発達段階の異なる相から形成されていること，ギャップ相→建設層→成熟相→ギャップ相といった循環的な相の変遷によって森林が維持されていることに言及し，これを森林成長サイクル（forest growth cycle）と呼んだ．Runkle (1981) も北米の落葉広葉樹林において，ギャップ内で稚樹が盛んに定着・成長していること，それによって極相林が維持されていることを見いだし，この現象をギャップ更新（gap regeneration）と名づけた．

森林の更新とギャップとの関係の認識は，より古くまでさかのぼることができる．Liu & Hytteborn (1991) によると，Cooper は 1913 年に，スウェーデンの針葉樹林でのギャップの存在に言及している．Serander は 1936 年に，スウェーデンの針葉樹林が継続的な倒木によって成熟段階の異なるモザイク構造をしていることを示し，この構造を暴風-ギャップ構造（storm-gap structure）と呼んでいる．

8.2 ギャップ形成のパターンとプロセス

8.2.1 ギャップの捉え方

ギャップの森林生態系への影響を客観的に評価するには，ギャップを定性的さらには定量的に把握する必要がある．Runkle (1981) は，ギャップを林冠欠損部直下の林床とする単純な捉え方と，林床における林冠欠損部直下と林冠欠損部を取り囲む林冠木の幹の範囲も含めた範囲（拡張ギャップ，expanded gap）とする捉え方を提案した．後者は，ギャップの影響がその直下のみならず，周囲にまで及ぶことを考慮したものである．これら 2 つの定義は，ギャップを平面的なものと捉えているが，Brokaw (1982) は，ギャップを林冠から（地表面より）平均 2 m 以上の高さまでの全域を貫通する森林内の立体的なものと捉えた．

このように，ギャップは研究目的に応じ様々に捉えられているため，同じギャ

ップでも捉え方が違うと異なる面積に推定される．したがって，研究結果を比較する際，それぞれの研究でギャップをどのように捉えているかに留意する必要がある．

8.2.2 ギャップ形成木の枯損タイプと枯損要因

ギャップを形成した林冠木をギャップ形成木（gap maker）といい，ギャップ形成木の枯損タイプは，立枯れ（standing dead），幹折れ（snapped-off, trunk-broken）および根返り（uprooted）に類別できる（表8.1，図8.2）．

根返りは，鉱質土壌の露出をもたらすほか，ギャップ形成木の根系部分が存在していた箇所をピット（pit）という凹状地へ，露出した根系部分をマウンド（mound）という凸状地へと変化させる．すなわち，根返りは，他のタイプの枯損と同様に光環境を変化させるほか，微地形などをも改変させる枯損タイプであ

表8.1 ギャップ形成木の枯損タイプ

立枯れ（standing dead）	寿命や病害虫などによって林冠木が枯死し，そのまま立っているタイプ． 立枯れ後，幹折れや根返りをすることがある．
幹折れ（snapped-off, trunk-broken）	強風などによって，枯死した林冠木または生きている林冠木の主幹が途中から折れ，樹冠部が欠損するタイプ． 大部分の（あるいはすべての）樹冠部が落下するのではなく，樹冠内の一部が生死に関係なく落下する場合を，大枝落ち（branch fall）として区別することもある．
根返り（uprooted）	強風などによって，林冠木が根こそぎ倒れるタイプ．

図8.2 ギャップ形成木の枯損タイプ
　　左：立枯れ（長野県北八ヶ岳の亜高山帯針葉樹林，撮影：山本進一氏），中：幹折れ（長崎県対馬市の照葉樹林），右：根返り（宮崎県綾町の照葉樹林）．

る．また，ドミノ効果（domino effect）という1本あるいは少数のギャップ形成木の枯損が将棋倒し的にその周囲の林冠木の枯損をまねき，ギャップの拡大（gap expansion, gap enlargement）をもたらす現象も知られている．

　林冠木の枯損にかかわる要因は，生物要因および非生物要因に大別できる．生物要因としては，材密度や樹形などの種特性（あるいは種群の特性），樹高などの個体の特性や病原菌などが，非生物要因としては，暴風の強度・タイミング，降雨量，地形要因や撹乱履歴（直近の撹乱からの経過時間など）がある．

　種特性の例として，双子葉植物の広葉樹は根返りや幹折れしやすいのに対し，単子葉植物のヤシ類は立枯れや幹折れしやすい現象が挙げられる．地形要因では，立枯れの割合は，尾根・斜面・下部斜面・谷部でほぼ同程度であるのに対し，幹折れの割合は谷部で有意に高い例がある．また，日本の温帯や亜高山帯では台風などの非生物要因が重要な林冠木の枯損要因であるが，北米の低標高域の亜高山帯針葉樹林では病原菌による根系や幹の枯損によるギャップの面積が66%に達する．

8.2.3　ギャップ撹乱体制

　ある森林のギャップの密度や面積などのギャップの形成状態を，ギャップ撹乱体制（gap-disturbance regime）という．ギャップ撹乱体制は，極相林の維持機構の理解に向けた基礎的かつ重要な項目であるため，様々な森林で調査されている．

　ギャップの形成速度や閉鎖速度は，林冠層の動態を評価するための基礎的な値で，様々なパラメータが使用されている．森林面積に対するある期間に新たに形成されたギャップ面積の割合をギャップ形成率あるいはギャップ形成速度（gap formation rate），森林面積に対するギャップが林冠に修復された面積の割合を林冠閉鎖率（canopy closure rate），林冠層（あるいは全林冠木・現存量など）がすべて入れ替わる平均時間を回転時間（turnover time）という．これらのパラメータは，S を調査地の（林冠層の）面積，Sg をある期間に閉鎖林冠がギャップになった面積，Sc をある期間にギャップが修復され林冠になった面積，t を調査期間とすると，次式で計算できる．

$$\text{ギャップ形成率}：Rg = \frac{Sg}{S} \cdot \frac{1}{t} \cdot 100 \tag{8.1}$$

表 8.2 世界の森林タイプにおけるギャップ撹乱体制（McCarthy, 2001）

森林タイプ	ギャップサイズ 平均 (m²)	ギャップサイズ 最小-最大 (m²)	ギャップ形成率 (%/年)	回転時間 (年)
北方林・亜高山帯林	41-141 (78)	15-1245	0.6-2.4 (1.0)	87-303 (174)
温帯広葉樹林	28-239 (79)	8-2009	0.4-1.3 (0.8)	45-240 (134)
温帯針葉樹林	77-131 (85)	5-734	0.2 —	280-1000 (650)
熱帯林	10-120 (50)	4-700	0.5-6.5 (1.0)	80-244 (137)
南半球	40-143 (93)	24-1476	0.25-0.28 (0.3)	320-794 (408)

括弧内は中央値を示す.

$$\text{林冠閉鎖率}：Rc = \frac{Sc}{S} \cdot \frac{1}{t} \cdot 100 \tag{8.2}$$

$$\text{回転時間}：Rt = \frac{\frac{1}{Rg} + \frac{1}{Rc}}{2} \cdot 100 \tag{8.3}$$

　日本の常緑広葉樹極相林および落葉広葉樹極相林では，ギャップ形成率や平均回転時間は，同じ森林であっても調査期間によって異なる（西村・真鍋，2006）．これらの相違は，おもに台風の頻度や強度の相違に起因すると考えられている．

　世界各地の森林のギャップ撹乱体制を概観すると，多くの森林タイプで単一のギャップ形成木によるギャップの割合が高く，単一のギャップ形成木によるギャップ面積は50〜200m²と同程度であるが，ギャップの最大面積や回転時間は森林タイプによる相違が大きい（表8.2）．

8.2.4 ギャップ撹乱履歴

　形成されたギャップは修復されるだけでなく，形成後の時間経過に伴いその面積や形状が複雑に変化する．例えば，ギャップ辺縁の樹木は，他の方向よりギャップ内に向かって倒れやすい．スウェーデンの針葉樹林でギャップ形成木の年輪からギャップの履歴を推定した研究では，調査したギャップの65％以上に枯損年の異なるギャップ形成木が存在していた．このことは，修復過程でふたたび面積の拡大したギャップが多数存在していることを示している．このように，ギャッ

プは様々な撹乱履歴を持つ可能性があるため，ギャップ形成過程を過去にさかのぼって把握することによって，森林の長期的動態や維持機構を評価する研究も行われている（Box 8.2）．

> **Box 8.2**
> **ギャップ撹乱履歴を調べる方法**
> 　ギャップ形成直後に侵入・定着したと考えられる先駆種の年輪の計数によって，ギャップの形成時期や形成後の経過時間が推定できる．また，ある種のヤシ類は，ギャップ形成木の下敷きとなって折れ曲がってしまうものの，頂端組織から伸長成長を再開し，毎年1つの節を形成する．このため，節数を計数することでギャップ形成後の経過年が推定できる．また，放射性炭素（^{14}C）による年代測定で，ギャップ形成木の枯損時期を推定する方法もある．過去に複数回撮影された空中写真を比較し，林冠層の変遷を把握する手法も確立されている．
> 　耐陰性の高い林冠木の年輪の数や幅を読み取り，被圧環境下からの解放時期（すなわち上層にギャップが形成された時期）や解放後の成長状況を解析する年輪年代解析法により，より長期の森林動態を明らかにする手法が確立されている．この手法では，ギャップ形成の空間的な変遷も把握できるが，年輪が形成されない樹木や幹の中心部の枯損が激しい樹木への適用は難しい．

8.3 ギャップ内の樹木群集の構造・動態

8.3.1 ギャップ内の群集構造

　ギャップ内と閉鎖林冠下の樹木集団の種組成や個体数密度，サイズ構造などを比較すると，極相林の更新に対するギャップ形成の役割がみえてくる．例えば，北パタゴニアの *Nothofagus dombeyi* と *Austrocedrus chilensis* の優占する林では，*N. dombeyi* と *A. chilensis* の林冠木の割合は約7：3であり，ギャップ内更新稚樹の割合も同程度であった．このことから，この林ではギャップ更新によって両種は組成的平衡状態（compositional equilibrium）にあると推測できる．ここでいう平衡状態とは，両種とも，林冠木の枯死個体数にみあった数の稚樹が更新するため，両種の割合が同じ状態で（両種の優占度合いが変化することなく）更新していくことを意味する．

これとは違った例もある．例えば，2種が林冠層で優占するいくつかの温帯林では，ギャップを形成した種とは異なる種がギャップを修復するという相互置換（reciprocal replacement）によって森林が更新する（Woods, 1979；Runkle, 1981）．また，ギャップ形成木と同じ種が，そのギャップを修復するという自己置換（self replacement）によって森林が更新している場合もある（Barden, 1980）．

一方，アメリカツガ（*Tsuga heterophylla*）とアメリカトガサワラ（*Pseudotsuga menziesii*）の優占林では，ギャップ内での稚樹密度は閉鎖林冠下の3〜9倍であるが，その85%以上がアメリカツガであった．つまり，耐陰性（弱光環境下で生存する能力；第7章）の低いアメリカトガサワラは，まれで大規模な森林火災によって個体群が維持されるが，アメリカツガはそのような撹乱が再来するまでの間，ギャップダイナミクスによって個体群が維持されている．

8.3.2 ギャップに対する反応の類型化

一般に，ギャップは個体の加入・定着にとって好適な場所であるが，個体群の維持へのギャップの寄与度は，種によって様々である．そのため，ギャップに対する反応の違いによって種を類型化する試みがある（表8.3）．

例えば，閉鎖林冠下でも加入・定着が可能な種を一次種あるいは極相種（climax species, primary species），ギャップ形成がないと加入・定着できない種を先

表8.3 ギャップに対する反応による樹種の2区分

加入・定着へのギャップの寄与度による区分	
一次種・極相種 　　（climax species, primary species）	閉鎖林冠下での加入・定着が可能な種
先駆種（pioneers）	ギャップ形成がないと加入・定着できない種
更新過程におけるギャップ利用パターンによる区分	
大ギャップ専門種 　　（large gap specialists）	発芽と実生の定着に大サイズギャップの強光強度と高い気温を必要とし，初期成長が早く，1回のギャップ形成期間内に森林の上層に到達できる種
小ギャップ専門種 　　（small gap specialists）	閉鎖林冠下あるいは小サイズのギャップ内で発芽でき，低い呼吸率や，生産や物質循環に対する低い光要求性によって閉鎖林冠下でも生存できる種
ギャップ内での成長様式による区分	
絶対的ギャップ種 　　（gap-obligate species）	大規模撹乱後に急速な側方・伸長成長を行い林冠層に到達する戦略をとる種
任意的ギャップ種 　　（gap-facultative speceies）	亜林冠層で非常に長期的に待機でき，小サイズギャップでも林冠層へ到達できる戦略をとる種

駆種（pioneers）とする区分がある（Brokaw, 1985；Swaine & Whitomore, 1988）．この二分法は，ギャップに対する種の反応を定性的に考える際は有益である．しかし更新パターンの両極に位置する典型的な一次種（あるいは極相種）や先駆種はきわめて少なく，多くの樹木は両者の間に位置する．

他にも，大ギャップ専門種（large gap specialists）と小ギャップ専門種（small gap specialists）といった二区分（Denslow, 1987）や，絶対的ギャップ種（gap-obligate species）と任意的ギャップ種（gap-facultative species）といった二区分（Orwing & Abrams, 1994）も提唱されている．

さらに，4タイプの種群に細分することもできる（Yamamoto, 1989）．タイプⅠは，ギャップが形成された際，前生樹からの更新が可能な林冠木で，一次種（あるいは極相種）に該当する．タイプⅡは，閉鎖林冠下での稚樹の定着が難しくギャップ内でのみ加入および成長できる種群で，先駆種に該当する．タイプⅢは，いわゆる亜林冠木に該当し，ギャップ形成木とはならない．タイプⅣは，その林のその時点でのギャップ撹乱体制下では更新できない種群である．最後のタイプに属する種の更新には，より大規模な撹乱が必要である．

8.4 ギャップ形成が森林生態系に与える影響

8.4.1 ギャップ形成が微環境に与える影響

ギャップ形成は，光環境や利用可能な栄養塩類量などの森林内部の微環境の不均一性を大きくする．この変化は，植物集団の動態に様々な影響を及ぼす．

A．光環境

一般に，ギャップのサイズが大きいほど，ギャップ中心部の光量は多い．加えて，ギャップ内における光環境体制（light regimes）は，緯度によって異なる．例えば，ギャップに隣接した林床（拡張ギャップ部）に多くの光が差し込む現象は，太陽の角度の低い高緯度地方ほど顕著である．また，林冠の形状によっても，光環境体制は変化する．例えば，樹冠幅に対して樹高の高いアメリカトガサワラ林では，単木単位のギャップ形成は林床の光環境にほとんど影響しない．

ギャップ内の位置によっても光環境が異なる．中緯度地方では，ギャップの辺

縁より中心部の光量が多い．北半球では，ギャップ内の南側より北側の光量が多いが，これは小面積のギャップより大面積のギャップで顕著である．これに対し，熱帯地方では，ギャップ内に到達する光量は一般的に同心円状となる．ただし，午後に曇ることの多い地域では，午後より午前中により多くの直達光が到達するため，ギャップの西側は東側よりも直達光量が多い．

B．利用可能な栄養塩類

　ギャップ形成で光量が増し地温が上昇すると，土壌中の有機物が分解され，利用可能な栄養塩類量は増大する．熱帯林のギャップでは，硝酸態Nの量および無機態リン酸の量がギャップサイズに比例して増大する．北米の疎らな林冠層を持つダイオウマツ (*Pinus palustris*) 優占林でも，大面積ギャップの中心部において窒素レベルが増加する (Palik *et al*., 1997)．しかし，ギャップが栄養塩類量に影響しなかったという研究例もあり，ギャップ形成が利用可能な栄養塩類量に及ぼす影響は必ずしも一貫したものではない．

8.4.2 微環境の変化に対する樹木の反応

　ギャップ形成によって生じる微環境の変化に対して，樹木は様々な反応を示す．ギャップサイズが異なる場合，耐陰性の高い樹種と低い樹種の更新パターンが異なることがある．例えば，北米の落葉広葉樹林では，400m^2以下のギャップでは耐陰性の低い樹種の定着が制限されている．同様の現象は，熱帯地域において人工的に形成したサイズの異なるギャップでの実生の成長実験でも確認されている．

　同じギャップ内でも北側と南側では受光量が異なるため，それら地点間で実生の挙動の異なる場合がある．北米のアメリカネズコ (*Thuja plicata*) の優占林での実生の出現数と初期生存率は，すべての調査対象樹種で，暗いはずの南側で高かった．このように，実生の発生や生存にとって，直達光が負の効果をもたらす場合もある．

　ギャップ内の基質の状態もギャップ内での樹木の更新状況に大きな影響を及ぼす．ギャップ形成木の根返りによる鉱質土壌の露出は，熱帯林の先駆種の種子発芽や実生の定着・成長を促進させる場合がある．根返りによって形成されたピットやマウンドが，ある種の樹木の加入や定着にとって好適な場所となっている例

も知られている．亜高山帯林や北方林では，ギャップ形成木などの倒木（nurse log）が実生の加入や定着に好適な場所となっている場合もある．これは，光環境や栄養塩類などの物理要因や，微生物の種類や量などの生物要因が，地表面と倒木上で異なっていることに起因するためと考えられている．この現象は倒木更新（regeneration on fallen logs, regeneration on fallen dead trunk）と呼ばれ，倒木の量や種類，腐朽程度によって，種子発芽や実生の成長・生存状況が変化する．

　散布された種子のなかには，埋土種子（buried seeds）として長期に渡り休眠状態で生存し，種子バンクを形成するものがある．それらの中には，ギャップ形成による微環境の変化によって休眠が解除されるギャップ検知機構（gap-detecting mechanism）を備えた種もある．例えば，先駆種であるアカメガシワやヌルデは，地温がある温度域に達した際に発芽率が上昇する．また，ギャップが形成されると，それ以前は林冠層などの葉群に吸収されていた赤色域の光も林床に到達するようになるため，赤色域と赤外域の光量比が変化する．この光の質の変化によって休眠が解除される機構を備えた埋土種子もある．このようにギャップ検知機構を備えた種は，個体群の維持，特に実生の生存や成長に対するギャップへの依存度の高い先駆種に多いようである．

　ギャップ形成に伴う資源の時空間的な不均一性の増大以外に，樹木の更新に関与する重要な要因として，ギャップ形成のタイミング，種子供給源との位置関係や種子散布様式，植物と植食者との関係などがある．例えば，ササ類が林床を密に覆っている森林では，林冠層構成種の加入に適したサイズのギャップが形成されても，ササ類の存在がそれら林冠樹種の実生の加入・生存を制限する．そして，ササ類が一斉枯死などによって消失した際にギャップが形成された場合に，それら樹種の更新が可能となる（Nakashizuka & Numata, 1982）．一方，倒木や根返り木のマウンドが，林床を覆うササ類の影響を緩和・廃除し，実生の生育適地となっている例もある．

8.4.3 ギャップ分割

　ギャップ形成によってもたらされた資源傾度（資源量の違い）に対応し，生物集団の組成や密度に違いが生じる現象をギャップ分割（gap partitioning）という．ギャップサイズの違いに起因する資源傾度による分割をギャップ間分割，ギャップ内の微環境の違いに起因する資源傾度による分割をギャップ内分割と区別

することもある（Denslow, 1980）．

　ギャップ分割は，樹木の種類によって好適な微生育環境が異なる（ニッチを分割している）との考え方に基づいている．一方，森林内の資源の質・量の時空間的不均一性はスケール依存的（scale dependent）である．例えば，ギャップサイズが異なっていても，ギャップの微環境が大きく変化しない場合や利用可能な資源量が変化しない場合がある．

8.5 遷移途上におけるギャップ形成

　極相段階に到達していない遷移途中相の群集にもギャップは形成されるが，遷移の進行に伴いギャップ撹乱体制は変化する．例えば，日本の冷温帯域では，森林面積に対するギャップ面積の割合やギャップ面積の平均は，遷移途上の若齢林に比べ極相林の方が有意に大きい．北米の落葉樹林帯でも，放棄後15～63年の農耕地に成立した二次林と隣接する極相林のギャップ撹乱体制には明確な相違がみられ，二次林では相対的に小サイズのギャップ（<100m^2）が多数存在する．これは，極相林と二次林の樹冠サイズの違いによると考えられている．このギャップ撹乱体制の違いは，ギャップの微環境にも違いをもたらす．一方，ギャップ内と閉鎖林冠下の林床の光環境に大差のない二次林もあり，そこでのギャップは耐陰性の低い樹種の加入・定着にほとんど貢献しない．

　北米の針葉樹林帯で，伐採後14年経過した二次林を24年間継続調査した結果，被圧による枯損は暴風雨による枯損の2.5倍以上に達し，遷移初期の樹木の死亡には密度依存的な過程が強く作用するという現在の遷移モデルの理論どおりの現象がみられた（Lutz & Halpern, 2006）．しかし，枯損した樹木の現存量は，暴風雨による枯損の方が4倍ほど高く，現存量の30～50％が暴風雨による枯損によって失われた調査地もみられた．すなわち，遷移初期相のギャップ形成も，極相林でのギャップ形成と同様，森林の内部環境の不均一性を高める役割を果たしている．日本の約80年生の常緑広葉樹萌芽二次林の事例では，大型で強い台風によって，ギャップの数および面積が増大し，それによって林冠層の最優占種であったシイ類の枯損が多くなった反面，亜林冠層以下に生育していたイスノキとウラジロガシが林冠層に到達する確率が高まった．台風によるギャップ形成は，

二次遷移の進行を加速させたといえる．

8.6 ギャップダイナミクスからみた種多様性と多種共存機構

　ギャップ分割説は，当初，熱帯と温帯との種多様性の大きな違いの説明を補完するメカニズムとして提案された．すなわち，閉鎖林冠下からギャップ内にかけての微環境の不均一性は，温帯に比べ熱帯で格段に大きい．これゆえに熱帯における樹種間のニッチの特殊化（niche specialization）が促進され，種多様性を増加させたとの考え方である．その後，ギャップ分割のアイデアは，森林における多種共存メカニズムを説明する研究へ応用されるようになった．

　例えば，Sipe & Bazzaz（1995）は，同じ林に生育するが耐陰性の異なる3種のカエデ類と4種のカンバ類の実生を同一の林に移植し，その1生育期間後に実生の上部に人工ギャップを作り，実生の生存状況やサイズ，同化産物の獲得量などを測定した．その結果，ギャップのサイズやギャップ内の位置によって，枝数や葉面積などの樹形，個葉レベルの光合成速度などの生理的特性に種間差がみられ，ギャップへの反応の違いがこれら樹種の共存を可能にする原因の1つと結論している．

　更新ニッチ（regeneration niche）[1]が群集内の種によってそれぞれ異なっているため，多種共存が可能になるという考え方がある．例えば，北米の亜高山帯林では，エンゲルマントウヒ（*Picea engelmannii*）は相対的に高い林冠層での生存率と寿命の長さを持つのに対し，ミヤマモミ（*Abies lasiocarpa*）はギャップへの加入・定着率は高いものの寿命が短く林冠層での枯死率が高い．そして，小規模なギャップしか形成されない撹乱体制下においても，寿命および林冠での枯死率，林冠への加入率の相違という更新ニッチの違いが両種の共存を可能にしていると推測されている（Veblen, 1986）．

　ギャップ利用をめぐる更新ニッチの違いも耐陰性の高い種と低い種の共存を可能にするメカニズムの1つと考えられている．例えば，熱帯林の先駆性樹種で指

---

1) ある成熟個体から次世代の新たな成熟個体への置き換わりがうまくゆくために必要な要素を，更新ニッチ（regeneration niche）と呼ぶ（Grubb, 1977）．また，その要素は，生活史のなかで種の更新に関係するすべての特性を包含するとされている（Silvertown, 2004）．この更新ニッチが群集内の種によってそれぞれ異なっているため，多種共存が可能となるという考え方がある．

摘されているように，耐陰性の低い種はギャップ内でより早い成長や繁殖ができるため耐陰性の高い種と共存できるという考え方がある．ところが，日本の冷温帯に同所的（sympatric）に生育するカエデ類であるオオモミジ，イタヤカエデ，ウリハダカエデの実生の生存率や成長速度は，閉鎖林冠下では同等だが（耐陰性に明らかな差異はないが），ギャップ内での成長速度はウリハダカエデが有意に高く（田中，2006），耐陰性と成長速度という2つの形質間に予想されるような単純なトレードオフが見られないのである．更新ニッチの違いによる多種共存メカニズムを考える際には，それぞれの種の持つ様々な生活史特性を総合的に考える必要がある．

Box 8.3

ギャップ形成と開花・種子散布

　ギャップ形成は，ギャップの周辺に生育する樹木の開花個体数・開花期間・結実量を増大させる．開花量や結実量の増大した樹木が鳥に採食される果実を生産する樹種であった場合，ギャップ内やギャップ周辺への果実食鳥の来訪頻度が高まり，果実食鳥によってそこに散布される種子数も増加する．

　ギャップ内やギャップ周辺の微環境が発芽に好適であれば，ギャップ内やギャップ周辺はその樹種の個体群維持に大きなメリットとなる．しかし，ギャップの面積が小さいとこの効果はみられない．また，ギャップ内で実際に果実生産が始まるまでにはタイムラグがある．また，鳥の好む果実を生産する樹木の種数や個体数によっても，ここで述べたギャップの効果の強弱は異なる．

第9章 樹木の繁殖と種子散布

正木 隆・陶山佳久

9.1 樹木の繁殖

　繁殖は，生物にとって最も本質的な働きの1つである．それだけに，生物学的に多くの興味深い現象が観察されてきた．本節では，繁殖に関して基礎的な項目を解説するほか，特に樹木の繁殖生態として興味深い話題を取り上げて説明する．

9.1.1 無性繁殖と有性繁殖

　生物の繁殖（reproduction）様式は，有性繁殖（sexual reproduction）と無性繁殖（asexual reproduction）に分けられる．有性繁殖では，雌雄の親の配偶子が混ざり合って新しい遺伝子の組み合わせを持つ個体ができるのに対し，無性繁殖では親と同じ遺伝子を持つ個体ができる．

A．無性繁殖

　植物における無性繁殖は，無融合生殖（アポミクシス，apomixis）と栄養繁殖（vegetative reproduction）に分けられる．無融合生殖では，通常なら有性繁殖によって生じる種子が減数分裂や受精を伴わないで生じる．例えばナナカマドでは，受精を伴わない無融合種子形成（agamospermy）が行われることがあり，生産された個体は親個体と同じ遺伝子を持つクローンである．

　もう1つの無性繁殖である栄養繁殖は，体細胞分裂によって根・茎・葉・芽などから新しい植物体を形成する方法である．コナラやホオノキなどの幹基部から新たな芽が成長する萌芽（trunk sucker，切株からの萌芽は stump sprouting），シウリザクラやポプラなどの水平方向に伸長した根から萌芽する根萌芽（root sucker，root sprouting），スギなどの枝が雪に押されて地面に埋まり，そこから新しい根が出る伏状萌芽（layering of branches），軸上に生じた芽が分離するむ

かご（propagule）などが知られている．また，タケ・ササ類のように地下茎から新しい稈（地上茎）を出すタイプもある．栄養繁殖によって個体の集団を形成する植物のことをクローナル植物（clonal plants）と呼び，栄養繁殖によって親個体から生産された植物体のことをラメット（娘個体，ramet），親個体とそれから生産されたラメット全体のまとまりをジェネット（genet）と呼ぶ．

B．有性繁殖

　有性繁殖では，減数分裂によって形成された雌雄の配偶子が受精する．種子植物では，雄性配偶体（花粉，pollen）が雌性器官に到達後に花粉管（pollen tube）を出して雄性配偶子（精子または精細胞）を雌性配偶体に送り，雌性配偶子（卵細胞）と合体・接合させる（受精）．受精卵は発達して胚（embryo）に，発達した胚珠は種子となる．被子植物の場合は子房（ovary）が種子とともに発達して果実（fruit）となる．裸子植物の場合は種子を囲む鱗片が木化した球果（cone）や胚珠のまわりを肉質の仮種皮（aril）が覆う仮種皮果（arillocarpium）などになる．

　開花，受粉，受精，種子形成，散布，発芽，定着，成長という一連の過程では，様々な制約によって次の段階に進まずにすべて停止するか，その確率が低下する．停止せずに成功した割合を示す尺度として，開花数に対する結実果実の割合（結果率，fruit set）や，胚珠数に対する結実種子数の割合（結実率，seed set）がよく用いられる．そのほか，開花率，受粉成功率，受精成功率，発芽率，実生生残率など，それぞれの段階における成功度が算出される．1つの個体が次世代に残す繁殖可能な子の数を適応度（fitness）として表現し，さらに一生涯で残した繁殖可能な子の数を生涯繁殖成功度（lifetime reproductive success）と呼ぶ．寿命の長い樹木でこれらの値を算出するのは難しいが，短期間のデータから推定算出して評価する努力がなされている．分子マーカーを用いた親子特定技術をうまく用いれば，雌親（種子親）および雄親（花粉親）としての適応度を別々に評価することもできる（陶山，2008）．

9.1.2 樹木の性表現

　植物の性表現（sex expression）は変化に富んでいる．ここでは被子植物を中心に概説する．性表現は，花レベルと個体レベルに分けて考える必要がある．

A．花レベルの性表現

単一の花の性としては，両性花（hermaphrodite flower），雌花（female flower），雄花（male flower）の3種類がある．後者の2つを合わせて単性花（unisexual flower）ともいう．一見両性花だが，雌しべが退化していて機能的には雄花という花も雄花と呼ぶ場合がある．同様に機能的な雌花も存在する．

B．個体レベルの性表現

個体が上記の3種類の花をどのようにつけているかに着目すると，種を次のように分類できる．

1．性的同型（sexually homophytic）：すべての個体が両性個体
 1a．両性花のみ：個体内に両性花のみをつける（両性花株，hermaphrodite）
 1b．雌花と雄花：個体内に雌花と雄花を両方別々につける（雌雄異花同株，monoecy）
 1c．雌花と両性花：個体内に雌花と両性花が混在する（雌性両全同株，gynomonoecy）
 1d．雄花と両性花：個体内に雄花と両性花が混在する（雄性両全同株，andromonoecy）
 1e．雌花と雄花と両性花：個体内に3種類の花が混在する（三性同株，trimonoecy）
2．性的異型（sexually heterophytic）：雌個体・雄個体の両方，あるいはどちらか一方を含む
 2a．雌花のみの個体（雌株，female）と雄花のみの個体（雄株，male）（雌雄異株，dioecy）
 2b．雌花のみをつける個体と両性個体（雌性両全異株，gynodioecy）
 2c．雄花のみをつける個体と両性個体（雄性両全異株，androdioecy）
 2d．雌個体，雄個体，両性個体（三性異株，trioecy）

例として，1aのサクラ属，1bのブナ科，2aのヤナギ属の樹種がある．裸子植物では，イチョウが2aである．1c, 1d, 2b, 2cの例は少ないが，例えばイタヤカエデは，雄花と雄しべの退化した両性花（機能的には雌花）の両方をつける個体と，雄花のみをつける個体を持つので2cといえる．1eと2dは，日本の樹木では例が知られていない．カエデ属のウリハダカエデは2aだが，最近の研究で雄株

が雌株に性転換（sex change）することが明らかになったなど，まだ詳しくわかっていない種もある．

C．雌雄異熟性

1aや1bの樹種では，自家受粉（花粉が同一個体上で受粉すること：self pollination）およびそれに起因する自殖（同一個体の生殖細胞の結合による生殖：self fertilization）による近交弱勢（後述）が生じる可能性がある．これを避けるために以下のような巧妙な仕組みの性表現が知られている．

1a（両性花株）の樹種の中には，雌しべ（あるいは雌花）と雄しべ（あるいは雄花）が時期的にずれて機能するものがある（雌雄異熟性，dichogamy）．例えばオオヤマレンゲの両性花は，まず雌花として開花し（雌しべだけが機能する雌性期，female stage），一度花が閉じた後でふたたび雄花として開花する（雄しべだけが開く雄性期，male stage）．これは1つの花の中で時間的に2つの性を使い分ける花レベルの異熟性である．この例の場合は雌性期が先行するので，雌性先熟（protogyny）という．逆に雄性期が先行するタイプのことを雄性先熟（protandry）という．雌性期と雄性期が完全に別れている場合のことを完全異熟（complete dichogamy）といい，両期の分離が不完全で両性の時期があることを不完全異熟（incomplete dichogamy）という．異熟性がみられない場合には雌雄同熟（adichogamy）という．

その他，1b（雌雄異花同株）のオニグルミでは，個体内で最初に雄花（または雌花）が咲き，その後に雌花（または雄花）が咲く個体レベルの2通りの異熟性（異型異熟性，heterodichogamy）がみられる．オニグルミ集団内には雌性先熟と雄性先熟がほぼ半数ずつ混在し，お互いに時期を合わせて開花することでタイプ間で相補的に交配できる．

D．性配分と性比

個体が雄あるいは雌として繁殖にどれだけ資源を投資しているかは，それぞれの性としての繁殖努力（reproductive effort）として評価される．例えば雌雄異花同株では，それぞれ雌花および雄花の数として表される．一方で，それぞれの性における繁殖の結果としての繁殖成功は，機能的性表現（functional gender）と呼ばれる．雌としての機能的性表現は生産種子数であり，雄としては花粉親とし

て受精させた種子数にあたる.

　雌雄機能の配分比率の尺度を，雌度（femaleness）あるいは，花粉数と胚珠数の割合（P/O比）として表現することがあり，このような雌雄への投資配分のことを性配分（sex allocation）という．なお，雌雄異株における雌個体数と雄個体数の比率は，性比（sex ratio）と表現し，性配分とは別の意味である．

9.1.3 樹木の有性繁殖を制限する要因
　樹木が有性繁殖を行うためには，様々な外的・内的条件が必要，あるいは大きく影響することがわかっている．

A．サイズ
　一般に木本植物の繁殖は齢ではなく，サイズに制限される．サイズの指標としては，胸高直径（胸の高さ＝120〜130cm で測定する樹木の幹の直径）や樹高が用いられる．個体があるサイズを超えると繁殖を開始し，そのサイズを繁殖開始サイズ（critical size of reproduction）と呼ぶ．例えば，奈良県御蓋山のナギでは，胸高直径が30cm を超えるとすべての個体が繁殖する（第10章）．

B．資源の制限（resource limitation）
　樹木の繁殖は，資源にも制限される．例えば，繁殖開始サイズより大きい個体であっても，光という資源が少なくて光合成を十分に行えない場合は，光合成生産物は個体の維持に使われて開花数は減り，結実率も下がる場合がある．

C．齢
　例外的に繁殖が齢に依存する木本植物もある．日本のモウソウチクでは，発芽した種子を別の場所で育てた苗が67年後に同時に開花した例が報告されている．また，インドのミゾラム州周辺に分布するタケ類（*Melocanna baccifera*）の個体群が，ほぼ48年周期で一斉開花枯死して更新を繰り返していることもわかっている．
　このように1世代に1回開花・結実して枯死する1回繁殖性（monocarpy）のササ・タケ類の開花は，「時計遺伝子」のようなもので決定されていると考えられるが，詳しいことはわかっていない．なお，分子マーカーを使ってササの同一ジ

ェネット内の開花を調べた例では，開花して枯死するラメットと開花せずに生き残るラメットの両方が存在する場合があり，個体（ジェネット）としては厳密な意味での1回繁殖性ではないこともある．

D．送受粉

樹木の有性繁殖における花粉媒介の様式は，非生物的花粉媒介（abiotic pollination）と生物的花粉媒介（biotic pollination）に大別される．前者にはスギなどの針葉樹に多い風媒（wind pollination, anemophily）がある．後者では，様々な動物が花粉媒介者（pollinator）として関与し，虫媒（entomophily），鳥媒（ornithophily），熱帯でみられるコウモリ媒（chiropterophily）などがある．生物的花粉媒介の場合には，有効な花粉媒介者のみを誘因するための巧妙な機構（蜜，花粉などの報酬や，ディスプレイなど）や，植物と花粉媒介者の間の複雑な相互作用などがあり，興味深い現象が多い．

送受粉の段階で花粉の量が不足することを，花粉制限（pollen limitation）という．例えば，同一個体内で受粉が行われても正常に受精が行われない自家不和合性（self-incompatibility）の樹種では，周囲に開花個体が少ないと花粉制限のため結実率が低下することがある．

E．近交弱勢

自家不和合性の弱い樹木が自殖を行った場合，繁殖過程の様々な段階での近交弱勢（inbreeding depression）により，繁殖成功度が低下する．具体的には，自殖由来の種子の発芽率が低下する例や，発芽後の実生の生存率が低い例などがある．近交弱勢は，両性花における同一花内での受粉によっても生じるが，隣花受粉（同一個体内の異なる花間での受粉，geitonogamy）によっても起きる．他にも，花粉管競争（pollen tube competition）によって自殖花粉が排除される例，受精しても自殖由来の種子が選択的に中絶（selective abortion）される例や，前述した雌雄異熟性のほか，雌雄の器官の空間配置を分離して自殖が妨げられる雌雄離熟性（herkogamy）などの仕組みもある．草本のサクラソウや樹木のレンギョウなどにみられる異型花柱性（heterostyly）も，自家受粉を避けるための仕組みの1つである．

近交弱勢は自殖に由来するだけでなく，遺伝的に近縁な別個体が両親になる場

合でも観察され，これを二親性近交弱勢（biparental inbreeding depression）と呼ぶ．逆に，遺伝的に異なりすぎる個体間の交配によっても子孫の適応度が下がることがあり，これを異系交配弱勢（outbreeding depression）という．

F．捕食

開花や結実に至ったとしても，捕食者（predator）に花や種子・果実を食べられて（第12章），繁殖成功度が低下することがある．このような食害を避けるために，次節で述べる繁殖の年変動が進化した可能性がある．

Box 9.1

スギ花粉症

スギ花粉症を繁殖生態学の視点からみてみよう．スギが繁殖サイズに達するのはおおよそ20年生以降である．一方，戦後の造林面積の推移は図aのとおりで，このおおよそ4割がスギである．新規造林面積は1950年頃にほぼ最大値に達する．そのときに植えられたスギが繁殖を開始するのは1970年以降で，スギ花粉症が1970年代に流行し始めたことと符合している．間伐などを行ってスギの本数を減らしても，残ったスギにとっては利用できる光や土壌養分などの資源量が増えて開花数が増え，林分の花粉生産量はかえって増大する．伐採して樹種転換するのはコストの問題から難しい．また，新たに植えられた樹種が花粉症の源にならないとも言い切れない．花粉症問題は，生態学だけでなく多角的な視点からの検討が必要である．

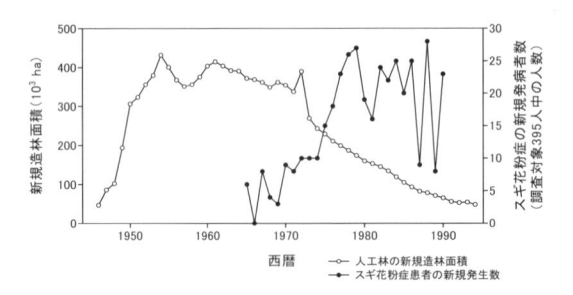

図a　日本における戦後の新規造林面積と花粉症の発病者数の推移
林業白書，林業統計要覧，および斎藤ほか（2006）の資料に基づいて作図．

9.1.4 繁殖の年変動（マスティング）

多くの樹種は年によって結実量が変動する．この現象を「マスティング（豊凶，

masting, mast seeding)」と呼び，「多年生植物による，間歇的かつ個体間で同調する大量の種子生産（The synchronous intermittent production of large seed crops in perennial plants)」と定義される（Kelly & Sork, 2002). なお，開花だけに着目すれば一斉開花現象（mass flowering）である．前述のササ・タケ類は，数十年という長い間隔をあけて個体が同調して開花・結実するので，これもマスティングといえる．

　マスティングを理解するには2つの観点がある．1つは，なぜそのような性質が進化してきたか，という「究極要因＝why?」の観点，もう1つは，どのようなメカニズムでそのような繁殖の年変動が生じるか，という「至近要因＝how?」の観点である．以下，順にみていこう．

A. マスティングの究極要因

　自然選択上マスティングが有利であることについて多くの仮説が提案されているが，その中で以下に述べる2つの仮説は，多くのケースに当てはまりそうな説明だとされている．

　まず，マスティングが風媒植物の受粉効率を高めるために自然選択された，という受粉効率（pollination efficiency）仮説について説明する（Kelly & Sork, 2002）．風媒花は風によって花粉が散布されるため，個体群内である程度の密度で花粉が生産されないと，受粉の効率が低下し，種子生産の成功度が下がることが予想される．したがって，個体群を構成する樹木が同調して一斉に開花することにより受粉の成功度を高める性質が選択される．

　この仮説には3つの前提がある．1つ目は，樹木が雌雄の花の生産，および種子の生産に使える資源は限られている．つまり，毎年大量に繁殖を行うことはできない，という前提である．2つ目は，自家不和合性であること，もしくは自殖による繁殖は他殖（outcrossing）に比べて著しく不利である，という点である．もし自殖に問題がなければ，他の個体と開花を同調させず，個体レベルで開花を年変動させるだけでよい．だが，自家不和合の場合には，ある個体が個体群内で単独で開花しても，資源を消費しておきながら結実に至らないことになる．3つ目は，風媒などの非生物的花粉媒介の植物に限定される点である．虫媒などの生物的花粉媒介の植物の場合，多くの送粉者は開花量に応じてすぐに増減することはないため，大量開花のときには送粉が十分に行われずに繁殖成功度が低下す

る．したがって，生物的花粉媒介の植物ではマスティングは選択されないはずである．実際に，マスティングと植物の送粉様式の関係を幅広く分析した研究では，この前提がおおむね満たされていることが示されている．

　次に，マスティングは捕食者による食害を回避するために進化したという，捕食回避仮説（捕食者飽食仮説）を説明する．花や実は栄養価が高く，動物の格好の餌となる（第12章）．したがって，毎年少しずつ開花・結実すると，そのたびに捕食者によって食べ尽くされてしまう．逆に，開花・結実しない年があると，捕食者は餌がないために死亡率が増し個体数を減らす．その状況で同調して一斉に開花・結実すれば，花や実が食べ尽くされることはなく（このことを「捕食者飽食（predator satiation）」と呼ぶ），一部の花や実は捕食を回避できる．捕食者回避仮説は，ササ・タケで1回繁殖性が進化した理由を考える中で提示された仮説である（Janzen, 1971）．

　日本のブナでは，この仮説どおり，ある年の開花量とその後の捕食者（鱗翅目昆虫の幼虫）の増加率，およびある年の結実量とその後の捕食者（アカネズミなど）の増加率には，それぞれ正の相関があることが確かめられている（寺澤・小山，2009）．この仮説が成り立つためにも，2つの条件がある．第一に，捕食者は特定の種の花や実のみを食べること，すなわち「種特異的（species-specific）」なことである．例えば樹種Aが開花・結実しない年に樹種Bが開花・結実したとしよう．もし樹種Aの捕食者が樹種Bも餌とするならば，捕食者の密度は減少せず，別の機会に樹種Aの大量開花・結実が起こっても，捕食者を飽食させる可能性は低い．したがって，樹種Aの捕食者は樹種Aのみを餌とすることが，樹種Aのマスティングが進化するための前提となる．このような種特異性は，花や実を捕食する昆虫ではありうるが，種子を食べる哺乳類の捕食者については考えにくい．ただし，種特異性の条件が成立しなくても，日本海側のブナ林のように，樹種Aが純林を形成するのであれば捕食回避仮説は成立しうる．また，捕食者の密度が天敵など他の要因によってコントロールされている場合には，理論上，連続した2年の大量開花・結実があっても捕食者は飽食する．ただし，仮に捕食者が複数の樹種の花や実を捕食する「ジェネラリスト（generalist）」だとしても，同じ森林に共存する樹種のマスティングが同調すれば捕食回避仮説は成立する．実際に，共存する同属の種間では，マスティングが同調する傾向がある（Shibata et al., 2002）．

Box 9.2

マスティングの定量化

　マスティングを定量化するには変動係数（coefficient of variation：CV）を用いる．図 b の例は，種子トラップで林分あたりの種子落下密度を 1991 年から 2010 年にかけて推定した仮想データである．種 A も種 B も，どちらも平均値は約 14 個 m^{-2} であるが，標準偏差は大きく異なっている．標準偏差を平均値で割って CV を求めると，種 A は 1.18，種 B は 1.88 である．経年変化をみると確かに種 B の方が年変動が大きいことから，CV はマスティングの程度をよく表しているといえる．マスティングの究極要因が作用していない状況では CV は 0.85〜1.35 の値を示すといわれ，種 A はそれに該当する．

観測年	種A	種B
1991	14.0	10.1
1992	0.0	0.0
1993	4.2	10.6
1994	41.6	66.2
1995	0.0	1.2
1996	32.8	7.4
1997	4.7	0.0
1998	4.1	0.0
1999	46.9	10.6
2000	0.0	0.0
2001	3.5	0.0
2002	30.2	0.0
2003	14.9	74.5
2004	7.9	0.0
2005	0.0	0.0
2006	0.0	0.0
2007	40.8	83.0
2008	0.0	1.4
2009	28.4	0.0
2010	3.2	18.6
平均値	13.9	14.2
標準偏差	16.4	26.7
CV	1.18	1.88

種子落下密度（個 m^{-2}）

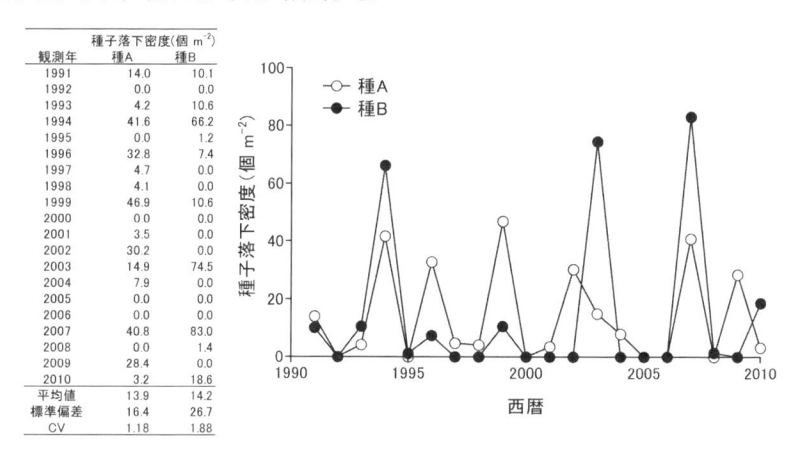

図 b　仮想データに基づく CV の計算（左）と年変動の図示（右）

B．マスティングの至近要因

　至近要因については，気象などの環境条件の年変動に応じてマスティングが起きるという「気象シグナル仮説」と，特に環境の年変動を想定しなくてもマスティングが生じるという一種の「帰無仮説」がある．以下，ブナを例にこの 2 つの仮説を説明する．

　北海道の渡島半島のブナ林では，4〜5 月の夜間の気温が平年よりも高い場合，または秋の結実が豊作だった場合，その翌年の開花量が減少する．逆にいうと，春の夜間の気温が平年以下で，かつ秋の結実量が少なければ，その翌年は大量開花になりやすい．さらに，開花が結実に至るためには，開花量が前年の開花

量の20倍以上でなければならない（寺澤・小山，2008）．「豊作の翌年に開花しない」というのは資源の制限によるものであるが，「開花量が前年の20倍以上になると開花が結実に至る」というのは「捕食者飽食」によるものである．一方，東北地方のブナでは，夏（7～8月）の昼間の気温が平年よりも高いと翌年の開花量が増す（Masaki *et al.*, 2008）．このように同じブナでも，地域によってマスティングをもたらす気象シグナルが異なるが，その理由はわかっていない．

東南アジア熱帯では，フタバガキ科樹種の一斉開花の至近要因はエルニーニョに伴う低温だと信じられてきた．しかし最近は旱魃が原因であるという指摘がなされるようになってきている（Sakai *et al.*, 2006）．フタバガキ科の樹木も，ブナと同様に，至近要因となる気象条件に地域差があるのかもしれない．

帰無仮説によるマスティングの説明は，資源の増減だけを考慮する理論である．樹木が開花・種子生産を行うと，樹体内の資源量が減り，その後資源量は徐々に回復する．そして資源量がある閾値（threshold）を超えると開花が起こり，閾値を上回った分の資源が開花に消費され，それに比例して結実にも資源が消費される．ここで，開花に要した資源量と，結実に要した資源量の比を変えると，ブナのようなマスティングが生じたり，逆に毎年や隔年で規則的に開花・結実する，といった現象を再現できる（図9.1）（Isagi *et al.*, 1997）．この仮説は資源収支モデル（resource budget model）と呼ばれている．これにさらに，開花から結実に至るためには他殖，すなわち他個体の花粉が必要であるという条件（pol-

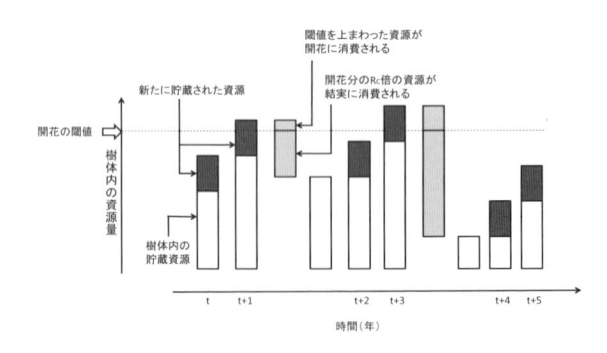

図9.1　資源収支モデルの概念図
　毎年一定量の「資源」が樹体内に貯蔵・蓄積され，一定の閾値を超えると，超えた分の資源が開花に消費される．結実量は開花量に比例し（R_c倍），結実のために資源が消費されることで貯蔵資源量はふたたび低レベルとなる．このモデルは決定論的なカオスであり，不規則な結実の年変動が再現される．この図では，6年間のうち，2年目（t+1）と4年目（t+3）に結実が起こっている．

len coupling）を追加すると，個体群としてのマスティングが現れる．しかし，この理論で仮定している資源が実際には何であるのかは未解明である．

9.2 種子散布

9.2.1 種子散布の定義

種子散布（seed dispersal）とは，母親個体によって生産された種子群が，母親個体から離れて広い範囲に配置されるプロセスを指す（Ridley, 1930）．樹木の種子は風や動物などの媒体によって一度散布された後，他の媒体によってさらに散布されることもある．これらの二段階の散布をそれぞれ，一次散布（primary dispersal），二次散布（secondary dispersal）と呼ぶ．

また，散布される単位（散布体，diaspore）も樹種によって異なる．果実の一部が散布に適した形態となって散布される場合もあれば（翼果・液果など），種子そのものが散布体となる場合もある．

種子散布の結果生じる種子の分布パターンは，シードシャドウ（seed shadow）とシードレイン（seed rain）という2通りの表現方法で説明される．シードシャドウは特定の種子源の周囲に散布された種子の分布を意味し，シードレインは複数の種子源からのシードシャドウが重複して生じている種子の分布パターンを指す．

種子散布の成功度は，散布された種子が発芽して新規個体となるかどうかで評価されるが，その評価は個々の種子，種子を生産した親個体，個体群など様々な階層（hierarchy）で可能である．種子の発芽に適した場所のことをセーフサイト（safe site；Harper, 1977）と呼び，発芽に必要な土壌水分や温度環境が整っている場所のことを指す．しかし，林床での光資源が乏しい森林においては，発芽しただけで散布が成功したとはいえない．散布された場所が明るく（例えばギャップ；第8章），発芽後の実生の生残・成長が可能であることも重要である．大木が根返りして生じたマウンド状の場所や倒木上で実生の生残・成長の確率が増す樹種もある．

9.2.2 種子散布の種類

本節では，van der Pijl（1972）の分類に従って説明する．

A．重力散布

自重により，母樹の近距離に落下する散布様式を一般に重力散布と呼ぶ．その代表は，ブナ科樹種である．これらの種子は落下後にげっ歯類（ネズミやリス）によって持ち去られ（synzoochory），分散貯蔵（scatter hoarding）されることがある（二次散布）．また，落下前の堅果がカケスなどに持ち去られ，土に埋められて貯食される散布もある．

B．風散布

このタイプでは，種子や果実の一部が翼のように張り出したり，プロペラや羽毛のような形状の構造を持つ．散布体が母樹から分離して落下しはじめると，滑空・回転・浮遊することによって落下の加速度が抑えられ，滞空時間が延びる．このときに風が吹けば母樹から離れた場所に散布される（anemochory）．温帯のマツ科，カエデ科，ヤナギ科や熱帯のフタバガキ科などにみられる．

C．動物散布

動物による散布は，げっ歯類などによる二次散布を除けば，周食型と付着型に分けられる．周食型散布（endozoochory）では，表面が堅い組織となっている散布体が，柔らかい可食組織に覆われる．動物が散布体を含む可食部を丸呑みした後，散布体のみを発芽可能な状態で体外に排出する．このような散布を行うのは，鳥類，霊長類，食肉目，爬虫類などの脊椎動物である．樹種や年によっては，果実の大部分が動物に消費されないまま自然に落下することも多い（重力散布）．

周食型散布型の樹種は，温帯ではバラ科，ニシキギ科など幅広い分類群にまたがり，熱帯では低木樹種の多くが周食型散布である．可食部は繁殖器官そのもの，あるいはその周辺の組織が変化したものであり，中果皮（mesocarp）（サクラ属，ミズキ属など），花托（torus）（ヘビイチゴ属など），仮種皮（aril）（ニシキギ科，イチイ科）など起源は様々である．

棘などによって動物の体表面に付着して散布される付着型散布（epizoochory）や，アリによる散布（myrmecochory）は，樹木ではほとんどみられない．

D. その他の散布

上記の他には，果実がはじけて種子が放出されることによる自動散布（autochory）や，海流や渓流によって種子が散布される水散布（hydrochory）がある．自動散布の例は，マンサクやマメ科樹木などにみられる．水散布の樹種は，熱帯のマングローブや湿地林の構成種でみられる．

9.2.3 種子散布の進化的解釈

ほとんどの樹種が種子を散布するための独特の形態を持っているのは，それが自然選択上有利であったために進化してきたからである．現在までに種子散布機構の進化を説明する4つの仮説が提示されている（Howe & Smallwood, 1982；Willson, 1992）.

A. 逃避仮説

種子や実生の生残率は，同種成木個体の近辺で低下することが知られている．これは同種成木の周囲に捕食者や病原菌が集まってくるためと考えられている．この同種成木近辺での高死亡率を回避するために，種子を遠くに散布する機構が進化してきたと考えるのが逃避仮説（escape hypothesis）である．

Box 9.3

Janzen-Connell 仮説

逃避仮説のもとになったのは，JanzenとConnellがほとんど同時に独立に発表した，いわゆるJanzen-Connell仮説である（Janzen, 1970；Connell, 1971）.

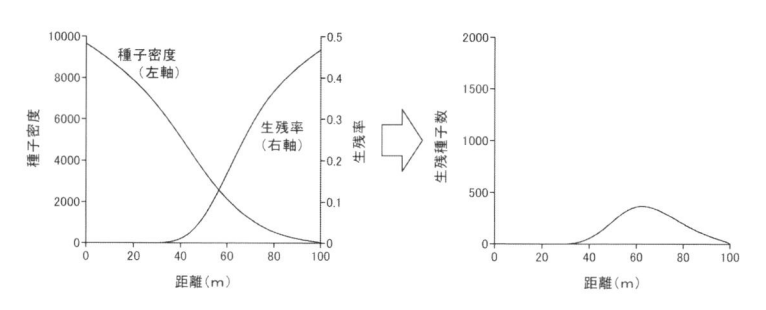

図c　距離に伴う種子密度と生残率の変化（左）と，その結果として生じる生残種子の分布パターン（右）を仮想データで示す．

図 c（左）のように散布された種子密度は，母樹からの距離とともに減衰する．しかし，天敵の密度は母樹付近で高いため，生残率は母樹から離れるほど高くなる．その結果，生残種子は母樹から離れた場所に分布する．今までに，熱帯，温帯を問わず多くの事例でこの仮説から予想されるパターンが確認されている．

B．移住仮説

樹木の種子散布は，種子の発芽率が高く実生の生残・成長率が高い場所（更新適地）に散布されることで成功とみなされる．しかし，そのような更新場所が森林群集内のどこにあるかは，予測不可能である．そこで，種子を広く分散させることで，そのような更新適地に到達する確率が高まるように進化してきた，というのが移住仮説（colonization hypothesis）である．

C．指向性散布仮説

移住仮説のように偶然の確率を高めるためではなく，特定の散布者が更新適地に偏って種子を散布するように，種子散布の機構を進化させたというのが指向性散布仮説（directional dispersal hypothesis）である．

D．兄弟間競争軽減仮説

同じ母親が生産し兄弟関係にある繁殖子どうしが競争する（sib competition あるいは sibling competition）のを回避するため，母樹から離れた場所に種子を散らばらせるように種子散布の機構が進化したとする仮説．また，兄弟個体が散らばらずに同所的に成長して成熟した場合，近親交配を生じる確率が高くなる可能性があり，それを回避するためともいわれている．

E．それぞれの仮説の妥当性

上記の仮説は排他的ではなく，並立する可能性もあるが，どれも厳密には検証されていない．例えば，逃避仮説については，天敵（昆虫や微生物など）の生態の研究が不足している．指向性散布については，それらしき事例の報告はほとんどない．兄弟間競争軽減仮説については，分子マーカーなどのツールが発達してきた現在，ようやく検証が可能になってきた．

9.2.4 種子散布が及ぼす影響

種子散布は，その種自身の繁殖成功に直接的な影響を及ぼすだけではない．視点を変えてみると，例えば景観レベルでの自然再生の成否や，森林群集内での種多様性の維持に大きな影響を及ぼす．

A．景観レベルでの種子散布の影響

埋土種子（第8章）の多寡は森林の前歴に依存する．例えば，人工林として何代も管理されてきた林地では原植生の森林の樹種の埋土種子は少ない．このような場所で撹乱後に森林が自然再生するかどうかは，種子散布に依存する．

撹乱地に散布される種子の量は，周囲の植生（景観構造；第15章）に左右される．種子散布源となる森林が遠ければ，散布される種子の密度は低い．また，周食型散布の樹種の種子散布量は，種子を散布する動物の密度による．大型哺乳類は種子を遠くまで散布しうるが，人為の影響が大きい景観内には棲息しないことが多い．動物散布者が消失（disperser loss）した場合には，撹乱地に散布される種子数が低下し森林再生が抑制される．

このように，撹乱地での森林再生を考える際には，周囲の種子散布源までの距離，その種構成や構造，構成種の散布様式，散布媒介要素（者）など，種子散布にかかわる様々な要因が影響することを考慮する必要がある．

Box 9.4

散布カーネルの種類

シードシャドウの推定は，散布カーネルを推定することと同義である．本来カーネルとは0から∞まで積分すると面積が1となる確率密度関数であり，散布カーネルの場合は母樹からの距離 x の関数 $k(x)$ となる．この確率密度関数に母樹の生産した総種子数 Q をかけたものがシードシャドウである．関数 $k(x)$ を円周長 $2\pi x$ で割れば，距離 x の地点における種子密度となる．現在までに提示されてきた散布カーネル関数には，以下のようなものがある（Clark et al., 1999；Clark et al., 2005）．

指数関数：
$$k(x) = \frac{1}{a} \exp^{\frac{-x}{a}}$$

ガウス関数：

$$k(x) = \frac{2}{a\sqrt{2\pi}} \exp\left(\frac{-x^2}{2a^2}\right)$$

2Dt モデル：

$$k(x) = \frac{2xp}{u\left(1+\frac{x^2}{u}\right)^{p+1}}$$

指数関数とガウス関数は散布曲線の形状が一意的に定まっており，形の左右の伸び縮みを表すスケールパラメータ（scaling parameter）a のみを含む．一方，2Dt モデルは形状パラメータ（shape parameter）p とスケールパラメータ u の2つを含んでいる．例えば p が大きくなると形状はガウス関数に近付く．風散布については，種子が運ばれる物理過程をモデル化した次の関数が提示されている．

GJ モデル：

$$k(x) = \frac{1}{\sqrt{2\pi}\, x\sigma} \exp\left(-\left(\frac{\log\frac{xF}{H\bar{u}}}{\sqrt{2}\,\sigma}\right)^2\right)$$

ここで，H と F はそれぞれ，母樹の高さ，落下時の最高速度を表し，$\bar{u}$ は平均風速を表す．上と同様に母樹の種子生産数 Q をかけて $2\pi x$ で割れば距離 x における種子密度となる（Greene & Johnson, 1989）．

Box 9.5

散布カーネルの推定

　種子トラップで測定したシードレインのデータがあれば，最尤法やベイズ推定法によってカーネル関数のパラメータを推定できる（Clark *et al*., 1999）．動物散布などの場合は果実摂食後の動物の行動を直接観察することでも推定できる．広範囲

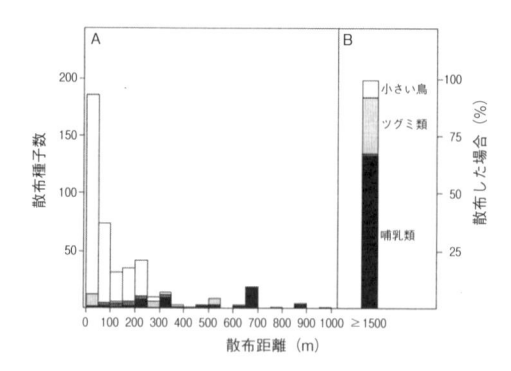

図d　イベリア半島で推定されたサクラ属の一種 *Prunus mahaleb* の散布カーネル
白抜きは小さい鳥，黒塗りは哺乳類（テン）による種子散布を示している．

を移動する鳥や近づくのが危険なツキノワグマなどの場合は，飼育個体で種子の体内滞留時間を計測し，野外においてはラジオテレメトリーや GPS トラッキングによって移動パターンを測定し，両者を組み合わせて散布カーネルを推定する (Murray, 1988). 現在は，種子に付随する母親由来組織の DNA から親個体を同定し，カーネルを推定することもできる．図 d は，上に述べた様々な方法を駆使して推定された *Prunus mahaleb* の散布カーネルである（Jordano et al., 2007).この図から，小さな鳥類の散布距離は短く，哺乳類（この研究の場合はテン）の散布距離は長いことがみてとれる．

B. 種子散布が種多様性に及ぼす影響

樹木の種子散布は，その後の更新（regeneration）の初期過程（種子の生残・発芽や発芽後の実生の生残・成長）に大きく影響し，ひいては個体群動態全体を決定づける（第 10 章).

多くの場合，種子の散布には偏りがみられ，それによって更新の初期過程が制約される現象，すなわち種子散布制限（dispersal limitation）が生じる（Nakashizuka et al., 1995). 具体的には次の 2 つのパターンが考えられる（図 9.2). 1 つは散布距離そのものが短い場合（左)，もう 1 つは，散布距離は長いものの種子の空間分布が不均一な場合である（右). このような種子散布制限は，森林における樹種の共存に貢献すると考えられているが，この詳細は第 13 章にゆずる．

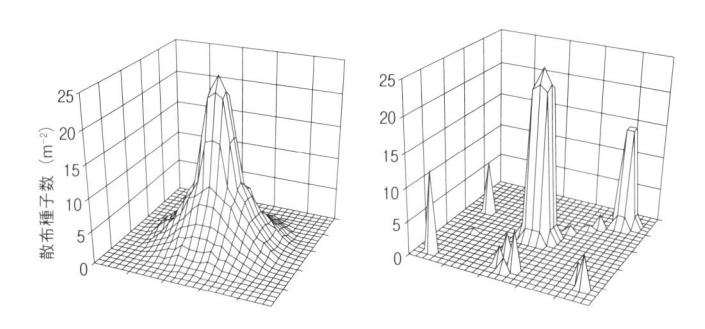

図 9.2 仮想データに基づく種子散布制限の 2 つのパターン（Schupp et al., 2002 を改変）
 正方形空間の中心に母樹があり，そのまわりに種子が散布されている．左は散布範囲が種子源の近くに集中し，離れた場所に散布されないケースを示している．右は散布範囲は広いが，局所的に集中分布し，あらゆる場所に満遍なく散布されてはいないケースを示している．

第10章 樹木の個体群動態

名波 哲

10.1 個体群動態とは何か？

　個体群（population）とは，ある地域に生息する同種生物の集団である．個体群を構成する個体の数の変動を個体群動態（population dynamics）という．個体群動態を扱う研究では，「なぜ個体数は，ある生物種では多く，別の生物種では少ないのか」，「ある生物種の個体数は，増えているのか減っているのか」，「個体数の増減を左右する要因は何か」，「なぜある地域の個体数は増え続けるわけではなく，また絶滅もしないのか」，といった問いに答えることを目的とする．

　個体群における単位時間あたりの出生個体数（B），死亡個体数（D），移入個体数（I），移出個体数（E）を用いれば，個体数（N）の変化は，微分方程式を用いると次のように表される．

$$\frac{dN}{dt}=B-D+I-E \tag{10.1}$$

個体数の変化速度（dN/dt）は，B, D, I, E に依存して決まるので，これらの値を明らかにすることが，個体群動態の研究では重要である．また，B, D, I, E の値は，場所によって異なったり，時々刻々と変化するほうが一般的なので，場所や時刻による値の変化を把握したり，変化の原因を明らかにすることも，大切である．なお，樹木の個体群動態の分析では，種子から芽生えた新たな個体が根付くことを「新規加入（recruitment）」といい，新規加入した個体の数を B として用いるのが一般的である．また，根付いた個体が移動することはないので，移入や移出は起こらない．したがって，I や E は無視して，B と D だけで個体数の増減を記述できる．ただし，複数の局所個体群からなるメタ個体群を考えるときは，局所個体群への種子散布による個体の移入を考慮する必要がある（第13章）．

　森林を構成する様々な樹種の個体群動態を明らかにすれば，森林の将来の種組成や構造を予測したり，森林の維持や管理に関する理論的基盤を与えたりするこ

とができる．

10.2 樹木という生物の特徴

　個体群動態は，その生物種の生活史特性，つまり，個体が生まれてから，どんな過程を経て成長・繁殖し，死に至るかということと密接な関係がある．では，樹木の生物としての特徴とは，何だろうか？
　まず，樹木は固着生活を営む生物である．一度根付いたら，その場所の光，水分，養分などの点で環境が良くなくても，隣に競争相手がいても，他の場所へ移動することはない．一生その場所で生きる．次に，樹木は長寿命の生物である．そして，生きている限り，枝を伸ばし，幹を太らせ，体を大きくし続けることができる．一方で，成長の可塑性もある．例えば光が乏しい環境下では，ほとんど体を大きくしないまま，生き続けることがある．したがって樹木の場合，一般に高齢であるほど体が大きいものの，齢と体のサイズとの関係は緩やかで，同じ齢の個体であっても，体のサイズには個体差がある（図10.1）．
　一本の樹木がつける種子の数は個体のサイズに左右され，個体が繁殖可能なサイズに達するまでに長い年月を要する（第9章）．例えば，奈良県御蓋山の優占種であるナギでは，すべての個体が繁殖するのは，幹の直径が30cmに達してからである（Nanami *et al.*, 2005）．樹木1個体が1回の繁殖で生産する種子の数は，膨大である．奈良県春日山において，幹直径54cmのウラジロガシが1回の繁殖

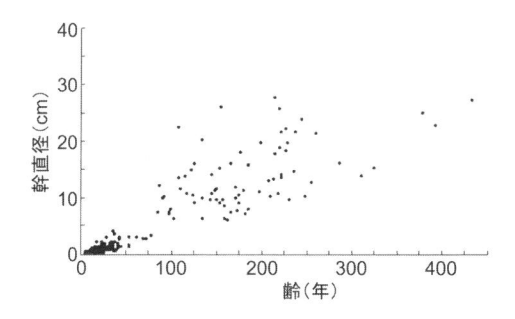

図10.1　ヨーロッパアカマツ（*Pinus sylvestris*）における齢と幹直径の関係
　　　　Ågren & Zackrisson（1990）より作成．

で生産した堅果数は，14万個と推定されている（Hirayama *et al.*, 2008）．そして，樹木は，長い一生の間に何度も繁殖を繰り返す多回繁殖型の生物である．樹木の種子の散布能力は，一般に大きくはないので（第9章），多くの種子は，親木の近くに散布され，発芽する．種によっては，林冠ギャップの形成などによって条件が整うまで種子が発芽せずに休眠するものもある（第8章）．したがって，大きさも年齢も様々な個体が，同じ場所で同時に生育することになる．

　樹木の成長量も，個体のサイズと強い結びつきがある．これは，光合成量と呼吸量のバランスといった生理的特性がサイズによって変わるということの他に，サイズが異なれば個体を取り巻く環境が異なるということにもよる．顕著な例は，日光の当たり方である．何かの物陰になって日光を遮られることを，被陰（suppression）という．樹木の個体群の中には，様々なサイズの個体が存在している．小さい個体は，隣接する大きい個体の枝葉によって被陰された環境で生活することになるため，成長量が小さくなる．一方，大きい個体は，小さい個体によって被陰されることはない（第11章）．サイズによって，個体間に不公平が生じるのである．しかし，大きい個体が枯死したり倒れたりして被陰から解放され光環境が好転すると，小さい個体は旺盛に成長するようになる．

　樹木の個体群動態の調査や解析は，繁殖や成長がサイズと強く関連していることを考慮したものになる．

10.3　生命表

　個体群動態を明らかにするための有効な手法は，生命表（life table）を作成することである（Harcombe, 1987）．生命表とは，出生した一定数の個体が，時間の経過に伴いどのように減少していくかを記載した統計表である．生命表は，出生してから全個体が死亡するまで同齢集団（cohort）を追跡することによって作成される．この追跡により作成された生命表を，特に「動的生命表（dynamic life table）」と呼ぶ．しかしここで，樹木の特徴が制約となる．樹木の寿命が長いため，全個体が死亡するまで同齢集団を追跡することが，現実的には困難なのである．また，膨大な種子生産数を定量化することも難しい．そこで，次のような方法がしばしば用いられる．

1つ目の方法は，ある時刻における個体数を成育段階ごとに明らかにし，その構成から，間接的に個体群動態を推定することである．成育段階とは，個体が何歳になり，どの程度の大きさに成長し，どんな形態や生理的特性を持つ状態（例えば，花を咲かせるようになるなど）に達したか，ということである．この方法

表10.1 アメリカ合衆国テキサス州におけるアメリカブナ（*Fagus grandifolia*）の各成育段階における，1年あたりの死亡率，1つ大きい成育段階へ推移する割合，1個体あたりの種子生産数（Harcombe, 1987）

成育段階	死亡率	1つ大きい成育段階へ推移する割合	1個体あたりの種子生産数
種子	0.90	0.10	0
実生	0.65	0.05	0
稚樹	0.08	0.02	0
小径木	0.06	0.01	0
大径木	0.02		200

表10.2 ニカラグアの熱帯雨林における *Vochysia ferruginea* の，(a)成育段階間の推移行列，(b)推移行列の各要素の感受性，および(c)推移行列の各要素の弾力性（Boucher & Mallona, 1997）（10.5節，10.6節参照）

(a)

成育段階	実生	稚樹	幹直径3.2-5cm	幹直径5-10cm	幹直径10cm以上
実生	0.209	0	0	35.6	70.1
稚樹	0.010	0.653	0.020	0	0
幹直径3.2-5cm	0	0.170	0.407	0	0
幹直径5-10cm	0	0	0.570	0.731	0
幹直径10cm以上	0	0	0	0.266	0.997

(b)

成育段階	実生	稚樹	幹直径3.2-5cm	幹直径5-10cm	幹直径10cm以上
実生	0.09	0.00	0.00	0.00	0.00
稚樹	8.47	0.17	0.04	0.05	0.09
幹直径3.2-5cm	25.11	0.51	0.12	0.16	0.26
幹直径5-10cm	32.72	0.67	0.15	0.20	0.34
幹直径10cm以上	40.12	0.82	0.19	0.25	0.42

(c)

成育段階	実生	稚樹	幹直径3.2-5cm	幹直径5-10cm	幹直径10cm以上
実生	0.017	0	0	0.017	0.057
稚樹	0.075	0.098	0.0007	0	0
幹直径3.2-5cm	0	0.075	0.041	0	0
幹直径5-10cm	0	0	0.075	0.128	0
幹直径10cm以上	0	0	0	0.057	0.358

により作成された生命表は,「静的生命表 (static life table)」と呼ばれる. 2つ目の方法は, 限られた期間内で, 各成育段階に属する個体が生産する種子の数, 成長してより大きい成育段階へ推移する個体の割合, 成育段階ごとの死亡率を記録し(表10.1), それらのデータに基づいて, 個体群動態を推察することである. ただし, 樹木個体群の場合, 種子が発芽し定着した後の成育段階だけについて, 生命表が作成されることが多い (表10.2).

10.4 成育段階構造

樹木の個体群の中には, 大小様々な成育段階の個体が入り混じっている. 個体群を複数の成育段階に分割し, 各段階の個体数を明らかにしたものを, ここでは「成育段階構造 (stage structure)」と呼ぼう. 分割の基準として体サイズが用いられた場合には, 特に「サイズ構造 (size structure)」と呼ばれる. 一方, 齢に注目して分割された場合には,「齢構造 (age structure)」と呼ばれる. 樹木の場合, 齢よりも体サイズ(幹の直径など)が, 成育段階を分割する基準として一般的である. 年輪を読むなどして個体の齢を調べたくても, 伐倒せずに多数の個体の齢を正確に知ることは困難であるので, 齢構造を調査した例(例えばShimoda et al., 1994)は多くはない.

Meyer & Stevenson (1943) は, 負の指数分布と呼ばれるサイズ構造を提唱した. 各階級ごとの個体数を対数目盛上に表すと, サイズが大きくなるにつれて, 個体数が直線的に減少する. 最小のサイズ階級への新規加入が連続的に起こり, また, 各サイズ階級間の死亡率がほぼ等しければ, このような構造が形成される. これに対し, Goff & West (1975) は, rotated sigmoid 分布と呼ばれるサイズ構造を提唱した (図10.2). この構造には, 対数目盛上での個体数が急速に減少する小さいサイズ階級, 個体数が緩やかに減少する中程度のサイズ階級, ふたたび個体数が急速に減少する大きいサイズ階級という3つの段階がある. まず, 小さいサイズ階級で死亡率が高いのは, 小さい個体が上層木により被陰され, 光合成に必要な光を十分に浴びることができないことによる. ある程度のサイズに達し, 被陰から解放されてくると, 死亡率が下がる. そして, さらにサイズが大きくなると, 例えば強風や着氷害にさらされるなど, 自然撹乱(第3章)による損傷を

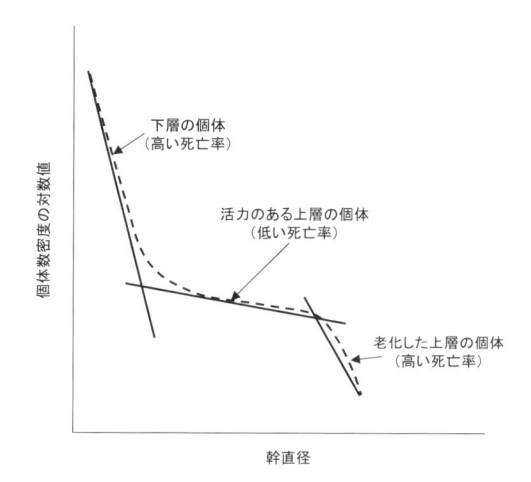

図10.2　死亡率の異なる3つの段階からなる個体群のサイズ構造
　実線は，個体サイズの変化に伴う個体数密度の変化を，破線は，rotated sigmoid 分布を表す．Goff & West（1975）より作成．

受けやすくなったり，生理的な寿命を迎えるため，ふたたび死亡率が高くなる．サイズ階級によって個体群動態の特徴を決める変数（パラメータ）が異なることは，樹木個体をとりまく環境が，長い一生の中で変化することの現れである．実際の観察例として，奈良県御蓋山でのイヌガシとナギのサイズ構造を図10.3に示す．イヌガシ，ナギともに，グラフの縦軸を線形軸で表すと，形状がアルファベットのLの字の形，あるいはJの字を左右反転させた形に見える．このときの形状は，L字型や逆J字型と呼ばれる．グラフの縦軸を対数軸で表すと，イヌガシのサイズ構造は負の指数分布（対数目盛上で個体数が直線的に減少する），ナギのそれは rotated sigmoid 分布（個体数がS字のような曲線を描いて減少する）に合致しているように見える．

　樹木のサイズ構造は，サイズが大きくなるに従って，個体数が単調減少するものばかりではない．中間のサイズ階級の個体数が多い場合には，釣鐘（ベル）型，あるいは正規型（この名は，確率論や統計学で用いられる正規分布に由来する）と呼ばれる．大きいサイズ階級の個体数が多い場合には，J型と呼ばれる（第11章）．また，複数のピークがみられる構造も，しばしば観察される．

　様々な樹種が混交する森林では，森林の構成樹種がそれぞれ特徴的な成育段階構造を持っており（Hara *et al.*, 1995；Tanouchi & Yamamoto, 1995；Masaki *et al.*,

1999),それらは,各樹種の生活史特性や個体群維持の仕組みを反映したものと考えられる.例えば奈良県春日山では,カラスザンショウの個体群の齢構造は,17～27年と70～74年の不連続な2つのピークを示す(図10.4).カラスザンショウは,成育のために強い光を必要とする.森林内でカラスザンショウが定着

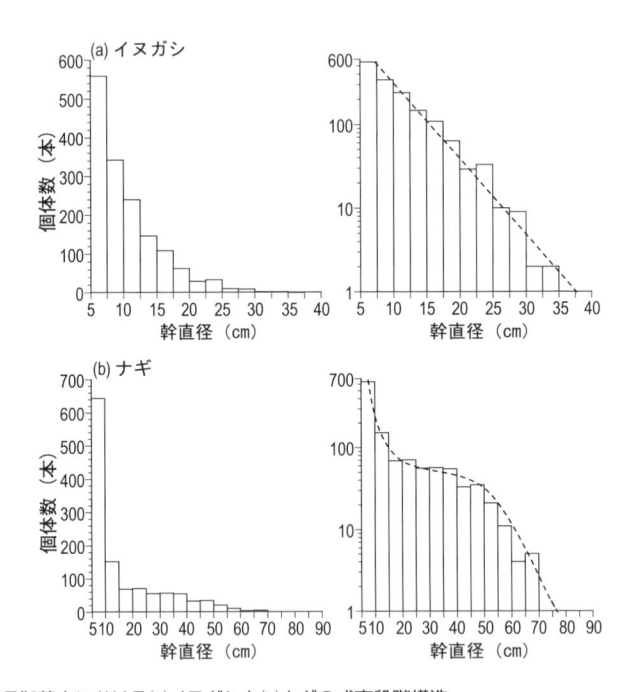

図 10.3 奈良県御蓋山における(a)イヌガシと(b)ナギの成育段階構造
　　　　左は,縦軸を線形軸で表したグラフ,右は,対数軸で表したもの.Nanami *et al.* (2011) より作成.

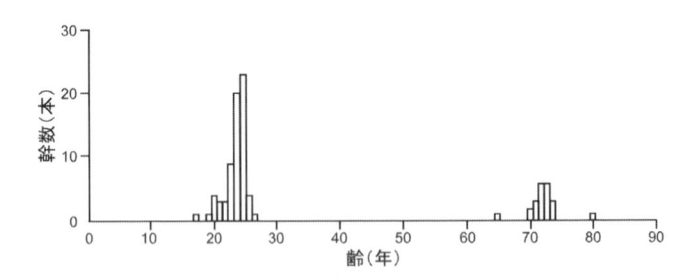

図 10.4 奈良県春日山におけるカラスザンショウの齢構造
Shimoda *et al.* (1994) より作成.

し，成育できる場所は，上層木の樹冠が存在せず，地面にまで強い光が差し込む林冠ギャップである（第8章）．林冠ギャップは，例えば台風などの，森林構造を破壊する自然撹乱によって形成される（第3章）．このような場所は頻繁に形成されるわけではなく，日本では数十年に一度程度の頻度である．春日山のカラスザンショウの齢構造のピークは，過去に台風が奈良を襲った時期と見事に一致していた．観察されたカラスザンショウの齢構造は，個体の新規加入が年により変動するために生じると考えられる．

10.5 推移行列モデル

10.5.1 推移行列の作成

前節10.4で紹介した解析は，成育段階の階級ごとの個体数から，樹木の個体群動態の特徴を推察するものである．樹木個体群のように，様々な成育段階の個体で構成され，個体の成長速度，繁殖量，死亡率が成育段階によって異なる場合，その動態をさらに詳しく解析する方法として，推移行列モデル（または推移確率行列モデル）(Lewis, 1942；Leslie, 1945) がある．推移行列モデルは，齢構造にもサイズ構造にも適用できるが，樹木では，繁殖や成長がサイズと強く関連しており（10.2節），また，齢よりもサイズのほうが調査が容易であるため（10.4節），サイズ構造に適用されるほうが一般的である．

モデルの構築のために必要なデータ収集方法を説明しよう．まず，調査を行う区画を決める．区画の形は，正方形もしくは長方形が一般的だが，まれに円形や不規則多角形の場合もある．区画の面積も，例えば600m^2 (Piñero et al., 1984)～52ha (Yamada et al., 2007) と，様々である．次に区画の中に出現する樹木の1本1本に番号札をつけて識別する．樹木は動かないので，標識をつけ個体識別することは，動物に比べるとずっと容易である．識別後に各個体のサイズを測定すると，1回目の調査が終了する．調査対象とする成育段階は，実生を含む全段階であることもあるし (Kaneko et al., 1999)，ある大きさ（例えば，地上1.5mの位置での幹の直径が2cm (Batista et al., 1998)) 以上であることもある．この調査を一定期間をあけてふたたび行う．調査と調査の間の期間も，1年 (Huenneke & Marks, 1987) ～8年 (Batista et al., 1998) と，様々である．調査を複数回行う

ことにより，その期間に実際に起きた個体群の変化をとらえることができる．どのくらいの時間間隔で調査を行うことが望ましいかについては，答えることが難しい．例えば1年間隔という短い期間で調査を繰り返せば，個体群動態と気象条件との関係を年ごとにみる（Clark *et al.*, 2003）など，詳細な解析が可能になる．しかし，樹木のように成長速度が遅かったり死亡率が低かったりすると，短い調査期間では十分な変化をとらえることができない．十分な個体群の変化をとらえるためには，ある程度長い調査間隔が必要である．ただし，調査期間が長ければ，その間に新規加入し，なおかつ死亡する個体を検出できなくなったり（Kohyama & Takada, 1998），理論的研究から，新規加入率や死亡率が小さく見積もられる可能性があることが指摘されている（Sheil & May, 1996）．

個体群を s 個の成育段階に分割したとしよう．時刻 t において，各成育段階に属する個体の数をそれぞれ，$n_{1,t}$, $n_{2,t}$, $\cdots n_{s,t}$ と表す．例えば，$n_{1,t}$ は時刻 t において成育段階1に属する個体の数を表す．これらの値を，次のような s 行1列の行列で表す．

$$\begin{pmatrix} n_{1,t} \\ n_{2,t} \\ \vdots \\ n_{s,t} \end{pmatrix} \quad (10.2)$$

数学的な表現に抵抗を感じるかもしれないが，s 個の数値が縦に並んでいるだけである．各成育段階の個体数を表す s 個の数値が1組になって，その個体群の特徴を示しているわけである．次に，一定時間が経過した後，2回目の調査が行われた時刻を $t+1$ とし，その時刻における成育段階ごとの個体数を，次のような s 行1列の行列で表す．

$$\begin{pmatrix} n_{1,t+1} \\ n_{2,t+1} \\ \vdots \\ n_{s,t+1} \end{pmatrix} \quad (10.3)$$

調査が行われた時刻を表す添字が t から $t+1$ に変わっている．ここで +1 とは，「1」期間が経過したことを意味しており，その「1」期間の長さは，1年の場合もあれば，8年の場合もある．時間の経過に伴い，各成育段階の個体数は，ふつう変化する．成長してより大きな成育段階に移った個体もあれば，同じ成育段階

にとどまっている個体もあるだろう．図 10.5 は，各成育段階の個体数の変化を図式化したものである．矢印 $a_{q,p}$ は，成育段階 p から成育段階 q へ移動した個体数の割合（$0 \leq a_{q,p} \leq 1$）である．

　例えば，成育段階 2 の個体数 $n_{2,t}$ に注目しよう．まず，$a_{2,1}$ は，時刻 t において成育段階 1 に属していた $n_{1,t}$ 個の個体のうち $a_{2,1}$ の割合の個体が成長してサイズが大きくなり，時刻 $t+1$ においては成育段階 2 に属することになったことを意味する．成育段階 2 には成育段階 1 から $a_{2,1} \times n_{1,t}$ 個体が加わったことになる．次に，$a_{2,s}$ は，サイズが小さくなって成育段階 s から 2 に移動した個体の割合である．成育段階 2 には $a_{2,s} \times n_{s,t}$ 個体が加わったことになる．木化した幹や枝の太さや長さが縮むということは珍しいが，例えば幹・枝が腐ったり，強風で折れたり，草食動物にかじられたりして，樹木が損傷した場合には，サイズが小さくなることもある．したがって，$a_{2,s}$ という割合も想定しておく．成育段階 s から 2 への移動が観察されなければ，$a_{2,s}=0$ とすればよいだけである．最後に，サイズがあまり変化せず，成育段階 2 にとどまる個体もあるだろう．その割合と個体数は，それぞれ $a_{2,2}$ と $a_{2,2} \times n_{2,t}$ である．このように s 個すべての成育段階からの成育段階 2 への移動（成育段階 2 にとどまった個体については，成育段階 2 から 2 へ移動した，と考える）を考えると，時刻 $t+1$ における成育段階 2 の個体数は，次の通りである．

$$n_{2,t+1} = a_{2,1} \times n_{1,t} + a_{2,2} \times n_{2,t} + \cdots + a_{2,s} \times n_{s,t} \tag{10.4}$$

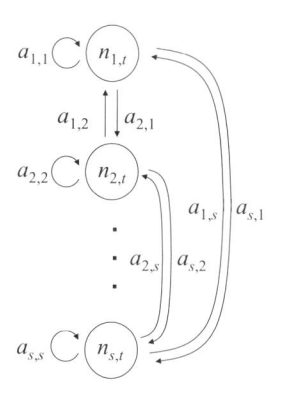

図 10.5　成育段階間の個体数の変化の概念図
　　　$n_{s,t}$ は，時刻 t において成育段階 s に属する個体の数を表す．矢印 $a_{q,p}$ は，成育段階 p から成育段階 q へ移動した個体数の割合（$0 \leq a_{q,p} \leq 1$）である．

これを，すべての成育段階の個体数について書くと，次の通りである．

$$n_{1,t+1}=a_{1,1}\times n_{1,t}+a_{1,2}\times n_{2,t}+\cdots+a_{1,s}\times n_{s,t}$$
$$n_{2,t+1}=a_{2,1}\times n_{1,t}+a_{2,2}\times n_{2,t}+\cdots+a_{2,s}\times n_{s,t}$$
$$\vdots$$
$$n_{s,t+1}=a_{s,1}\times n_{1,t}+a_{s,2}\times n_{2,t}+\cdots+a_{s,s}\times n_{s,t}$$

これは，次のような，行列の演算として表現することができる．

$$\begin{pmatrix} n_{1,t+1} \\ n_{2,t+1} \\ \vdots \\ n_{s,t+1} \end{pmatrix} = \begin{pmatrix} a_{1,1} & a_{1,2} & \cdots & a_{1,s} \\ a_{2,1} & a_{2,2} & \cdots & a_{2,s} \\ \vdots & \vdots & \cdots & \vdots \\ a_{s,1} & a_{s,2} & \cdots & a_{s,s} \end{pmatrix} \times \begin{pmatrix} n_{1,t} \\ n_{2,t} \\ \vdots \\ n_{s,t} \end{pmatrix} \qquad (10.5)$$

この式の中で，$a_{1,1}$ から $a_{s,s}$ までの要素で埋められた s 行 s 列行列（s 次正方行列）を，推移行列（transition matrix）と呼ぶ．(10.2) の行列，(10.3) の行列，式 (10.5) の中の推移行列をそれぞれ N_t, N_{t+1}, A とすると，(10.5) は次のように書き改められる．

$$N_{t+1}=AN_t \qquad (10.6)$$

推移行列 A を次々乗じ，$N_1=AN_0$, $N_2=AN_1$, $\cdots N_{t+1}=AN_t \cdots$ と，任意の時刻の成育段階構造を求めることができる．

　推移行列 A の各要素は，すでに述べたように，ある成育段階から他の成育段階へ移動した個体の割合であり，これら $s\times s$ 個の要素の組み合わせ全体が，その個体群の動態を表している．したがって，推移行列 A の性質を調べることが，すなわち，その個体群の動態の性質を調べることになる．実際のデータから作成された推移行列 A から，個体群の安定成育段階構造 u（時間が経過しても，成育段階間の個体数の比が変化しない構造），安定成育段階構造に達した後の期間増加率 λ（一調査期間あたりの個体数の増加率），各要素の感受性 s_{ij}（ある要素が単位量だけ変化した時の期間増加率 λ の変化量）や弾力性 e_{ij}（ある要素が単位割合だけ変化した時の期間増加率 λ の変化割合）といった情報を得ることができる．

10.5.2 安定成育段階構造と期間増加率

　推移行列の演算を十分な回数繰り返すと，個体群は，各成育段階間の個体数の比が一定の，安定成育段階構造と呼ばれる状態に収束すること，その個体数の比は，推移行列 A に依存して決まり，計算開始時点での成育段階構造 N_0 には無関

係であることがわかっている．また，一調査期間中に個体数が何倍に増加するのかを示す期間増加率は，個体群が安定成育段階構造に達した後には一定の値 λ になることがわかっている．安定成育段階構造を s 行 1 列行列 u，期間増加率を λ とすると，収束した後の個体群の変化は，次の式で表される．

$$Au = \lambda u \qquad (10.7)$$

推移行列 A を u に乗じると，u を構成する各要素の値は λ 倍になるが，値の比は変わらない．u と λ を求めることにより，最終的に到達する成育段階構造や個体群の期間増加率を知ることができる．式 (10.7) における u は行列 A の右固有ベクトル，λ は固有値と呼ばれる（Box 10.1，Box 10.2）．

Box 10.1

固有値と固有ベクトル

　s 個の数値から成り立つ組は，s 次元座標上の 1 つのベクトルとみなすことができる．ベクトルに行列を掛けて，新たなベクトルに変換することを，線形変換と呼ぶ．与えられた行列は，この変換の規則を表しているといってよい．この変換により，方向は変わらず，要素の大きさだけが変わるベクトルが存在する．そのようなベクトルは，与えられた行列に固有のもので，そのベクトルを固有ベクトル，要素の大きさの変換の倍率 λ を固有値という．一般に s 次正方行列 A の固有値は，値が重複する場合も含めて s 個あり，それぞれの固有値と対になって固有ベクトルが存在する．固有ベクトルには，行列 A の右側から作用する右固有ベクトル u（s 行 1 列の縦ベクトルである）と，左側から作用する左固有ベクトル v（1 行 s 列の横ベクトルである）がある．

　右固有ベクトル u とは，行列 A に右側から作用した時，各要素が λ 倍になるベクトルなので，次の関係が成り立つ．

$$Au = \lambda u,$$

すなわち，

$$(A - \lambda E)u = 0$$

ただし E は，s 次の単位行列（すべての対角要素が 1，対角要素以外のすべての要素が 0 である正方行列）である．また，u は零ベクトル（すべての要素が 0 であるベクトル）ではない．したがって，行列式 $|A - \lambda E| = 0$ が成り立ち，この解を求めることにより，固有値 λ が得られる．さらに，$(A - \lambda E)u = 0$ から，右固有ベクトル u が求められる．

　ここで行列 A の具体例を挙げる．

$$A = \begin{pmatrix} 1.0 & 0.2 \\ 0.2 & 1.0 \end{pmatrix}$$

計算すると，固有値 λ と右固有ベクトル u として，次の2組が得られる．

$$\lambda = 1.2, \quad u = \begin{pmatrix} 1 \\ 1 \end{pmatrix}, \quad \text{および} \quad \lambda = 0.8, \quad u = \begin{pmatrix} 1 \\ -1 \end{pmatrix}$$

図aは，2次元座標上の整数点で表されるベクトルの，行列 A の線形変換による移動を示している．矢印は変換前後の2つのベクトルを結んだものである．いくつかのベクトル（座標上の点として表されている）は，傾きが1あるいは -1 の方向に向かって移動する様子がわかる．この特定の方向にあるベクトルが，行列 A の右固有ベクトル u である．右固有ベクトル u と同方向のベクトルはすべて，要素の値が一定の倍率 λ で変化している．この λ の値が行列 A の固有値である．図中の傾き1の方向のベクトルでは，変換後に各要素の値が1.2倍に，傾き -1 の方向のベクトルでは0.8倍になっている．

左固有ベクトル ν とは，行列 A に左側から作用した時，各要素が λ 倍になるベクトルなので，次の関係が成り立つ．

$$\nu A = \lambda \nu,$$

すなわち，

$$\nu(A - \lambda E) = 0$$

固有値 λ と左固有ベクトル ν を求める手順は，右固有ベクトルの場合と同じである．

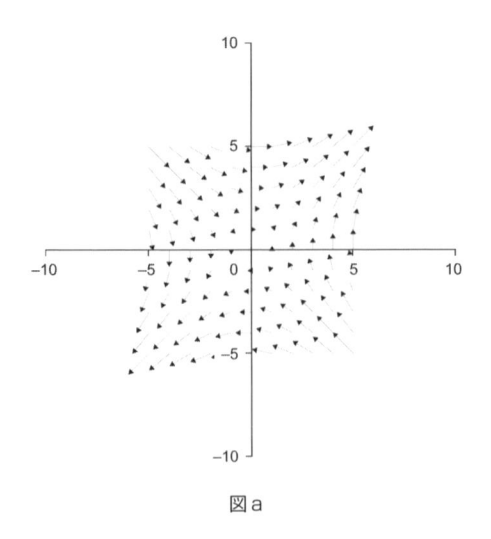

図a

> **Box 10.2**
>
> s 次正方行列の固有値は，値が重複する場合も含め s 個あるが，個体群の期間増加率は，その中の最大固有値である．これは，時間が経過するにつれて，s 個の固有値のうち最大の絶対値を持つ値の効果が大きくなることと，絶対値が最大の固有値が正の実数であることによる．絶対値最大の固有値が，正の実数であることは，樹木の個体群動態を記述する推移行列においては要素が負の値にはならないので，フロベニウスの定理が成立することによる．フロベニウスの定理は，すべての成分が 0 または正の実数である正方行列について，絶対値最大の固有値が正の実数であることを保証するものである．

10.6 樹木の個体群動態の推移行列モデル

Boucher & Mallona (1997) は，ニカラグアの熱帯雨林においてウォキシア科ウォキシア属の樹木，*Vochysia ferruginea* の個体群動態を調査した．調査区の面積は 0.8ha，調査期間は 5 年間である．彼らは，個体群を 5 個の成育段階に分け，表 10.2(a) のような推移行列を得た．例えば，幹直径 5〜10cm の縦列に注目しよう．まず 35.6 という値は，幹直径 5〜10cm の個体が，1 個体あたり平均 35.6 本の実生を生産したということを意味する．これは，式（10.1）の B，すなわち，発芽してから定着し，個体群に新規加入した個体数に関連する．0.731 とは，調査開始時にこの成育段階に属していた個体のうち，73.1％が，5 年後においても同じ成育段階であったことを示している．また，0.266 という値から，26.6％の個体が，成長して幹直径 10cm 以上の成育段階に移ったことがわかる．この 2 つの値を足し合わせると，0.997 で 1 に満たない．その差の 0.003 は，0.3％の個体が 5 年間で死亡したことを意味している．式（10.1）の D に関連する．

推移行列から求められた期間増加率は 1.156（これはかなり大きい値である）で，個体数は増加する傾向にあった．推移行列の各要素の感受性（Box 10.3）をみると（表 10.2(b)），各要素が単位量だけ変化したときの，期間増加率 λ の変化量を具体的に知ることができる．観測されなかった成育段階間の推移（表 10.2(a) で，0 であった推移）が起こった時に，その効果を評価することも可能である．例えば，幹直径 10cm 以上の成育段階から 5〜10cm の成育段階への推移がもし

Box 10.3

推移行列の各要素は，どの成育段階で繁殖を開始するのか，繁殖個体はどれだけの数の種子を生産するのか，各成育段階の個体がどんな速さで成長するのか，といった，その植物種の一生の送り方，すなわち生活史を示している．そして成育している環境条件下でより個体数が増えるような生活史が結果として残ってきた，と考えられている．

それでは，行列の各要素，つまり繁殖の開始時期，生産する子孫（種子や萌芽など）の数，成長速度などの間で，個体数の増加に対する貢献の大きさには違いがあるのだろうか？「貢献が大きい」とは，その要素の値が少し変化しただけで，期間増加率 λ が大きく増えたり減ったりする，ということである．各要素の貢献の大きさは，各要素の変化に伴って期間増加率がどれだけ変化するか，ということで評価でき，この方法は，感受性分析と呼ばれる．行列 A の i 行 j 列目の要素 a_{ij} の感受性（sensitivity）s_{ij} は，次の通りである．∂ は，注目している変数だけを単位量だけ変化させ，他の変数は一定に保つことを意味する，偏微分記号である．

$$s_{ij} = \frac{\partial \lambda}{\partial a_{ij}} = \frac{v_i u_j}{\sum_i u_i v_i}$$

さらに，s_{ij} は，

$$s_{ij} = v_i u_j$$

と表すことができる（Caswell, 2001）．ここで，v_i と u_j はそれぞれ，推移行列 A の最大固有値に対応する左固有ベクトルの i 番目の要素と右固有ベクトルの j 番目の要素である（Box 10.1）．

感受性が推移行列の要素 a_{ij} の変化量あたりの個体群の期間増加率 λ の変化量を表すのに対し，a_{ij} の変化率あたりの λ の変化率を表したのが，弾力性（elasticity）e_{ij} である．e_{ij} は，a_{ij} の対数の変化量あたりの λ の対数の変化量，すなわち，

$$e_{ij} = \frac{\partial \ln \lambda}{\partial \ln a_{ij}} = \frac{a_{ij}}{\lambda} \frac{\partial \lambda}{\partial a_{ij}} = \frac{a_{ij}}{\lambda} s_{ij}$$

と表される．

感受性の値は，各要素が単位「量」だけ変化した時の期間増殖率 λ の変化量である．したがって，各要素が単位量だけ変化した時，個体数が増加・減少のどちらに転じるのか，またその程度について，具体的な指標となる．一方，弾力性の値は，各要素が単位「割合」だけ変化した時の，期間増加率 λ の変化割合である．したがって，個体数の増減に対してどの要素の貢献が大きいか，ということを，要素間で比較するために有効である．この説明だけではわかりにくいかもしれないが，10.6 節の具体例をみるとイメージができるかもしれない．

起これば，期間増加率は，0.34 変化することがわかる．ただし，実生から幹直径 10cm 以上の成育段階への推移（感受性は 40.12 ときわめて大きい）のように，生物学的に起こりそうにない推移の効果を考えることは無意味である．また，親樹 1 個体あたりの実生の生産数（例えば，幹直径 10cm 以上の成育段階の個体は，1 個体あたり 70.1 本の実生を生産する（表 10.2(a)））のように値の大きい要素に関しては，期間増加率 λ に対する効果を単位量あたりで評価すると，きわめて小さい（値が小さいため，表 10.2(b) では 0.00 となっている）ことも留意すべきである．そのため，期間増加率に対する貢献の大きさを要素間で比較するためには，弾力性を用いるほうが妥当である．弾力性（Box 10.3），をみると（表 10.2(c)），幹直径 10cm 以上の個体がその成育段階のまま生き続けることの弾力性の値が 0.358（35.8％）であり，期間増加率に対する貢献が最も大きい．次に貢献が大きいのは，幹直径 5〜10cm の個体がその成育段階のまま生き続けることで，弾力性の値は，0.128（12.8％）である．幹直径 10cm 以上の個体や 5〜10cm の個体が種子を生産し，それらが発芽して実生として定着することの弾力性は，0.057（5.7％）と 0.017（1.7％）と，大きくはない．生き続けて同じ成育段階にとどまることの弾力性は，全体で 0.643（≒0.017+0.098+0.041+0.128+0.358）で，最も大きかった．次に，成長してより大きい成育段階に移ることの弾力性は，0.282（≒0.075+0.075+0.075+0.057）であった．最後に，生産された種子が発芽し，実生が定着することの弾力性は，0.074（≒0.017+0.057）で，最も小さかった．

　Batista *et al.* (1998) は，北米のアメリカブナ（*Fagus grandifolia*）の個体群動態とそれに対するハリケーン（大西洋西部で発生する熱帯低気圧）の影響を調査した．調査区の面積は 4.5ha，調査対象は幹直径 2 cm 以上のすべての個体である．彼らは，ハリケーンが来る前の 6 年間とハリケーンによる自然撹乱を受けた後の 8 年について，別々に推移行列を作成した．その結果，ハリケーンが来た後の 8 年間では，大径木の生存率は低下した．これは，強風にさらされ死亡する個体があることに加え，生き残ったものの激しい損傷を受けた個体が，時間が経過してから死亡したことによる．一方，小径木の生存率や成長量は，ハリケーン後に増加した．また，個体の新規加入も増加した．これは，ハリケーンにより大径木の幹や枝が損傷して林冠ギャップが生じ，小さい個体にとって光環境が好転したためだと考えられる．個体群動態に対するハリケーンなどの自然撹乱の影響

は，撹乱が発生した時刻だけでなく，その後のある程度の期間の中で現れていた．推移行列から求められた期間増加率は，ハリケーンの前には 0.983 で，個体群は衰退する傾向にあったが，ハリケーンの後には期間増加率は 1.007 となり，増加する傾向に転じた．この研究は，樹木の個体群動態の時間変化を検討した事例である．

　個体群動態の時間変化と森林内の生育地（habitat）タイプによる変異を研究した例としては，Yamada *et al.* (2007) がある．彼らは，ボルネオ島の熱帯多雨林に設置された 52 ha 大面積調査区において，アオギリ科フネミノキ属の *Scaphium borneense* の個体群動態を 10 年間追跡調査し，前半の 5 年間と後半の 5 年間の 2 つの時期で，動態を比較した．調査区内の生育地は，谷部，斜面部，尾根部に分類され，生育地間の動態の比較も行われた．個体数密度（個体/ha）は，谷部で 6.7，斜面部で 22.9，尾根部で 59.5 と生育地間で大きく異なっていた．しかし，時期や生育地にかかわらず，期間増加率の値はほぼ 1 に近かった．したがって個体数は，いずれの生育地においても安定しており，個体数密度の生育地間の差は，今後も維持されると推測された．このことは，計算から導かれた安定成育段階構造が，実際に観察されたものに類似していたことからも支持されていた．さらに，幹直径を 5 cm 間隔で刻むことにより，個体群を 9 つの成育段階に分け，弾力性分析を行ったところ，生育地間で各成育段階の弾力性に大きな差はなく，個体群の維持機構は似ていることが示された．

10.7 推移行列モデルの拡張性

　Kaneko *et al.* (1999) は，日本の渓畔林に生育するトチノキの個体群動態を 8 年間追跡した．その結果，調査区全体の期間増加率は 1.0298 で個体数は増加する傾向にあること，弾力性の値から，大きい成育段階の個体の生存が期間増加率に貢献していることを示した．また，調査区を斜面，段丘，氾濫原に分割して，これら 3 つの生育地のサブ個体群は種子散布を通して結びついていること，個体群動態は生育地間で異なることを示した．さらに，弾力性の値から，斜面のサブ個体群が新規加入個体の散布源として，森林全体での個体群維持に大きく寄与していると結論づけた．Kaneko & Kawano (2002) は，同じ調査区でサワグルミの

個体群動態を調査している．その結果，個体数が増加する傾向にあること，個体群動態が生育地間で異なることはトチノキと同様だが，サワグルミの場合は，氾濫原のサブ個体群が森林全体の個体群維持に重要であることが示された．これらの一連の研究は，複数の生育地の推移行列を，種子の移入という空間性を組み込んで統合した，推移行列モデルの発展形である．これらの他にも，推移行列モデルの発展形としては，閉鎖林冠下と林冠ギャップ下で推移行列を別々に作成し，ギャップダイナミクス（第8章）と推移行列モデルの融合を試みたもの（Abe et al., 1998；Abe et al., 2008；Tanaka et al., 2008），個体群の密度の変化に伴い推移行列の要素の値も変化するとし，密度効果を考慮したもの（Takada & Nakashizuka, 1996），雄株と雌株を別々に扱うことにより，雌雄異株樹木の個体群動態を解析したもの（Nanami et al., 2000）などがある．推移行列モデルは，今後も様々な樹木個体群の研究に活用される可能性を持っている．

Box 10.4

様々な個体群動態モデル

●移流方程式モデル

　推移行列モデルでは，樹木の成育段階は，離散的な変量として扱われる．サイズに基づきいくつかの成育段階に個体群を分割した場合，1つの段階の中にも様々なサイズの個体が含まれるが，その情報は活用されない．また，個体のサイズが変化しても，サイズが成育段階を区切る境界値を超えなければ，成育段階間の個体の移動とはみなされない．さらに，成育段階を区切る境界値は任意に設定できるので，区切り方によって解析結果が異なるであろう．これに対し，個体のサイズを連続量として扱うモデルの1つが，流体力学における「連続の式（continuity equation）」に死亡項を加えたモデルであり，移流方程式とも呼ばれるものである（甲山・可知，2004）．このモデルは，時間 Δt の間に起こるサイズ x から $x+\Delta x$ の区間にある個体数密度の変化を成長による加入と移出，死亡による減少で記述し，Δt と Δx を十分小さくした偏微分方程式として記述される．繁殖による個体の加入については，出生時の個体サイズ x_0 を持つ個体の数を与える境界条件として，別に与えられる．このモデルを樹木のサイズ構造動態に適用した事例は多くあり（例えば，Nagano, 1978），森林の追跡調査により得られたデータから導かれた安定サイズ構造が，実際に観察されるサイズ構造とよく一致することが示されている（Kohyama, 1991）．

●格子モデル

　樹木の個体群動態を考えるとき，重要な項目の1つは，樹木個体の生育している「位置」である．樹木の種子の多くは，種子散布制限のため母樹の近傍に散布される（第9章）．そのため，程度に種間差はあるものの，実生は，母樹の周囲の限られた範囲に集中分布することが多い．さらに，様々な物理的，化学的，生物的な要因によって個体の生存，成長が左右されるため，生き残った個体は，森林内の特定の場所に限られることが多い．また，樹木は，固着性生物であるため，個体間の相互作用はおもに，すぐ近くに隣接する個体間で生じる．樹木の位置を取りこんだモデルの1つが，格子モデル（lattice model）である．格子モデルでは，樹木の成育場所が碁盤の目のような正方格子状に並んでいると仮定する．格子点（あるいは格子のマス）は，個体によって占有されているか空白であるかのいずれかの状態を取るとし，各格子点の状態は，その格子点自体はもちろん，周囲の格子点の状態からも影響を受けつつ変化すると考える．例えば，日本の亜高山帯にみられる森林の「縞枯れ」が，風上側に隣接する樹木よりも背の高い樹木が風にさらされ枯れることによって生じることが，格子モデルにより示されている（Satō & Iwasa, 1993）．

●個体ベースモデル

　先に紹介した推移行列モデルは，個体群をいくつかのサブ個体群に分けて，サブ個体群を単位として，その挙動を記述したものである．つまり，推移や死亡率という観測から得られた数値データは，複数の個体の集まりであるサブ個体群に対して与えられている．これに対し，個体群を構成する「個体」を単位とし，各個体の成長や死亡や繁殖といった活動の集積として，個体群の動態を記述するモデルが，個体ベースモデル（individual based model）である．個体ベースモデルは，同じサブ個体群内でも個体ごとに異なる挙動を明確に考慮する，個体どうしの相互作用を正確に調べることができる，といった特徴をもつ．Kubo & Ida（1998）は，林床がササで覆われているブナ林分の動態を個体ベースモデルにより解析し，林分の存続確率は，ブナの成長率よりも死亡率に関わるパラメータに強く依存することや，ササの寿命と一斉枯死からの回復時間に影響されることを示した．

第11章 樹木の個体間競争と種の共存

西村尚之・原 登志彦

11.1 はじめに

　植物群集は，それを構成する同種異種の各個体が様々な関係で結びついた，まとまりのある集団として維持されている．例えば，多様な種から成り立つ森林群集の維持機構を理解するためには，森林の更新や樹木個体群の動態のプロセス（第8～10章）だけでなく，そのような現象がなぜ起こるのかというメカニズムも明らかにする必要がある．その中で個々の樹木の死亡や成長にかかわる樹木個体間の相互作用は，特に重要な要因の1つである．一般に生物間の相互作用は「競争」「捕食・寄生」「共生」に類型化できる．「捕食・寄生」や「共生」の関係は生態系内の異なる栄養段階（trophic level）の種個体間にみられるが，同じ栄養段階にある森林樹木の個体間では「競争（competition）」の関係が広く認識されている．

　固着性である植物個体の集団（群集や個体群）内では，個体密度が高くなれば，個体間距離が近くなり，各個体の占有空間は小さくなる．結果的に各個体が獲得できる生存に必要な資源量も減少し，資源をめぐる個体間競争が植物集団の構造やその変化に影響を及ぼす．植物の個体間競争は，資源要求が同じである同種個体間だけでなく，共通の資源を直接的・間接的に利用する異種個体間でも起こり，多種系の森林群集では樹木の個体間競争が複雑な群集構造を形成・維持する役割を持っている．しかし，逆にいえば森林構成樹種の相互関係は非常に複雑であり，人間の寿命に比べて長い時間を持つ森林，特に極相林（climax forest）での樹木個体間競争を実証するための野外観察データはほとんどない．ところが，野外観察や実験による検証ができない場合でも，現実の森林群集をできる限り単純にモデル化することにより，森林群集の維持機構における樹木個体間競争の重要性を示すことができる．そこで本章では，モデル，特に数理モデルを使った研究からの知見をもとに，樹木の個体間競争の基本概念を示し，樹木個体間競争が森林

群集の維持や種の共存（species coexistence）とどのように関係しているかについて解説する．

11.2 樹木個体間競争の解析における数理モデルの役割

　固着性の陸上植物の資源をめぐる競争は目に見えるわけではないので，まず植物個体間の競争の実態を何らかの方法で定量的に示す必要がある．一般には，植物個体群の生態的特徴を，個体密度，サイズ構造，齢分布，空間分布，遺伝的構造などから知ることができる．そのような個体群の属性は個体の死亡や繁殖により時間とともに変化し，この知見は個体群構造の形成過程やそのメカニズムを理解するために役立つ．特に，「個体間競争の結果は個々の個体の成長や死亡だけでなく，その集団のサイズ構造に現れる」ということが，草本個体群でも樹木個体群でも知られており（Ford, 1975），植物個体群のサイズ構造の定量的な記述やパターンの解析は，個体間競争の実態を間接的に知るための重要な方法である（Hutchings, 1986）．なお，このサイズ構造とは，平均値（mean）や最頻値（mode）などの統計学的な数値により表すことができるもので，頻度分布（frequency distribution）もその1つに含む概念である．しかし，植物個体群のサイズ構造は一部の個体の加入や死亡から推測されるパラメータだけでなく，すべての個体が対象となる成長速度のようなパラメータにも左右され，短命な植物であればそのような個体群の変化を実際に観察できるが，長命な樹木個体群の変化を知るためには数十年以上の長期観測さえ十分でない．

　また，個体間の競争のみが個体群全体のサイズ構造に影響するわけではない．実際にはすべての植物個体が同じ環境条件下で生育しているとは限らず，その生育位置により光や土壌中の水分・栄養塩類の状態も若干異なる．加えて，個体の遺伝的変異や，まったくの偶然やランダムな要因も考えられ，植物個体サイズは，競争の作用だけではなく様々な要因によってもばらつくため，個体群のサイズ構造の特性を平均的な値で表しただけでは，その特徴に及ぼす各要因の影響は十分に理解できない．例えば，個体サイズの観察値の頻度分布は，必ずしも分布の形状が左右対称の正規分布になるとは限らず，いわゆるL型とかJ型という形状（第10章）になることもあり，この場合の平均値は個体群全体のサイズ構造を的

確に反映した代表的な値とはいえない．もちろん，このような個体サイズの頻度分布の形状が植物の個体間競争の存在を現すこともあるが（図11.1），この方法だけではサイズ構造の変化と個体間競争との因果関係を直接推論することはできない．

さらに，植物個体群のサイズ構造に影響する種特性などの内的要因や様々な外的要因を定量的に把握するためには，それぞれの要因を分離した解析が必要である．しかし，そのための大規模かつ緻密な操作実験でさえ自然状態を正確に再現できず，そのような解析は無理である．そこで，目に見えない個体間競争の様式を把握するために，個体群のサイズ構造をできるだけ現実に近いモデルに表し，サイズ構造に及ぼす個体間競争の影響を定量的に解析できる数理モデル（mathematical model）が使用されている．次節では，まず，この数理モデルの基礎となるサイズ構造に注目した樹木個体間競争の基本概念について解説する．

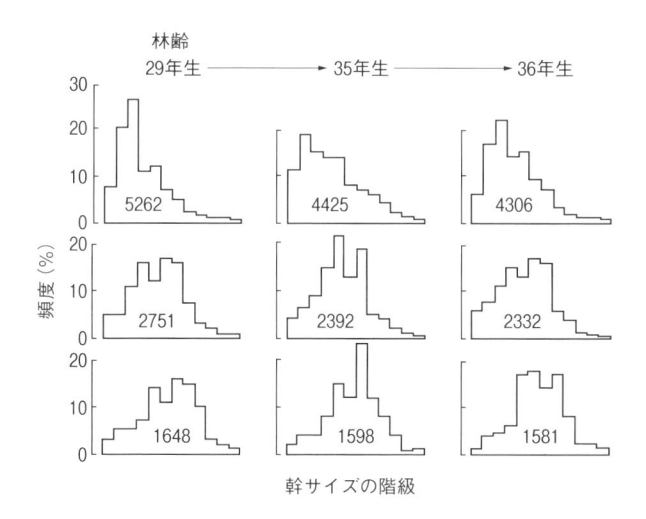

図 11.1 異なる植栽密度（ha あたりの生存木数を各頻度分布内に記載）で生育させたシトカトウヒ（*Picea sitchensis*）同齢林における幹サイズ分布の時間変化（Ford（1975）より一部改変）
高密度の集団（上段：植栽間隔 0.91m）ではL型分布を，より密度が低い集団では左右対称の正規型（中段：同 1.83m）や，最頻値がサイズの大きい方にやや偏ったJ型（下段：同 2.44m）に近い分布を示す．また，その形状は時間経過とともに変化することがわかる．

11.3 樹木個体間競争の基本概念

陸上植物の主要な資源である光や土壌中の水分・栄養塩類などは群集内では平面的または垂直的に不均一なため，同種異種を問わず個体間の位置関係が競争の程度を規定する．特に，森林は資源分布の不均一性が大きい群集であり，多くの個体は常に他個体と競争関係にある．また，植物個体間の齢や遺伝的構成には大差がなく，個体サイズのばらつきが大きい集団では，サイズの大きな個体ほど生存や成長に相対的に有利である．例えば，階層構造（stratification）の発達した森林群集（第7章）では，よりサイズの大きな個体は他個体に比べて優先的に光エネルギーを獲得できるため，光資源をめぐる競争では優位になる．その結果，より小さな個体の成長は単独で生育する場合の成長に比べて悪くなる．このように，樹種に関係なくサイズに差がある個体間で生じる，より大きな個体が資源を有利に獲得するような競争の様式を「一方向的競争（one-sided competition）」という（図11.2a）．一方，樹種に関係なく同じサイズの個体間で生じるような，あるいは，サイズの大きさが資源獲得の程度に違いをもたらさないような，どちらの個体の成長にも同程度の影響が生じる競争の様式を「対称的競争（symmetric competition）」といい，森林内の同じ階層（stratum）に位置する個体間の光資源をめぐる競争や，個体サイズにかかわらず土壌中の水分や栄養塩類などの資源をめぐる競争がその例である．

次に，樹木個体間の競争様式に基づいた樹種間の競争関係は，互いの生活形（life form）などと関連して，さらに複雑になる（図11.2b）．まず，A種とB種の関係に着目すると，全体としてA種はB種より大きな個体が多く，A種の大部分の個体が光エネルギーの獲得で一方的に勝っており，このような種間の競争関係は「一方向的種間競争（one-sided interspecific competition）」になる．一方，A種とC種（あるいはC種とD種）の関係のように，一方の樹種の個体サイズが，他方の樹種の個体より大きいこともあれば，逆に小さいこともあり，どちらの樹種も互いに競争の効果を及ぼしあう関係を「双方向（両方向）的種間競争（two-sided interspecific competition）」という．さらに，この双方向的な種間競争関係は，互いの種へ及ぼす競争効果の相対的な違いにより次のように区分できる．A種とC種の関係では，光資源の獲得で互いの種に及ぼす一方向的競争効果に違い

11.3 樹木個体間競争の基本概念

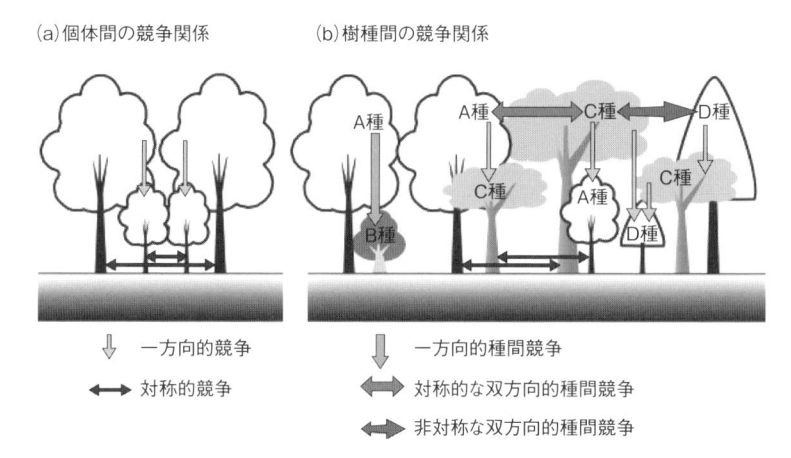

図11.2 森林内における樹木個体間競争の概念図
(a)は種を区別しない場合の樹木個体間競争を表す．光エネルギーのように優先的に獲得される資源をめぐる樹木個体間競争の様式はより大きなサイズの個体から小さな個体への「一方向的競争」になり，同一階層内における光資源をめぐる競争様式や先取り的な資源獲得が発生しにくい土壌中の水分や栄養塩類などの資源をめぐる競争様式は「対称的競争」になることを示す．(b)は，樹木個体間の競争様式(a)をもとにして種間関係をみた場合，A種とB種は「一方向的種間競争」，A種とC種は「対称的な双方向的種間競争」，C種とD種は「非対称な双方向的種間競争」の関係であることを示す．

がなく（A種の大きな個体からC種の小さな個体への一方向的競争とその逆の関係），土壌中の水分や栄養塩類など他の資源でも対称的競争関係であれば，この競争様式を「対称的な双方向的種間競争（symmetric interspecific competition）」とよび，C種とD種の関係のように，一方の種から他方の種に及ぼす一方向的競争の効果の程度が種間で同じでない（偏っている）場合は「非対称な双方向的種間競争（asymmetric interspecific competition）」という（つまり，C種からD種への一方向的競争の効果はD種からC種への競争効果より強い）．次節から説明するように，このような樹木個体間や樹種間の競争様式を基本概念とした数理モデルが，実際の森林での樹木個体間競争の解析に有用であることが知られている．

11.4 植物の個体群動態と個体間競争

11.4.1 植物個体群における個体密度の変化と個体間競争

　植物個体群における一定面積の個体数（以下，個体密度）の時間変化は個体間競争と無関係ではない．個体密度の時間変化は，理論的には資源による制限がなく個体間競争がない場合には，一定面積の集団内の出生数と死亡数から計算される個体群増加率のみで決まる等比級数的な成長曲線（growth curve），すなわち，指数関数的（exponential）な増加モデルになる．しかし，実際の植物個体群では個体密度の増加により個体群増加率が低下する密度効果（density effect）という現象がある．密度効果を考慮して個体数の時間変化を表すロジスティック（logistic）モデルは，実験的条件下での個体群によく適合し，個体間競争を組み込んだ個体密度の変化の最も基本的なモデルである（第14章）．また，ロジスティックモデルを拡張したロトカ・ヴォルテラモデル（Lotka-Volterra model）は種間競争作用を組み込んだ個体密度の変化のモデルとしてよく知られており，種間関係を理解するための重要な数理モデルである．しかし，個体群動態に影響する繁殖・成長・死亡などの特性にはサイズ依存性（第10章）があり，個体密度の変化を基本としたモデルによる個体間競争の理解だけでは十分とはいえず，個体群のサイズ構造を対象とした数理モデルの役割が重要となる．

11.4.2 個体間競争とサイズ構造の変化

　植物個体群のサイズ構造の情報が，必ずしもその個体群の動態と密度依存的な競争との関係を明確に示すとは限らないが，個体群のサイズ構造を定量的に記述する数理モデルは，個体間の競争作用の検出によく用いられる．このアプローチには，単に個体あたりの平均サイズだけを対象にする方法や，個体サイズの頻度分布（以下，サイズ分布）の形状を表す統計量を用いる方法，サイズ分布を関数として扱う方法などがあり，以下の2通りに大別できる．

　1つは，「平均的な個体サイズと個体密度との関係」を表すモデルを用いる方法である（第14章）．例えば，同種同齢の植物個体群の平均個体重は時間が十分に経つと個体密度に反比例し，最終的に総収量は個体密度に無関係に一定になることを示す「最終収量一定の法則」（the law of constant final yield）や，高密度の個

体群では互いの個体は同程度の競争効果を受けず，劣勢個体の死亡による個体密度の低下と平均個体重の増加との関係を示す「自己間引きの3/2乗則」（the 3/2th power law of self-thinning）（第14章）は，密度依存的な競争の影響のあるサイズ構造の変化を表すモデルである．これらの平均個体サイズに基づいたモデルは，比較的容易に植物個体群のサイズ構造と個体間競争との関係を示すことができ，農林産物の生産技術などの研究にも用いられる．

　もう1つのアプローチは，植物個体群のサイズ分布を対象にして解析を行う方法である．前節で説明したように，個体サイズの違い，つまり，ある個体が他個体より大きいか小さいかという属性は個体間競争を規定する重要な要因である．従って，個体群内の様々な個体サイズの頻度を示すサイズ分布の特性は，平均個体サイズだけの情報に比べ個体間競争とサイズ構造との関係をより明確に示すことができる．例えば，各個体サイズのばらつきの程度を示す分散（variance）や，ばらつきを平均値で標準化した変動係数（coefficient of variance）だけでなく，歪度（skewness）や尖度（kurtosis）という三次，四次のモーメント（積率）の統計量（しばしばGini係数という指数も使用される）が，個体群サイズ構造の特徴を把握するために用いられる（Hutchings, 1986）．さらに，植物個体群のサイズ構造の可変性は，個体群動態（繁殖や成長，死亡など）の過程と相互関係にあることから，あるサイズ階級での個体数頻度を表すサイズ分布そのものの時間変化（すなわちサイズ分布動態）を関数で表すアプローチは，植物個体間の競争作用とサイズ構造の変化との因果関係を明らかにする重要な方法である．

11.4.3 サイズ分布の動態を表す数理モデル

　植物個体群のサイズ構造に影響する様々な要因を調べるための，サイズ分布動態を記述する数理モデルはいくつか知られている．例えば，第10章で解説されている実際の観測データを使用した行列モデル（matrix model）もその1つである．行列モデルは個体群の生活史（life history）全体を視覚的に捉えやすい特徴がある一方で，成育段階を任意に分けるため解析結果が段階区分に依存することや各段階内の個体数確保のために広い範囲の段階区分にすることによる情報量の減少などの問題がある．このような観察者の主観に頼らず，植物個体群のサイズ分布を定量的に記述するには連続的な確率密度関数（例えば，正規分布関数，対数正規分布関数など）に近似する方法もあるが，必ずしも既知の分布関数に近似

したモデルが仮定できるとは限らない．

　また，個体間競争の影響を考慮したサイズ分布の変化を記述する数理モデルは，1)実測データの使用の有無により「経験的モデル」か「理論的モデル」か，2)何らかの理論からの潜在的な競争能力の仮定の有無により「決定論的モデル」か「確率論的モデル」か，3)個体位置の空間情報の利用の有無により「空間モデル」か「非空間モデル」かなどに分類でき，これらのモデルの利便性は目的や対象により異なる．例えば，2種以上の個体群からなる植物群集において，各種の競争能力の序列（平均的な成長量などの比較）をあらかじめ仮定した決定論的モデル（deterministic model）は，それらの個体群動態の厳密な予測値を計算でき，群集全体や各個体群のサイズ分布動態をシミュレーションして競争の結果を示すには適しているが，それだけで植物群集の構造に影響を及ぼす個体間競争の実態を明らかにできるとは限らない．植物群集をとりまく自然界ではしばしば不確実な現象が起こる可能性があり，この確率的な現象やその結果生じるわずかな生育環境の違いが個体間や種間の競争関係に影響する．もし，種間の厳密な競争能力の序列を仮定せずに個体間や種間の競争様式（図11.2）を知りたいならば，種特性に依存する平均成長速度（単位時間あたりの成長量）だけでなく，サイズ依存的な成長速度のばらつきも考慮した確率論的モデル（stochastic model）が必要となる．

　そこで，あるサイズにおける時間あたりの個体の移入（個体がある成育段階へ推移すること）や移出（個体が次の成育段階に推移すること）に確率的な変数が影響する拡散方程式（diffusion equation，まれに drift-diffusion equation）モデルが，植物個体群のサイズ分布の時間変化を表すモデルとして活用されている（Box 11.1）．このモデルにより植物個体群のサイズ構造に及ぼす個体間競争の影響を評価することができ（Hara, 1984），さらに，この拡散方程式モデルを基礎として，森林群集構造の維持における樹木個体間競争の役割や樹種共存機構の説明のためのモデルが開発されている（Kohyama, 1992；Hara, 1993a）．

> **Box 11.1**
>
> **サイズ分布の動態を表す拡散方程式モデル**
>
> 　Hara (1984) が提唱したサイズ分布の動態を表すモデルは拡散方程式を基礎式とした 2 つの独立変数（サイズと時間）のある 2 階（2 次）偏微分方程式（式 1）で，時刻 t のサイズ x における個体密度の関数 $f(t, x)$ がサイズ分布の時間変化を表す．この式は 4 つの関数，$G(t, x)$：t におけるサイズ x の個体の平均成長速度，$D(t, x)$：t におけるサイズ x の個体の成長速度の分散，$M(t, x)$：t におけるサイズ x の個体の死亡率，$R(t)$：最小サイズにおける新規個体加入率，に規定される．初期サイズ分布を初期条件，$R(t)$ を境界条件（関数を決定する区間の端における値）とし，観察値から得られる $G(t, x)$，$D(t, x)$，$M(t, x)$ の経験式からこの微分方程式の解を求め，$f(t, x)$ の関数式が決定できる．
>
> $$\frac{\partial}{\partial t}f(t, x) = \frac{1}{2}\frac{\partial^2}{\partial x^2}[D(t, x)f(t, x)] - \frac{\partial}{\partial x}[G(t, x)f(t, x)] - M(t, x)f(t, x) \quad (式1)$$
>
> $G(t, x)$ や $M(t, x)$，$R(t)$ は平均的な種特性（競争能力ともいえる）を表し，$D(t, x)$ は遺伝的な変異や環境の不均一性，密度依存的な競争効果のばらつきを反映するので，この拡散方程式モデルは個体間のばらつきが含まれた植物個体群のサイズ分布動態を表す確率論的モデルである．また，この個体成長速度のばらつきの関数 $D(t, x)$ を省略したモデルが，第 10 章に出てくる移流方程式モデルである．

11.5 極相林における樹木個体間の競争様式

11.5.1 植物群集における種の共存とサイズ分布動態モデルの重要性

　植物個体群のサイズ分布の変化のパターンは，個体群動態のサイズ依存性と個体間競争，およびその相互関係に強く影響される．前述した拡散方程式モデルには，ある個体サイズでの平均成長速度とそのばらつきや平均死亡率の関数が組み込まれているので，実測データから経験的に決定したこれらの変数のサイズ依存パターン（サイズに対するそれらの値が直線的，凹型曲線的，凸型曲線的など，どのような関係を示すか）について解析することにより個体間競争とサイズ分布動態との関連性が推論できる．特に，「平均成長速度」と「そのばらつき」との関係は個体間の競争様式（一方向的か対称的か）を知る重要な手がかりとなる（Hara, 1993b）．さらに，このモデルによる潜在的な競争能力に差がある 2 種の個体群におけるサイズ分布の時間変化のシミュレーション結果（Hara, 1993a）

は，成長速度のばらつきに閾値以上の差が種間にあるならば，この2種は共存（coexistence）可能であることを理論的に示している（図11.3）．種の共存を説明する仮説には，ニッチ分割（niche partitioning）や生活史戦略（life history strategy）のトレードオフ（trade-off）などの種間の競争能力に一定の序列を仮定した決定論的な考えを重視する立場や，撹乱（disturbance）があることにより群集の平衡性の乱れを説明する中規模撹乱仮説（intermediate disturbance hypothesis）のような確率的な要因に注目した非平衡（non-equilibrium）な群集を考える説などがある．もし，成長速度の個体間のばらつきが互いの種の生活史特性から決定される競争的序列に影響され，各個体群のサイズ構造を規定する重要な要因でない（つまり，互いの種の平均成長速度がサイズ構造の決定に重要である）とすれば，種の共存機構は，ニッチ分割などの決定論的なモデルから説明できる．一方，成長速度の個体間のばらつきが何らかの理由によりサイズ構造の決定に大きく影響し，先験的には個体間の競争様式を仮定できない場合には，種の共存機構の説明において確率論的な現象を無視できない．したがって，成長速度のばらつきの関数を含んだサイズ分布動態モデルは，植物個体間の競争様式の把握だけでなく，植物群集における種の共存機構の説明にも役立つ．

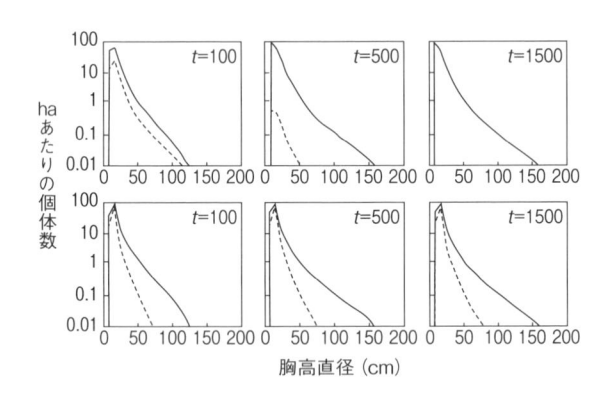

図11.3　拡散方程式モデル（Hara, 1984）に基づきシミュレートした競争関係にある2種のサイズ分布動態（Hara（1993a）より改変）
 優勢種（実線）と劣勢種（破線）の時間 t に伴うサイズ分布動態シミュレーションから，成長速度にサイズ依存的なばらつきがなければ劣勢種が排除され，優勢種だけが生き残る（上段）が，劣勢種の成長速度のばらつきが優勢種のばらつきよりもある程度大きいときには2種が共存できる（下段）ことを示す．

11.5.2 森林群集構造の維持における一方向的競争の役割

　種間の階層分化（stratification）が明瞭である森林の樹木個体間の競争様式が一方向的競争であると仮定すれば，樹木個体間の競争関係は互いの種の生活史特性などに強く影響され，拡散方程式モデルにおける成長速度のばらつきの関数は，樹木個体群のサイズ分布の動態を規定する重要な要因とはならないと考えられる．この場合のサイズ分布の動態は，平均成長速度と死亡率だけに基づく移流方程式モデルにより記述できる（甲山・可知，2004；第10章）．このモデルに基づいて，樹種に無関係に対象個体よりも大きなすべての個体の積算葉量による光エネルギーの減衰を被陰効果，つまり，これを一方向的競争効果として，個体成長速度や新規個体加入率に及ぼす積算葉量に比例する幹断面積密度（stem basal area）の抑制効果を仮定したサイズ分布動態のシミュレーション解析から（ここでは死亡率に影響する要因として個体サイズのみが考慮された），実際の森林の発達過程や極相林のサイズ構造が再現されている（Kohyama, 1991）．さらに，これを多種系に拡張したモデルを使って，照葉樹林の最大到達階層が異なる3樹種（高木層：イスノキ，亜高木層：シキミ，低木層：ヒサカキ）のサイズ分布をシミュレートすると，実際の森林構造と各樹種のサイズ構造が再現され（Kohyama, 1992），森林（特に極相林）の三次元構造による光資源をめぐる一方向的競争が，樹種の共存に重要な役割を持っていると推論できる．加えて，森林の三次元構造は種間の階層分化から決定されるだけではなく，各樹種の成育段階にも関連した階層構造である．そこで，そのどちらも考慮に入れた多種階層構造モデルによる解析（Kohyama & Takada, 2009）は，樹木個体間の一方向的競争が最大到達樹高の異なる多種が共存する森林群集構造の安定的な維持に寄与することを示している（図11.4）．例えば，構成樹種の生活形や各樹種の成育段階を反映した階層構造が明瞭な極相林では，相対的に低い最大樹高を持つ樹種（低木性樹種など）が多く，下層から林冠層に近づくほど構成樹種数は少なくなる．上層個体からの一方向的競争の効果が樹種に関係なく下層個体に強く作用すると，高木性樹種は少しでも高い階層に成長しさえすれば一方向的（種間）競争作用は弱くなるので，その個体生存率はサイズ依存的に高くなる（もし下層と上層の個体間での対称的な双方向的種間競争作用が強いと高木性であるメリットはない）．また，一方向的競争作用は下層個体の生存率を低下させるが，より耐陰性の高い樹種が下層で個体群を維持でき，低木性樹種の繁殖能力（fecundity）が下層での死亡率を補う

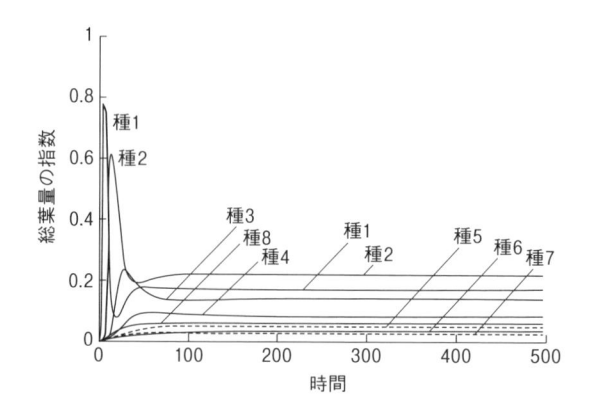

図11.4 最大到達樹高が異なる8樹種の総葉量の時間変化のシミュレーション結果
樹種の違いを考慮しない一方向的競争効果を仮定した多種階層構造モデルを用いて仮想の樹種の総葉量を指標とした個体群動態シミュレーションを行うと，時間経過とともに各樹種の総葉量はそれぞれ一定の値に収束することから，最大到達樹高の異なる8樹種の安定共存が理論的に示されている．Kohyama & Takada (2009) より一部改変．

ことができれば，到達階層が異なる樹種が安定的に共存できる．つまり，構成樹種の生活史特性に関連した森林の階層構造と樹木個体間の一方向的競争の相互作用の仕組みが極相林の群集構造の維持機構であると説明できる．しかし，樹木個体間の成長速度のばらつきの影響を考慮せず，一方向的競争を仮定したこれらのモデルは，照葉樹林のような階層分化が明瞭な森林を想定しており，このような考え方だけで様々な森林群集の構造の成り立ちや維持機構が完全に説明されているとはいえない．例えば，どのような森林群集においてもその構造に影響する個体間の競争様式が一方向的競争のみであると仮定できるとは限らないし，樹種を考慮しない被陰効果による解析は種内と種間の競争様式を区別できない，という疑問や課題もある．

11.5.3 極相林の樹木個体間競争様式と樹種共存機構

多種共存の森林群集構造の維持機構をさらに詳しく理解するためには，樹木個体間の一方向的競争を先験的には仮定せず，個体間と樹種間の競争様式（図11.2）を明らかにすることが重要である．Hara *et al.* (1995)，および Kubota & Hara (1995) は，「一方向的競争」の効果と「対称的競争」の効果を区別して検出できる多種系の個体成長モデル（Box 11.2）を用いて，極相林における実際の野

外調査データから対象個体の成長速度に及ぼす隣接個体の影響（これが個体成長速度の関数となる）を定量的に示し，主要樹種を対象とした樹木個体間の競争様式を明らかにした．さらに，このモデルで決定された「個体成長速度」の関数に加え，実測データから推定される「成長速度のばらつき」や「死亡率」とサイズとの関係を示す関数，および幹断面積密度の抑制効果などを仮定した「新規個体加入率」の関数を拡散方程式モデルに組み込み，各樹種のサイズ分布の変化をシミュレートすれば，森林群集構造に及ぼす樹木個体間競争の影響が定量的に明らかとなる．しかし，これは非常に複雑な数値解析手法になるため，現在は理論的シミュレーションモデルによる種の共存条件の説明にとどまっている（Hara, 1993a）．一方で，樹種共存のメカニズムについて説明するためには，実測データを使用した森林群集の構造を再現するシミュレーション実験だけではなく，各樹種間の競争様式パターンを検出する解析手法からできるだけ多くの樹種の相互関係を明確にすることが必要不可欠である．例えば，主要優占樹種を対象とした個体間・樹種間の競争関係やその競争様式と樹種の共存との関係について異なる森林タイプ間で比較し，それらの相違の原因を探り出すことにより，樹種共存機構における樹木個体間競争の役割を明確にすることができる．

そこで，日本の亜寒帯・亜高山帯・冷温帯・暖温帯における極相林の主要構成樹種の競争様式を比較すると，それらは2つのパターンに分けて示すことができると考えられる（図11.5）．その1つ（図11.5b）は森林全体でみると種間の競争

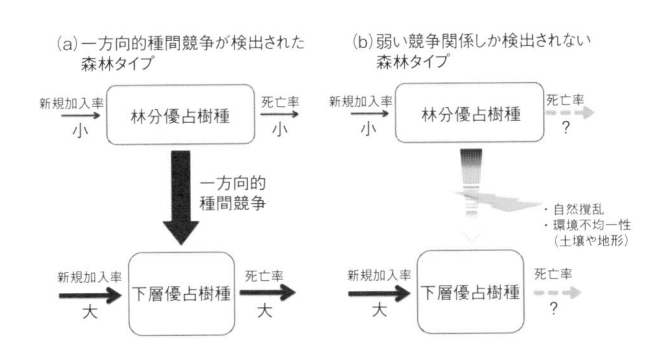

図11.5 異なる森林タイプにおける樹木個体間競争様式の違い
　　　明確な一方向的種間競争のある森林タイプ(a)では階層構造に関連した競争関係が各樹種の死亡率に強く影響する．一方，弱い競争関係しかない森林タイプ(b)では死亡率は階層構造に明確には依存せず，自然撹乱などの影響の方が相対的に強いと推測できる．ただし，どちらの場合も新規個体加入率は相対的に生活史特性に強く影響されると仮定している．

作用は相対的に弱く，樹木個体間競争が森林群集の構造や樹種の共存を規定する要因としては必ずしも重要でない場合である (Hara *et al.*, 1995；Kubota & Hara, 1995)．この原因は自然撹乱や環境の不均一性により生じる樹木個体間の成長速度のばらつきが各樹種のサイズ構造や動態パターンに強く影響し，そのような環境要因とこれらに対する各樹種の反応が相互的に樹種の共存条件を規定するからである．もう1つ（図 11.5a）は潜在的な最大樹高の異なる樹種間には明らかな一方向的競争が起こっており，この樹種間の競争関係が森林の階層構造（stratification）と関連している場合である (Nishimura *et al.*, 2003；2005)．ここでは，一方向的競争に関連した森林の階層構造を形成する樹種特性と，一方向的競争効果を受けても個体密度を維持できる樹種特性の違いが樹木個体間の競争様式を規定しており，この知見は先験的に一方向的競争を仮定した森林群集構造の維持機構の説明 (Kohyama & Takada, 2009) と同じであることを示唆している．このように異なる森林における競争様式の比較から，樹木個体間競争は森林の階層構造の安定的な維持と樹種の共存に重要な役割を持つことと，樹種間の競争様式は自然撹乱などの確率的な要因の影響を受けることが明らかとなった．一方，最大樹高の類似した樹種のみで構成される階層構造を持つ森林では，林冠層での樹種間の競争様式と下層での樹種間の競争様式に逆転現象がみられる場合もあり (Nishimura *et al.*, 2010)．この例から考えると，極相林内における樹木個体間の競争様式は，「樹種間の競争的序列により個体サイズにかかわらず不変」とか，「林冠優占樹種から下層優占樹種への一方向的な種間競争」というように単純ではないことがわかる．したがって，「各樹種の個体群動態などの生活史特性や自然撹乱・環境不均一性」と「個体間競争様式をベースにした樹種間の相互関係」との関連性をひもとくことが，森林群集構造の安定的な維持と樹種の共存に及ぼす樹木個体間競争の役割をさらに深く理解するための鍵となる．

Box 11.2

成長速度を記述するモデルによる競争様式の解析方法

拡散方程式モデルの個体成長速度の関数 $G(t, x)$ にはサイズ依存性や競争の影響が反映される．そこで，Yokozawa & Hara (1992) は，群落光合成モデル（第 14 章）と拡散方程式モデル（Box 11.1）により，群落全体の込み合い度（葉面積指数）が幹断面積合計から推定できることを証明し，隣接個体からの競争の影響を考慮した時刻 t におけるサイズ x の個体の成長速度 $G(t, x)$ を記述するモデルを導いた．

このモデルには大きな個体のみがより小さな個体の成長速度に競争の影響を及ぼす「一方向的競争」効果と，すべてのサイズの個体が互いの成長速度に影響を及ぼす「対称的競争」効果が説明変数として組み込まれている．さらに，Hara et al. (1995)，および Kubota & Hara (1995) は，このモデルを多種系（種数 N）に拡張した次のモデルを提案した．

$$G_k(t, x) = x[a_0 - \{c_{1,1} C_1(t, x) + c_{1,2} C_2(t, x) + \cdots + c_{1,N} C_N(t, x)\} \\ - \{c_{2,1} C_1(t, x_0) + c_{2,2} C_2(t, x_0) + \cdots + c_{2,N} C_N(t, x_0)\}]$$

$G_k(t, x)$ は種 k ($k=1, 2, \cdots, N$) の時刻 t におけるサイズ x の個体の成長速度，$C_i(t, x)$ または $C_i(t, x_0)$ は，その対象個体を中心としたある範囲内の種 i ($i=1, 2, \cdots, N$) の時刻 t のサイズ x (x_0 は最小サイズ) よりも大きな個体の幹断面積合計を示す (a_0, $c_{1,i}$, $c_{2,i}$ は定数)．$G_k(t, x)$ において「$c_{1,i} \geq 0$ または $c_{2,i} > 0$」かつ「$c_{1,k} \geq 0$ または $c_{2,k} > 0$」の時は，i 種と k 種の関係は双方向的種間競争となる ($c_{1,i}=0$ か $c_{1,k}=0$ なら非対称的な双方向的種間競争)．また，「$c_{1,i} > 0$ または $c_{2,i} > 0$」かつ「$c_{1,k}=0$ かつ $c_{2,k}=0$」の時は，種 i から種 k への一方向的競争となる（ただし，$k=i$ のときは種内競争：intraspecific competition を示す）．実際の野外観察データから成長速度 $G_k(t, x)$ を応答変数，一方向的競争効果を示す $C_i(t, x)$ と対称的競争効果を示す $C_i(t, x_0)$ を説明変数として線形重回帰分析を行い，成長速度 $G_k(t, x)$ に有意に影響する変数を決定し，その競争係数（すなわち $c_{1,i}$, $c_{2,i}$）から対象とした森林群集における種内と種間の競争様式が検出でき，図 11.2 で示す樹木個体間の競争関係が把握できる（原，1995）．

11.6 まとめ

　樹木の個体間競争は，同種同齢の集団では個体数やサイズ構造の決定に関与する密度依存的な作用であると認識され，このような知見は林木生産に注目した分野での森林の発達過程の説明や生態学的視点での樹木個体群動態のメカニズムの解明に寄与してきた（玉井，1989；Silvertown，1987）．さらにここで見てきたように，生活形の異なる多様な樹種とそれら樹種の齢やサイズを反映する，異なる成育段階から形成される森林の階層構造に注目することにより，樹木個体間競争は森林群集構造の安定的な維持と樹種の共存に関与する重要な要因として認識されている．しかし，まだ，多くの森林において，樹木の個体間競争の実態や，個体間競争の様式と樹種の共存との関係が定量的に明らかにされているわけではな

い．すなわち，潜在的な競争能力と関係がある構成樹種の生活史特性（繁殖・成長・寿命または最大サイズ）や，樹木個体間の競争作用の影響を受ける個体密度の変化やサイズ構造の動態，樹木個体間の競争様式を乱す自然撹乱に関する正確な知見は短期間では得られない．特に，生物学的現象は偶然の出来事に依存しており，確率的な要素をどのように定量化するかは課題も多い．一方で，本章で解説したように様々なタイプの森林で樹木個体間競争が起こっていることは間違いない．したがって，森林群集の動態と樹木個体間競争，それらに及ぼす自然撹乱の影響を統一的に捉える試みは，森林という樹木群集の生態学的特徴の全体像を明らかにすることができるに違いない．

第12章 森林と動物との相互作用

島田卓哉

12.1 はじめに

　森林には多様な動物が生息しており，消費者や分解者として生産者である植物と複雑な相互作用系を形作っている．動物がある場所に恒久的に生息するためには，餌と好適な生息環境とが不可欠である．森林はこの双方を動物に提供することができるために，多様な動物の生息地（habitat）となっている．動物はおもにその採食行動を通じて，植物個体の成長や繁殖，個体群動態，そして群集構造に様々な影響を及ぼすが，その結果は対象となる動物種や植物種，群集組成によって異なっている．一方，植物もただ食べられるだけではなく，食べられないように，あるいは食べられたダメージを小さくするように進化してきた．植物が食べられたときに生じる反応は，このような対植食者戦略[1]と深い関連がある．

　この章では，森林と動物との相互作用について概観する．はじめに，森林から動物への作用として，動物にとっての森林の機能を餌と生息環境をキーワードとして考える（12.2節）．つづいて，動物から森林への作用について，「食うもの（植食者）」と「食われるもの（植物）」との相互作用に焦点を当て，植物の対植食者戦略について（12.3節），そして植食者が植物や森林へ及ぼす影響について整理したい（12.4節）．

12.2 動物にとっての森林の機能

12.2.1 生息地としての森林

　地球上に生息する生物として約150万種が記載されているが，実際には500万

---

1) 戦略（strategy）：自然選択の結果としての生物の形質のこと．

〜3000万種が存在すると見積もられている．記載された約150万種のうち約100万種が動物であり，そのうち約75万種は昆虫が占めている．全生物種の約50％，昆虫に至っては90％，鳥類では30％が地球の陸地面積の7％を占めるにすぎない熱帯多雨林に生息するとされている．このように熱帯多雨林の生物多様性は際だって高く，様々な動物種にとって好適な生息環境となっている．

熱帯以外の気候帯でも，森林に依存して生活する動物種の割合は高い．日本の動物では，哺乳類の場合，約50％の種が森林に生息しており，陸上性哺乳類に限れば85％が森林性である（Ohdachi *et al.*, 2009）．森林は日本の国土の約70％を占めるため，面積のわりに多くの哺乳類が森林に住んでいることになる．鳥類の場合は約50％が森林に依存しているが，国内で繁殖する種に限定するとその割合は68％に増加する（東條，2007）．土壌動物についても同様に，同じ気候帯で森林と草地を比較した場合，森林でより多くの土壌動物が生息する傾向がある．森林に多様な動物が生息できる理由として，以下の3つを挙げることができる．すなわち，1)森林の高い現存量と発達した垂直構造，2)多様な食物資源の存在，そして3)気象の緩和機能である．

A．森林の現存量と垂直構造

森林は，草地や耕地に比べて10〜100倍以上の現存量（standing cropまたはbiomass）を持ち，発達した垂直構造を示す（第7章）．垂直構造は，物理的に多様な居住空間を創出するだけでなく，食物資源の多様化をもたらし，動物に好適な生息環境を提供する．垂直構造に樹種組成が加わると森林の環境はより複雑になる．垂直構造は森林の断面（profile）に沿った資源分布を反映するのに対し，樹種組成は質的な環境の違いを生み出す．札幌近郊の防風林で行われた調査によれば，垂直構造の発達程度と樹種組成の多様さの両方が，鳥の種多様性に貢献していた（Hino, 1985）．このように，垂直構造と樹種組成という2つの要素によって，森林の空間構造に不均一性が生じ，多種の動物の生活を支えている．

森林の地表および地下部にも有機物や土壌からなる層状構造が形成される（第5章）．アカマツ林のトビムシ群集では，落葉の分解に伴う土壌の層状構造に応じて種組成が変化する（Takeda, 1987）．すなわち，L層では菌類を食べる大型のトビムシが優占し，F層では菌と腐植を食べる中型のトビムシが，H層ではおもに腐植を食べる小型のトビムシが優占する．このように森林の地表および地下部

の空間構造は，生息地と食物資源の多様化をもたらし，土壌動物群集の多様性を支えている．

B．食物資源

森林は，次節でみるように多様な食物資源を動物に提供する．植物が生産した有機物は，食物連鎖の起点となり，すべての植物-動物相互作用の基礎となる．したがって，量的・質的な餌資源の豊富さは，多くの動物の生存を支える基盤となっている．

C．森林の気象緩和機能

発達した空間構造を持つ森林は気象条件を緩和し，動物に安定した生息環境を提供する．例えば，森林内の気温は林外に比べて温和であり，最高気温は低く最低気温は高くなり，日較差が小さくなる傾向を持つ．また，十分に閉鎖した森林内では，風速が衰え，激しい降雨も遮られるため，極端な気象条件の際には動物にとって効果的な隠れ家となる．

森林が好適な生息環境であることは，採食は森林外で行うが，繁殖やねぐらを森林に依存する動物が存在することからも推測される．多くの動物は，採食のための空間と居住空間が一致する食住一致型の生活を行うが，移動能力の高い動物には食住分離型の空間利用を示すものがある．典型的な例は，河川・湖沼で採食を行い，森林を営巣地またはねぐらとするサギ類などの魚食性の鳥類である．森林は動物の居住空間を支える骨組みとなり，また外敵や気象に対する物理的な障壁ともなるため，営巣場所として好適なのだろう．

12.2.2 餌としての森林

食物網（food web）は，植物による一次生産（primary production）をその基礎としている．それゆえ，森林に生息するあらゆる動物は，直接的あるいは間接的に森林の植物をエネルギー源として生活している．森林の発達した空間構造は多様なタイプの餌を動物に提供する．草本層，低木層，高木層にそれぞれ異なる植物が存在することで，食物資源の多様化が生じている．また，植物は葉，花，果実，種子，根，枝などの様々な器官から構成されているため，多様なタイプの餌を動物に供給し，動物との相互作用が多様化している．

植物を餌とする動物を植食者 (herbivore) という．植食者は採食対象とする植物器官によって，葉食者 (folivore)，果実食者 (frugivore)，種子食者 (granivore)，花蜜食者 (nectarivore) などに細分できる (表12.1)．また，一般的に植食者には含めないが，落葉落枝の消費者 (分解者，decomposer) も，植物を資源として利用するという点においては同じカテゴリーに含めることができる．

これらの器官を動物の餌としてみた場合，資源分布様式および栄養学的な点で異った特徴を持つ．例えば，材や植物遺体は現存量は多いものの，セルロース，ヘミセルロース，リグニンなどの難消化性 (または難分解性) の炭水化物が主成分であり，これらの成分に対応した分解酵素を持つ生物でないと直接利用することができない．一般的に材食性の動物は，分解酵素を有する微生物と共生することによってこれらの成分を分解し，材を食物としている．このように，効率的に資源を利用するためには，それぞれの器官の特徴に応じた適応が必要とされる．

一方，果実や種子は，相対的にタンパク質や易消化性の炭水化物 (糖類，澱粉など) に富み，消化が容易で栄養価の高い食物であるが，その分布には季節的・空間的に偏りがあり，常に利用可能なわけではない．そのため，果実・種子食者は，優れた探索能力を持つ必要がある．また，果実や種子は，植物の繁殖器官であるために，物理的あるいは化学的に防御されている場合が多い．このような資源を利用するためには，防御に対する対抗手段を発達させる必要がある．

表12.1 植食者の分類と利用する資源の特徴

おもな植食者のタイプ	利用する器官・部位	資源量および分布の特徴	資源の栄養的特徴
植食者 herbivore	植物生体一般		
葉食者 folivore	葉	量が多く，広範に分布	細胞質は比較的高栄養．細胞壁を利用するためにはセルロース分解の必要あり
花蜜食者 nectarivore	花蜜	量が少なく，時間的・空間的に偏在	高栄養
果実食者 frugivore	果実	時間的・空間的に偏在	高栄養だが，物理的・化学的防御を備える場合もある
種子食者 granivore	種子	時間的・空間的に偏在	高栄養だが，物理的・化学的防御を備える場合もある
食材者 xylophage	材，木部	量が多く，広範に分布	低栄養，難消化性
吸汁者 sap feeder	道管液，師管液	広範に分布するが，利用するために特殊な口器が必要	低栄養
樹液食者 gumivore	滲出液	時間的・空間的に偏在	低栄養
分解者 decomposer	植物遺体(落葉，落枝など)	量が多く，広範に分布	低栄養，難消化 (分解) 性

これらの植食カテゴリーは，葉や枝などの栄養体の採食と種子や果実などの繁殖体の採食に大別でき，植物にも異なる影響を与える．栄養体の採食は，形態の変化や現存量の減少をもたらすが，ふつう植物が枯死することはなく，その後の成長によって失われた器官を回復できる．ただし，実生などの小さな植物個体の採食は致死的に作用する可能性が高い．一方，繁殖体への採食は，種子散布のようにプラスの影響を持つ場合と，死亡率の上昇や繁殖力の低下を介して植物の個体群動態に直接的な負の影響を及ぼす場合とがある．

また，利用する餌資源の幅という観点から，植食者を単食性，狭食性，広食性に分類することもある．1種あるいはごく近縁な1グループ（属など）の植物のみを採食する場合を単食性，近縁な複数のグループに属する植物を採食する場合を狭食性，類縁関係の遠い多くの植物を採食する場合を広食性という．

12.3 植物の対植食者戦略
—食べられることに対する植物の防御とそのコスト

対植食者戦略は，食害に対して補償成長などで対応する耐性（tolerance）と何らかの防御手段を講じる抵抗性（resistance）とに区分できる（図12.1）．なお，植食（植食者による採食）に対して明瞭な防御や補償を示さない場合は感受性（sensitivity）に区分される．

12.3.1 耐性

耐性は，防御にではなく，食害後の補償成長や残された組織における光合成効率の増加などによって食害によるダメージを補償することにエネルギーを用いる戦略である．具体的な反応としては，1)補償成長およびそれに伴って生じる分枝の増加，2)光合成効率の増加，3)成長率の上昇，4)根から枝への資源転流がある．

```
          ┌─ 感受性 sensitivity
          ├─ 耐性 tolerance
          └─ 抵抗性 resistance ┬─ 逃避 escape
                              └─ 防御 defense
```

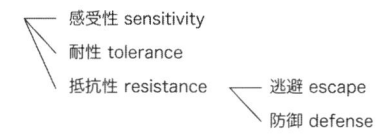

図12.1　植物の対植食者戦略

なかでも補償成長は，食害に対抗するための最も普遍的な戦略である．モジュール構造[2]，休眠芽，貯蔵器官といった植物の持つ基本的な特徴は，すべて補償成長と密接に関連する．ほとんどの植物が一定の補償成長を示すが，その程度は種や発育条件によって大きく異なっている．

12.3.2 抵抗性
抵抗性戦略は，さらに逃避と防御とに分けることができる．

A．逃避
植物が，植食者とのフェノロジー[3]をずらすことによって食害を避ける方法をフェノロジカルエスケープ（phenological escape）という．例えば，ミズナラの実生発生時期に大きな変異（6月中旬から9月初旬）があり，遅い発生は葉食性昆虫の食害を回避する効果があることが示唆されている（鎌田，2005）．また，種子生産量の年変動を介して種子食者の食害を回避するという捕食回避仮説（第9章）も，逃避の1つの形態と見ることができる．

B．防御
植物の防御手段には，食べられやすさ[4]（palatability）の低下という効果を持つもの，植食者の消化や成長，生存などに負の影響をもたらすものなどが存在する．また，防御の形態から，通常，物理的防御，化学的防御，生物的防御に区分される．

●物理的防御

トゲやトリコーム（trichome；葉や茎の表面に生じる細かい毛状組織）を備えたり，葉や種皮などの組織を堅くすることによって食害を防ぐことを物理的防御という．*Acacia seyal* やアリドオシのトゲが，哺乳類の食害を軽減することが実験的に確かめられている（図12.2，Milewski *et al.*, 1991；Takada *et al.*, 2003）．一方，トリコームは昆虫などの小型の植食者に対する防御として有効である．

---

2) モジュール：植物を構成する枝や葉などの構成単位のこと．多数のモジュールが階層的に積み重なって成長し，各モジュールが一定の独立性を持っている生物をモジュール型生物という．
3) フェノロジー：生物季節，生物季節学とも．開花，閉花，結実といった毎年繰り返される生物の様々な時間的（季節的）現象のこと．また，そのことを研究する研究分野．
4) 食べられやすさ：被食リスクとも．これが被食者の属性を表すのに対し，選好性（preference）は捕食者の資源選択の傾向を表す用語である．

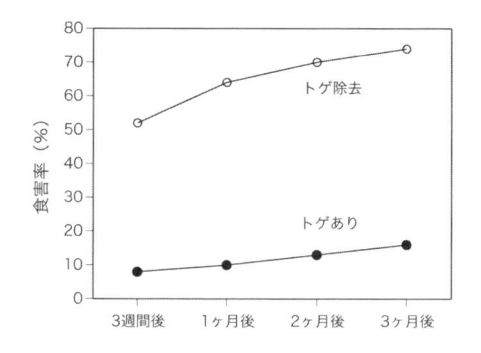

図12.2　アカシアのトゲの被食抑止効果
　実験的にトゲを除去するとキリンによる食害を受ける割合が高まる（Milewski *et al.*, 1991より）.

　オニグルミやムクロジ，トチノキなどの種子は非常に堅く，種子食者に対する物理的な防御となっている．これらを利用できる野生動物は，ニホンリスやアカネズミ，イノシシのような鋭い切歯か頑丈な顎を持つ動物に限定される．

●化学的防御

　化学的防御では，植物体内に蓄積された化学物質の作用によって植食者の採餌行動が妨げられる．このような物質を化学防御物質あるいは被食防御物質（defense chemical）と称し，その多くは植物の二次代謝物質（植物が合成する物質のうち生命の維持の上で重要な役割を持たないと考えられる物質の総称，plant secondary metabolite）である．代表的なものに，フェノール類（タンニン，フラボノイド，リグニンを含む），テルペノイド（テルペン類とも．サポニンを含む），アルカロイド，カラシ油配糖体，青酸配糖体，非タンパク質アミノ酸などが挙げられる．化学防御物質の植食者への作用は種類ごとに異なり，忌避作用，消化阻害，呼吸抑制，消化管や臓器への損傷，中枢神経への影響など非常に多岐にわたるが，詳しい機能が解明されていないものも多い．

　一般的に，広食性の植食者は，防御物質を多く含む植物を忌避する傾向を持つ．例えば，ニホンジカは非常に広範囲の植物種を採食するが，アルカロイドを含むトリカブトやバイケイソウ，テルペノイドを含むアセビなどはほとんど採食しない．また，チンパンジーはタンニン含有率の低い植物種を選択的に利用する（Takemoto, 2003）．防御物質の含有率には種内変異も存在し，植食者が含有率の低い植物個体を選択的に利用する場合もある．

化学的防御による食害抑制効果には，防御物質の種類や量という植物側の問題の他に，解毒や無害化手段などの動物側の問題もかかわる．例えば，セイシェル諸島に固有のセイシェルショウジョウバエはヤエヤマアオキの果実だけで繁殖している．この果実に含まれるオクタン酸は，他種のショウジョウバエにとっては有害である．しかし，セイシェルショウジョウバエは，オクタン酸に対する耐性を持つために，ヤエヤマアオキの果実を利用できる（松尾，2009）．また，日本列島に生息するアカネズミはミズナラなどの堅果の主要な消費者であるが，これらの堅果には多量のタンニンが含まれる．タンニンに馴化（acclimation）していない状態で堅果を摂取すると著しい体重減少や死亡が生じるが，タンニンに馴化した状態のアカネズミは，タンニンとの結合力が高い唾液タンパク質とタンニン分解酵素を産生する腸内細菌の働きによって，タンニンの有害な影響を克服することができる（Shimada *et al.*, 2006）．

●生物的防御

生物的防御は他の生物を利用して食害を防ぐ戦略であり，アリに依存するアリ植物がよく知られている．アフリカおよび中南米に分布するアカシア属や東南アジアに分布するオオバギ属（*Macaranga*）の一部がアリ植物としてよく知られている．アリ植物は，花外蜜腺やその他の栄養価の高い分泌物による餌の供給や居住空間となるような特殊な構造の装備によって，アリを誘引し，居住させる．これらのアリは植食者を攻撃することによって植物を防衛する．

食害後に植食者の天敵を誘引するような匂い（植食者誘導性植物揮発性物質，herbivore induced plant volatile）を放出することよって，植食者に対抗する植物も存在する．例えば，ガおよびチョウ類の幼虫に食害されたキャベツでは，植食者に特異的な匂いが放出され，天敵である寄生性のハチが誘引される（高林・塩尻，2003）．

また，植物の葉などの組織内に共生している内生菌（endophyte）と呼ばれる菌類が，アルカロイドなどの化学防御物質を作り出すことにより，化学的な防御を行うことがイネ科の植物（ウシノケグサなど）で確かめられている．

12.3.3 防御のコスト

植物が成長や繁殖，そして防御に用いるエネルギーは，すべて光合成産物に由来する．したがって，防御へのエネルギー投資は，繁殖や成長に用いられるエネ

ルギーの減少を意味し，これらの間には一方を大きくすると他方が必然的に小さくなるというトレードオフの関係が成立する．つまり，防御はコストを伴う．

例えば，中南米に分布するケクロピア属（*Cecropia*）の樹木では，葉にタンニンを多く含む実生ほど成長が遅く葉の枚数が少ない（Coley, 1986）．同様に，オランダの海岸砂丘に同所的に生息する多年生草本5種では，補償成長と防御効果（食べられにくさ）とがトレードオフの関係にある（van der Meijden *et al.*, 1988）．また，被食圧の低い条件では，防御形質が失われる事例が知られ，防御がコストを伴うことを示している．例えば，アフリカの *Acacia drepanolobium* では，植食者を除去したところ，22ヶ月後にはトゲの長さが19%短くなった（Young & Okello, 1998）．対植食者戦略は，種間で異なるばかりでなく，種内でも栄養などの条件に応じて変化する．成長，繁殖，防御にどのように資源を配分するかというジレンマの中で，植食者への対応は決定される．

12.4 植食者が植物および森林へ及ぼす影響

植食者が植物に及ぼす影響はその相互作用のあり方に応じて異なり，プラスの効果をもたらす場合もあれば直接的な死に至る場合も存在する．植物個体への食害が成長や繁殖に負の影響を与えたとしても，個体群あるいは群集レベルでは，競争の緩和により逆に成長や生産力の増加が認められる場合もある．したがって，植食者の影響を考える際には，自然界の階層（hierarchy）を意識して議論を行う必要がある．以下では，個体（および個体内部の器官）レベルでの影響から始め，個体群，群集という高次の階層レベルへと説明を進めてゆく．

12.4.1 個体レベルでの形質の変化

葉や枝などの栄養体が食べられても，ふつう植物が死ぬことはないが，植物の構造や性質に変化をもたらすことがある．このような現象は，形質の変化を介した間接相互作用（trait-mediated indirect interaction）を生み出すことがあり，近年注目されている．採食された植物の形質の変化としては，枝ぶりなどの構造の変化，トゲの長さや葉の堅さなどの物理的性質の変化，含有成分などの化学的性質の変化などが代表的である．

A．構造の変化

　植食は，植物個体が一定量の植物組織を失うことを意味する．失われた組織が回復しない場合もあるが，新しい枝や葉を出し補償成長を行う植物も多い．補償成長に伴い，植物ホルモンの体内分布の変化によって頂芽優性（側芽よりも頂芽がよく発育すること，apical dominance）の解除や貯蔵器官からの資源の転流などが生じ，植物の構造に変化が生じることがある．例えば，奈良県大台ヶ原での調査によれば，ニホンジカに採食されたミヤコザサは，個々の稈（イネ科の茎のこと）が小型化し密生するように変化する（上田・田渕，2009）．

　樹木でも激しく食害された場合には，同様の構造上の変化が生じる．例えば，アキナミシャク（ガの一種）によって加害されたヨーロッパダケカンバ（*Betula pubescens*）では，枝の構造の変化，および地際からの萌芽の発生といった樹形の変化が生じる（Tenow & Bylund, 2000）．

　食害を受けた場合の方が，植物個体全体の現存量や繁殖力が高まると解釈されるような事例も報告されている．この現象は過大補償（overcompensation）と呼ばれ，植食者が植物に利益をもたらすメカニズムとして注目されてきた．しかし，過大補償の事例については実験方法や結果の解釈に問題があるとされており，現在では自然条件下での過大補償の成立そのものが疑問視されている（Belsky *et al.*, 1993）．

B．器官レベルの物理的・化学的形質の変化

　植食に反応して，植物の全体的な構造ではなく，個々の器官の性質が変化することがある．これには，葉の堅さや厚さ，トゲやトリコームの密度や長さといった物理的な性質と，窒素や防御物質の含有量といった化学的性質の両方が含まれる．このような植物の反応を誘導反応といい，なかでも形質の変化によって被食が軽減されるような作用を持つ場合を誘導防御反応（induced defense あるいは inducible defense）という．

　食害に対する葉の形質の変化については多くの研究例があり，食害の季節的なタイミングや観察期間の長さによって植物の反応は様々である．例えば，食害を模して展葉初期のミズナラの葉の一部を切り取った2つの実験では，いずれも葉の面積あたり重量が増加し葉の硬化が認められたものの，窒素含有率は増加する場合と低下する場合とがあった（Kudo, 1996；Hattori *et al.*, 2004）．短期間（20日

間）の観察では食害葉の窒素含有率は増加したが，長期的（80日以上）には減少していることから，この違いは観察期間の違いに起因している可能性がある．

　食害の後，時間的な遅れを伴って誘導防御反応が生じる場合もある．ブナアオシャチホコ（ガの一種）による食害を模したブナの摘葉実験では，翌年に萌出する葉の窒素含有率が低下しタンニン含有率が増加するという誘導防御反応が認められた（Kamata *et al.*, 1996）．また，アキナミシャクの加害を摸したヨーロッパダケカンバの摘葉実験では，3年後に発生した葉においても窒素含有率の減少（11％）とフェノール含有率の増加（22％）が認められた（Tuomi *et al.*, 1984）．このような低質の葉を餌としたアキナミシャクは，小型化し，産卵数も減少する．すなわち，植食者が，植物の誘導反応を介して後の世代の植食者に間接的な負の影響を与えるのである．

　物理的な誘導防御として，アフリカのサバンナに分布する *Acacia drepanolobium* の事例が挙げられる．この樹種には2 cm程度の長いトゲが生えており，哺乳類による採食を防止するのに役立っている．採食された後に成長する枝は，さらに20〜30％も長いトゲを持つようになる（Young, 1987）．対照的に，食害後，物理的防御（トゲ）ではなく補償成長に資源を配分する場合もある（Gibson *et al.*, 1993）．このように食害に対して植物がどのように資源を配分し，補償成長あるいは誘導防御を行うかは種や条件によって多様である．

12.4.2　食害，死亡―植物個体レベルでの負の影響

　過度の食害が行われた場合や植食者に比べて植物が小さい場合には，植食が植物の繁殖や成長に負の影響を与え，極端な場合には死亡の原因となる．

　葉食性昆虫による食害は通常は葉全体の5〜30％程度に収まることが多いが，大発生時には広範囲にわたって葉が食い尽くされる．このような大発生は，ブナを食害するブナアオシャチホコ，カラマツや広葉樹を加害するマイマイガ，マツを食害するマツカレハ，カラマツを食害するカラマツハラアカハバチなど多くの昆虫で報告されている．しかし，大発生による失葉が直接的な死因となって樹木が枯死することはあまり一般的な現象でない．樹木は葉への食害に対しては強い耐性を持っているといえるだろう．

　しかし，葉への食害は，樹木を枯死させることはなくても，成長や繁殖に大きな影響を及ぼすことがある．殺虫剤で葉食性昆虫を除去し，葉への食害の影響を

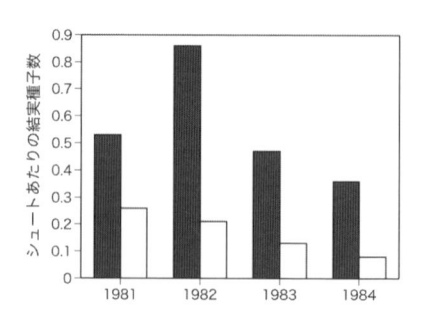

図 12.3 ヨーロッパナラの種子生産に与える植食性昆虫の影響
殺虫剤を用いて植食性昆虫を除去した樹木（黒）は対照区（白）に比べて多くの種子を結実させた（Crawley, 1985 より）．

評価した研究例がある．ユーカリ属の樹木（*Eucalyptus pauciflora, E. stellulata*）では，対照群に比べ葉食性昆虫除去群では3年間で倍の樹高成長が認められた（Fox & Morrow, 1992）．ヨーロッパナラ（*Quercus robur*）についての同様の実験では，植食性昆虫の除去によって種子生産量が2.5〜4.5倍に増加した（図12.3, Crawley, 1985）．

12.4.3 繁殖体への採食―植物個体群レベルでの負の影響

繁殖体への採食は栄養体への採食とは異なった効果を植物にもたらす．種子散布者（第9章）のようにプラスの効果を持つものもあるが，ここでは，繁殖体への採食が，植物の個体群動態に対して負の影響を持つ場合についてみてみよう．

花や種子などの繁殖器官への採食は，エネルギー支出の増加，繁殖機会の減少などにより植物の繁殖成功に直接的な負の影響を及ぼす．植物が分泌する蜜は，動物を誘引して花粉を媒介させるために進化した．ところが，花に穴を開けるなどの方法によって，花蜜のみを奪って受粉に関与しない花蜜食者（盗蜜者，nectar robber）も存在する．例えば，ハナシノブ科の一種では，マルハナバチの盗蜜によって蜜量が減少し，種子生産量が低下する（Irwin, 2003）．

種子食者による捕食率を散布前種子捕食と散布後種子捕食に分けて評価すると，種子散布の前後にかかわらず種子捕食が大きな死亡要因として働く可能性があることがわかる（表12.2）．齧歯類，アリなどは，同時に種子散布者としての役割も持っているが，ときには1回に生産された種子を全滅させるほどの影響を与える．

表 12.2 森林における様々な種子食者による散布前および散布後種子捕食率
(Hulme & Benkman, 2002 より)

種		散布前種子捕食率 %	捕食者	散布後種子捕食率 %	捕食者
ヨーロッパアカマツ	*Pinus sylvestris*	80	イスカ	67-96	齧歯類
ヨーロッパナラ	*Quercus robur*	25-80	タマバチ／ゾウムシ類	100	齧歯類
ブナ	*Fagus crenata*	36.9	昆虫	12.3	脊椎動物
ヨーロッパブナ	*Fagus sylvatica*	3-17	鱗翅目幼虫	5-12	哺乳類
セイヨウトネリコ	*Fraxinus excelsior*	15-75	鱗翅目幼虫	25-75	齧歯類
フトモモ科の1種	*Leptospermum juniperinum*	44	昆虫	90	アリ
アカシア属の1種	*Acacia farnesiana*	0-37.8	マメゾウムシ類	35.2-66	齧歯類
ヤシ科の1種	*Astrocaryum mexicanum*	50	リス類	90	ネズミ類
ホソバリュウノウジュ	*Dryobalanops lanceolata*	32.5	ゾウムシ類	9	脊椎動物
マメ科の1種	*Tachigalia versicolor*	20	マメゾウムシ類	43	齧歯類
ケクロピア属の1種	*Cecropia shreberiana*	6	昆虫／脊椎動物	9	アリ

12.4.4 群集レベルにおける植食者と森林との関係

　植食者は，植物の群集構成を大きく変える可能性を持っている．例えば，日本各地でニホンジカの高密度化が進み，それに伴って植物群集への影響が問題となっている．日光白根山ではシラネアオイが絶滅の危機に瀕し，屋久島では屋久島固有のシダ植物の群落がほとんど消失した．大台ヶ原ではニホンジカによる樹幹の剥皮によって，多くのトウヒやウラジロモミが枯死し，森林の草地化を促進させている（湯本・松田, 2006）．

　大台ヶ原に設置された防鹿柵の内外で，13年後の種組成を比較したところ，ニホンジカの選好性（preference）が高いブナやカエデ類の実生が柵外にはほとんどなかったのに対し，柵内には多数出現していた（Kumar et al., 2006）．この例は，食べられやすさの高い植物種が減少するという植食の直接的な影響を示している．一方，食べられやすさの高い植物の減少が他の植物に影響するという間接的な影響も知られている．北米のチフアフアン砂漠において種子捕食者であるカンガルーラット類を除去したところ，大型の種子をつける一年生草本が繁茂し，競争劣位種である小型の種子をつける一年生草本は減少した．カンガルーラットは大型種子を選択的に採食するため，大型種子種の個体数が減少し，競争劣位種（小型種子）との共存が可能となっている（Heske et al., 1993）．

後者の例は，植食者が植物の種多様性維持機構として働く可能性を示している．この視点から植食者の役割が注目され，多様性維持に植食者がどうかかわるかが研究されてきた．そのメカニズムは以下の4つに分類できる（Hulme, 1996）．1)食べられやすさと競争能力との正の相関，2)密度依存的採餌，3)頻度依存的採餌，そして4)選好的採餌の時空間的不均一性である．

A．食べられやすさと競争能力との正の相関
　植物種の食べられやすさと競争能力との間に正の相関が存在する場合，競争優位種が選択的に採餌されるために，植物種間の共存が促進されると考えられる．
　一般に，食べられやすさは防御形質の発達によって低下する．また，防御形質の発達と成長や繁殖との間にはトレードオフが想定される（3.3節）．そのため，食べられやすい種ほど成長が早く種子生産量が多い傾向があり，高い競争能力を持つという上記の関係が期待できるだろう．種子や実生の場合，防御形質以外で食べられやすさと関連する形質はサイズ（大きさ）である．光などの資源を巡る競争が存在する環境では，種子や実生のサイズが大きいほど定着には有利である．一方で，大きい種子や実生ほど食べられやすい傾向がある．したがって，食べられやすさと競争能力との間に正の相関が成立する．上記のカンガルーラットの事例は，このメカニズムによって種多様性が維持されていることを示す好例である．

B．密度依存的採餌
　密度依存的採餌（density dependent foraging）と頻度依存的採餌（frequency dependent foraging）とは類似した概念であるが，密度依存的採餌は1餌種の密度に対する反応であるのに対し，頻度依存的採餌が2つ以上の餌種の相対的な頻度への捕食者の反応であるという違いがある．ある植物に対して密度依存的な採餌（餌密度が高いと採餌強度が増加するような採餌様式）が行われると，その植物種は低密度に抑えられ，またより均一に分布するようになるため，更新適地（第9章）や資源を巡る植物個体間の競争が緩和される．その結果として，多種の共存が促進されやすい．Janzen-Connell仮説（第9章）も密度依存的採餌の一形態である．密度依存的な採餌は，齧歯類（Hulme & Hunt, 1999）やアリ（Kunin, 1994）など様々な動物で認められる．

C. 頻度依存的採餌

　頻度依存的採餌（頻度の高い餌種に対して採餌強度がより強く働くような採餌様式）が行われると，ある種が他種よりも高頻度で存在している場合には高い被食率を被り，逆に低頻度の場合には被食が抑えられる．その結果，種間競争が緩和されることにより植物種間の共存が促進される．頻度依存的採餌が成立するためには，植食者が植物種に対する選好性を持たず，頻度にのみ対応して選択的に採餌を行うことが条件になる．選好性がある場合，食べられやすい種は低頻度になっても選択的に捕食されるため，局所的な絶滅が予測される．このように，食べられやすさに違いのある植物種間ではこのメカニズムは成立しない．したがって，植食者が植物群集に与える影響を考える上で，頻度依存性を検証することは重要な課題である．実験環境下では，様々な動物で頻度依存性が確認されているが，野外では今のところ明瞭な頻度依存的採餌は確認されていない（Kunin, 1994；Hulme & Hunt, 1999）．

D. 選好的採餌の時空間的不均一性

　選好性を持つ植食者の効果に空間的・時間的な不均一性（heterogeneity）があれば，その他のメカニズムが働かなくても，多種の植物の共存が可能となると予測されている（Caswell, 1978）．例えば，一般的に森林性齧歯類は植生の被度が少ない微小生息地[5]（microhabitat）を避けるため，採餌強度に空間的な不均一性が生じる．このように微小生息地間での植食者の活動性の違いによって採餌強度に空間的不均一性が生じるような場合，食べられやすい餌種にとっては植食者のいない微小生息地が逃避地（refugia）となり，生息地レベルでの共存が可能になる．また，採餌強度に季節変動や年変動などの時間的な不均一性がある場合にも，同様のメカニズムが働くことが予測される．ある植物種に対する採餌強度の時間的不均一性は，植食者の密度変化によって起こるだけではなく，その植物種自身の現存量の変動によって生じることもあれば，同所的に存在する他の餌資源の変動に伴って生じる場合もある．

---

[5] 微小生息地：生息地は，多数の微小生息地から構成される．森林の場合，光や土壌水分条件，林冠を構成する樹種などの差違が無数の微小生息地を作り出す．

E．それぞれの重要性

　以上4つのメカニズムは排他的ではないので，それぞれのメカニズムの相対的な重要性を明らかにする必要がある．しかし，これらのメカニズムによって，実際に植物の種多様性が高められた，あるいは維持されていることを実証した研究は限られている．検証の有力な手段の1つが植食者の除去実験だが，森林生態系は環境が複雑で植物の世代時間も長いため，明瞭な結果を得るためには長期間にわたる実験を実施する必要がある．

　以上のように，植食者は植物の群集構造に大きな影響を及ぼす可能性がある．しかし，森林の種多様性の形成・維持過程において，植食者との相互作用はどの程度重要なのか，異なるタイプの植物群集間でその重要性には違いがあるのかといった疑問は，まだほとんど未解明である．

12.5 おわりに

　図12.4は，様々な自然界の階層レベルでの植食者と植物との相互作用の経路

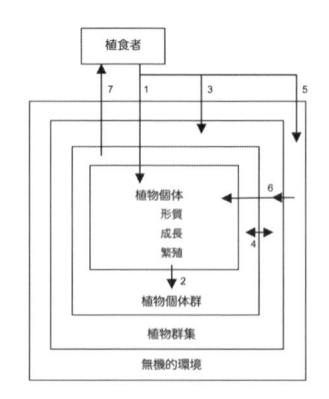

図12.4　様々な自然界の階層レベルで働く植食者と植物との相互作用の概念図
　　1)植食による植物個体の形質の変化，成長・繁殖への影響．2)植物の成長・繁殖の変化によって生じる植物個体群の変化．3)植食による植物の群集構成への影響．4)群集構成の変化によって生じる植物の種間相互作用の変化．5)植食者の存在による無機的環境の変化．6)無機的環境の変化によって生じる植物の成長・繁殖能力あるいは競争能力の変化．7)植物の現存量や群集構成の変化によって生じる植食者個体あるいは個体群へのフィードバック（Danell & Bergström，2002より）．

を模式的に表したものである．本章で対象としたのは，おもに森林（植物）と動物との直接的な関係に限られ，図で示した作用・相互作用のうち，植食者と植物個体の関係，植食者と植物群集との関係のみである．生物間の間接的相互作用，植食によらない動物の影響（土壌の掻き起こしや営巣活動による影響），あるいは植物から植食者へのフィードバック効果などは説明できなかった．しかし，森林（植物）と動物との直接的な関係に限っても，そのあり方はきわめて多様であることを最後に強調しておきたい．

第13章 森林の種多様性

久保田康裕

13.1 樹木種の種多様性パターンを解明するためのアプローチ

　森林のような様々な種が集合した生物群集の種多様性は，$\alpha \cdot \beta \cdot \gamma$ 多様性の指標で評価される．γ 多様性はある地域全体の種多様性を表し，その地域の地史的要因や気候条件で決定された種のプールである．α 多様性は，ある場所で観察される種多様性である．例えば，森林調査区を設置して出現樹種を記録する作業は，α 多様性の測定となる．β 多様性は，場所間の種組成の違い（非類似度）である．複数の調査区を設置して，調査区間の種組成を比較したとする．種組成が異なっていれば β 多様性は大きくなる．つまり，β 多様性は，場所間の種の入れ替わりの度合を表している．森林の樹種の多様性は時間軸や空間スケールに応じて，どのように変動し，維持されているのだろうか．そのためには，森林群集の $\alpha \cdot \beta \cdot \gamma$ 多様性それぞれの創出のメカニズムを理解する必要がある．

　生態系の同じ栄養段階に位置する生物群集の種数・個体数頻度・空間分布を群集集合（community assembly）パターンという（平尾ほか，2005）．群集集合パターンを説明する仮説としてニッチ理論が提唱されてきた．例えば，樹木の種間で資源要求性のような生理生態特性が異なれば，環境傾度に応じたニッチ分割による種間の競争緩和によって共存可能な種数や構成種の優占度，場所間における優占種の入れ替わりを説明できるだろう．ニッチは種個体群の概念なので，ニッチ理論による一般的な研究アプローチは，「森林を種個体群に分解し，各種の個体群動態を種特性や種内・種間の競争関係に基づいて記述する」ことになる．ここでいくつかの問題が生じる．群集は種個体群になかなか還元し尽せない．実際の野外調査で個体群のデータが収集できるのは，優占している数種がせいぜいである．個体数が少なくて個体群動態の解析ができない種がどうしても生じる．大面積の調査区を設置すれば，この問題は多少解決するが，調査区を拡大しても新たに（個体数の少ない）種が参入してくる．結果的に解析する種数に程度の差はあ

れ，特定の優占種に着目した共存機構の研究になる．また，対象とする森林の種多様性が高いと，すべての種の特性（ニッチ）を網羅的に把握するのが困難になる．例えば，ロトカ・ボルテラ型の競争方程式は，複数種の個体群動態を種内・種間の競争効果をパラメータとした微分方程式で定式化している（Adler *et al.*, 2007）．種数が多いと，種間の相互作用の組み合わせ数が爆発的に多くなり，実際上，野外調査によるデータで測定することが不可能になる．種の平均的な特性や種間相互作用に着目したニッチ理論は，優占種間の序列や共存様式を，ある程度定性的に予測することができるが，構成種すべての集合パターンを分析するには限界がある．

野外で収集したデータなどを用いて群集集合パターンを研究する場合，個体ベースの中立理論が有効になる．群集を構成するすべての個体を同等とみなし，群集動態を個体の確率的な枯死と加入（recruitment）によって記述するモデルである．Hubbell（2001）の「統一中立理論」に端を発した群集の中立理論は，Etienneらのグループによって理論的に整理され（Etienne, 2005），森林に限らずあらゆる群集の生物多様性パターンを機構論的に分析する基本モデルとなりつつある（Rosindell *et al.*, 2011）．現在の森林動態の研究者は，様々な地域の森林群集に関する長期の動態データを有している．そのようなデータに基づいて森林の種多様性動態を分析する場合，統計モデルの形式をとる中立理論はきわめて有用な道具となる．この章では，群集の中立理論の仕組みと有用性に基づいて，森林群集の集合機構に関する研究の方向性について解説する．

13.2 群集の中立理論の始まり

MacArthur & Wilson（1967）は，島の生物種数の動態を，大陸からの種の移入率と絶滅率でモデル化した．彼らのモデルは種を同等と仮定し，ある空間の生物種数を説明する群集生態学における中立理論の元祖である．生物多様性の研究は，群集の特徴を包括的に表す指標（種数）をモデルの予測値とする．MacArthur & Wilson（1967）は，種数の動態を機構論的に予測するため，種特性といった個性に目をつぶった．しかし，大方の生態学者は，種の生態学的な個性に興味を持っており，種の適応論に基づいて種多様性の動態を考えがちである．

したがって，群集を種個体群に分解し，種特性（ニッチや種間相互作用）を明示的に扱う群集研究が，MacArthur & Wilson（1967）以降も，主流を占めることになる．Hubbell（2001）の「統一中立理論」は，このような状況に一石を投じた．彼は，パナマのバロコロラド島（BCI）に設置された50ha調査区のデータを用いて熱帯林の種多様性の分析を行った．面積と樹木個体数の線形関係から局所群集は一定の個体で満たされ，その動態は死亡率（d）と加入率（b）の比が1:1のゼロサムゲームに従う（死亡個体による空パッチが加入個体で速やかに占有されて，平衡的な個体数が維持される）と，彼は考えた．統一中立理論は，MacArthur & Wilson（1967）の理論を空間明示的に拡張し，さらに種分化のパラメータを導入して発展させたモデルで，$\alpha \cdot \beta \cdot \gamma$ 多様性を統一的に解析できる基盤を提示した．

13.3 中立理論の仕組み

群集の中立理論を構成する基本パラメータは，1)生物の死亡，2)出生，3)加入・移入，4)新たな種の分化，である．これらは生物の最も根源的なプロセスである．さらに，生物分布の空間構造を局所群集とメタ群集として明示的に扱う（図13.1）．

このような中立理論は，エクセルなどの表計算ソフトでも容易に作ることができる．3×3個の格子状の各セルに種の異なる樹木が生育しているとしよう．これを合計9種で9本の樹木からなる孤立した森林と考える．一年後，この9本の樹木群集で1本の個体が死亡し，死亡個体の占有していたセルが，生き残った8本のいずれかの樹木の子どもによって占有されるとする．1年後には，死亡によって9種の樹木のうち必ず1種が絶滅することになる．なぜならば，次世代の出生個体を生みだせる種は8種しか残っていないからである（孤立した森なので外から新たな種が侵入することもない）．9本の樹木の中でどの個体が死亡するかは，種による違いがない．全個体が同じ確率で死亡する場合，それぞれの個体が1/9の確率で死亡する．さらに，どの種によってそのセルが占有されるかは，生き残っている樹木種の頻度に依存する．1年後の置換（replacement）は，8種8本の樹木によるので，8種の子どもが同じ確率で，1つのセルを奪い合う．そして，2年目の森林は8種からなり，ある1種が2本の個体群となり，残り7種は

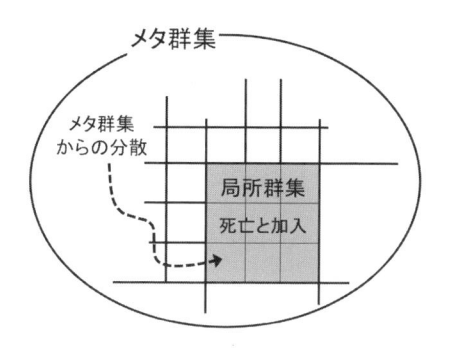

図 13.1 群集の中立理論
個体の死亡率と加入率は 1：1 なので，局所群集の個体数は一定数で維持される（すべてのセルが個体で満たされている）．ある個体が死亡した空セルが，どの種に占有されるかは，種の個体数頻度に応じて確率的に決まる（個体数の多い種は空セルに子どもを残しやすい）．よって，局所群集内の種数や種多様度は，どの種の個体が運悪く死亡し，どの種が運良く子を残すかによって，変動することになる（生態的な浮動）．なお，死亡個体によってできた空白セルは，局所群集内の生存個体の子どもで占有される場合と，メタ群集からの移入個体で占有される場合がある．したがって，メタ群集から局所群集への移入率が，局所群集の種多様性を大きく左右することになる．

1本ずつとなる．

2年目から3年目にかけても，同様のことが繰り返される．無作為にある1個体が死亡し，残りの8本が，空いたセルを各種の頻度に応じて奪い合う．もし，2年目に2個体に増えた種が，3年目にかけて運良く生き残れれば，その種は，他種よりも2倍の確率で，子どもを残せる．エクセルの乱数関数を用い，死亡個体を無作為に選び，その後，死亡個体が占有していたセルに加入する種を，生き残った樹木から無作為抽出すればよい．これは単純な確率的な過程で，長い試行を繰り返すと，やがて，9つのセルすべてがある1種で優占され定常状態となる（図13.2）．ある種がこの森林を独占する過程を時系列でみると，種の家系の動態として理解できる．1種に独占され定常になった時の9個体は，最初1個体だった祖先個体にすべて遡上合祖（coalesce）する（図13.3）．

林分は閉鎖系でなく，周辺の森林の影響を受けている．よって，局所群集内の置換は，外部（メタ群集）からの種子供給にも影響されるはずである．そこで，前述の孤立した林分の中立理論に，メタ群集からの移入を加える．9×9個の格子セルをメタ群集と定義し，その中心に位置する3×3個のセルを局所群集とする．前述のモデルでは，個体の死亡で生じた空きセルは，局所群集内の8個体の子どもで占有された．メタ群集を考慮したモデルでは，このプロセスにメタ群集から

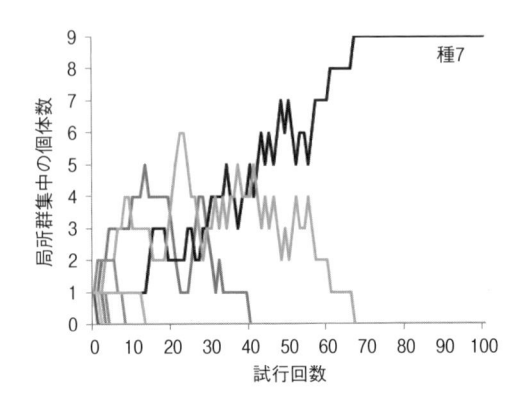

図 13.2 閉じた局所群集における種多様性の動態
グラフ中の折れ線は，試行に伴う各種の個体数の変化を示している．1回ごとの試行で，個体の死亡と生存個体による加入（子どもの供給）が行われる．閉じた群集なので，一度消失した種は絶滅となる．構成種は生態的な浮動を繰り返して，個体数を増減させ，運のいい種（種7）が，やがて局所群集（9つのセル）をすべて独占する．

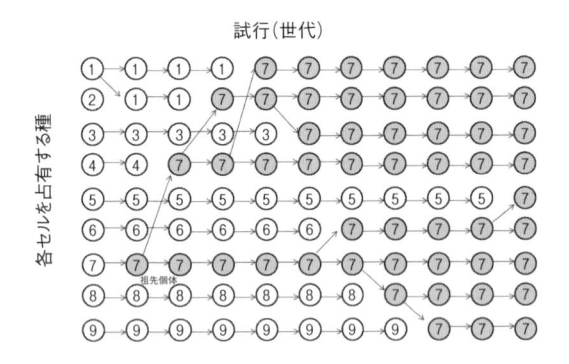

図 13.3 閉じた局所群集における，ある血統の優占
最終的に局所群集を独占した9つの個体は，すべて，2回目の試行の種7の祖先個体の子孫である．このように種個体群の家系も分析できる．

の移入が加わる．空きセルには，一定の確率 m でメタ群集からの移入個体が占有する．空きセルを占有する種を，生き残った種から無作為抽出する前に，そのセルがメタ群集由来の個体で占有されるか否かを，条件文として加える．m が 0.1 であれば，10回の置換中，1回はメタ群集から個体を無作為抽出することになるだろう．メタ群集のどの種の子どもが選ばれるかは，メタ群集の構成種の個体数頻度に依存する．当然ながら，メタ群集で個体数の多い種ほど局所群集に移入しやすくなる．メタ群集からの移入を考慮したモデルの場合，局所群集は複数

種で維持され，試行を繰り返しても，1種の独占状態になりにくい（図13.4）．これは局所群集内で種個体群が絶滅しても，移入率に応じてメタ群集から再移入し個体群が復活するからである．

ある種の個体の死亡によって空いたセル（ギャップ，第8章）は，局所群集やメタ群集における種の相対個体数頻度に応じて，同種または他種の子どもに占有される．なお死亡数と加入数の比は1:1で一定だが，時間あたりの入れ替わるセル数はギャップ撹乱の規模と解釈できる．なお，1回で入れ替わるセル（個体）数が大きくなると，時間軸上の種の相対頻度の変動は大きくなる．ここで注意すべき点は，メタ群集でも局所群集と同様に，死亡と加入で種の相対頻度は変動するということである．局所群集に移入する種は，死亡と加入で種組成が変動するメタ群集から移入してくる．よって，メタ群集からの移入率を考慮したモデルであっても，長い時間の果てに，ある種がメタ群集と局所群集を独占することになる．これでは現実を反映していないので，もう1つの重要なプロセス，種分化率を考慮する．点突然変異によって，ある種の子どもが別種になると考える．メタ群集からの移入を考慮したモデルに，さらにメタ群集における加入個体がある一定の確率νで新たな種に分化することを条件として加える．これは，メタ群集において，種分化を通して新たな種が移入してくるようなものである．メタ群集サイズが大きいほど，新種が出現する頻度は大きくなる．これにより，局所群集の

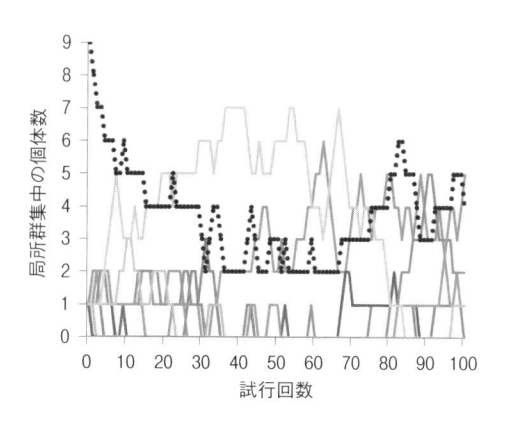

図13.4　メタ群集から移入のある局所群集の種多様性の動態
　グラフ中の折れ線は，試行に伴う各種の個体数の変化を示している．点線は局所群集の種数である．局所群集における個体の置換が，メタ群集からの移入個体によっても行われる場合，局所群集は特定種に独占されることなく，移入と生態的浮動で種多様性が維持される．

種組成が，局所的な種の絶滅と種の移入（や種分化）のバランスに応じて，安定的に保たれる様子が再現される．

13.4 統計モデルとしての中立理論

　群集生態学では，群集を構成する種の相対個体数の頻度分布（SAD：species abundance distribution）を群集の多様性のパターンを表す尺度として用いてきた．森林を含む様々な群集において，種の相対個体数頻度分布はS字型（対数正規則）になることが知られている（図13.5）が，そのパターンが生じるメカニズムは，いまだ解明されていない．

　ニッチ理論に基づいても，種個体群の動態を複数種系に拡張したシミュレーションモデルなどを用いれば多種共存の機構をある程度説明できる．しかし，群集を構成する種すべての優占度を説明するモデルを，ニッチ理論に基づいて構築しようとすると，現実のデータから，網羅的に種ごとのニッチ分化のパラメータを推定することは絶望的になる．ところが，中立理論はS字型のSADをうまく再現してくれる．Hubbell（2001）は，前述の統一中立理論によって群集のSADが再現できることを示した．さらに，ここが最も重要な点なのだが，中立理論は統計モデルの形式をとっているので，モデルで予測された結果の妥当性を観測デー

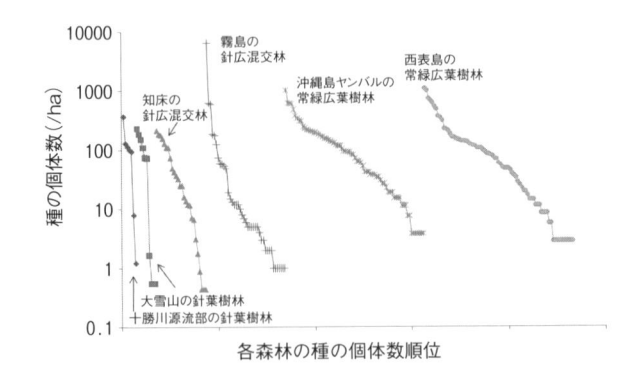

図13.5　様々な森林の種の相対個体数の頻度分布
　　　　種の個体数頻度分布は森林によって異なることがわかる．このようなSADパターンを創出する生態プロセスとしてニッチ分化や散布制限が考えられる．

タに対応させて検証できる．Hubbell（2001）は，「中立理論はサンプリング理論」という主張を繰り返している．これは，中立理論は統計モデル（statistical model）として実データによる検証が可能という意味である．この点をわかっていないと，中立理論の有用性はまったく理解できないだろう．実際，群集の中立理論を批判する研究者の多くが，この点を認識していない．私たちは野外調査で得られたデータから，調査区の種多様性パターンを表す SAD を描くことができる．この SAD を中立理論の枠組みで分析すると，局所的な林分の種多様性パターンの形成機構が推論できる．中立理論の確率的な試行の繰り返しから，群集構成種の個体数頻度の定常的なパターンが得られる．中立理論で種多様性を決定する主要なパラメータは，メタ群集から局所群集への移入率 m である．モデル中の移入率を変えて計算すると，長い試行の後で得られる期待種数と種の相対個体数頻度は違ったパターンになる．中立理論の移入率を調節し，実際の SAD と近似する SAD を理論的に求めたとしよう（図 13.6）．その時のモデル中で仮定された移入率が，その（局所）林分の種多様性を形成した値と解釈できる．

　Hubbell（2001）でも，中立理論のシミュレーションによって移入率 m が推定されている．シミュレーションによるパラメータ推定は，データのモデルへの当てはまりを比較検証するには不十分だったが，現在では SAD を予測する尤度式が提唱され，統計モデルとしての中立理論の地位は確実なものとなっている．尤度（likelihood）とは，あるモデルの元で観察されたデータが得られる確率のよう

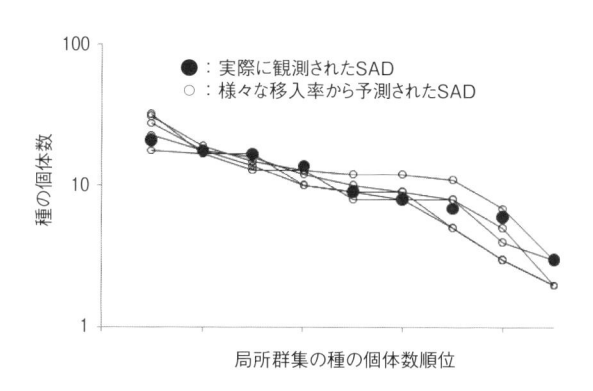

図 13.6　中立理論による種の相対個体数の頻度分布の再現
　　　　セル数 11×11 個の局所群集で試行を行った．メタ群集から局所群集への移入率を変えると SAD が変化する．黒丸で示した実測の SAD を再現できるような移入率を推定できる．

なものである．研究者は，（SADに限らず）自分の興味のある生態現象が発生するメカニズムを，未知パラメータを含むモデル（尤度式）として定式化する．それを実際に観測されたデータに適用し，観測データが得られる確率が最大になるように（最尤推定を行えば）モデルの未知パラメータが推定される．中立理論は，個体の移入・種分化など未知パラメータとして，群集の種多様性の成り立ちを機構論的に検証できる再節約な尤度式として開発が進み，現在では，複数の局所群集や環境の不均一性を考慮したモデルの拡張が進んでいる．（Etienne, 2005；Etienne & Alonso, 2007；Jabot *et al.*, 2008；Etienne & Apol, 2009）．私達が収集した調査（種の個体数頻度）データに，Etienne らの尤度式を適用すれば，その森林の種多様度（期待種数・基本生物多様度指数[1]）や調査区への移入率（群集における種分化率）などのパラメータを推定できる．これは驚くべきことである．Rのパッケージ（UNTB）で，そのためのソフト（Hankin, 2007）が提供されている．さらに，実データから描かれる SAD とモデルから予測された SAD を比較し，そのプロットの森林群集が，どの程度中立的な動態に支配されているのかも検証できる．中立理論で予想される SAD から大きく逸脱する種があれば，その種の生態特性が種同位の仮定で説明できないほど優占度を大きくしていることを意味する．つまり，中立理論を基本モデルととらえて群集の SAD を再現し，環境の不均一性や種特性を考慮してモデルを拡張することで，群集集合パターンの成り立ちを分析することが可能になりつつある．

13.5 種子散布と加入の制限

　森林群集の更新に重要なイベントはギャップ攪乱（第8章）である．自然攪乱は種の競争の効果を弱め，ギャップサイズや根返りなどの形成様式に応じて更新ニッチの多様性をもたらし，多種共存に貢献していると考えられてきた．しかし，温帯林から熱帯林まで，ギャップ攪乱が種多様性に及ぼす効果に関して懐疑的な結果も多い（Midgley *et al.*, 1995；Hubbell *et al.*, 1999；Kubota, 2000）．これ

---

[1] 中立理論における基本生物多様度指数（θ）とは，メタ群集の個体数（J_M）と種分化率（ν）の積，あるいは平均個体密度（ρ）とメタ群集の面積（A_M）と種分化率の積で表される（$\theta=2J_M\nu, 2\rho A_M\nu$）．メタ群集の個体数や面積が無限に大きくなると，基本生物多様度指数は Fisher の α 多様度指数と漸近的に同等となる．

らの研究例では，森林を構成する大部分の種が，ギャップ形態（ギャップサイズ，根返りの有無，ギャップ齢など）とは比較的無関係に出現することが指摘されている．

どのような森林でもギャップ依存的な更新をする種群がある程度存在することは疑う余地はないが，ギャップ形成の多様性が群集の種多様性維持（特に生態的に似通った種群の共存パターン）に及ぼす効果はそれほど大きくない可能性がある．なぜ，ギャップを巡るニッチ分割は不明瞭なのだろうか．その理由として，個体の枯死によって形成されたギャップが，どの種によって占有されるかは，種のギャップに対する適応よりも，確率的な運不運で決定される場合が少なくないからである．樹木の種子の散布能力（前述した移入率 m に対応）が小さければ母樹の周辺に実生・稚樹は集中分布し，散布能力が大きければ均一に分布しやすくなる．よって，ギャップに対応してうまく新規加入できる可能性は両者で異なる．前者の場合，局所的に形成されたギャップに偶然めぐりあう確率が低い．また時間軸上での種子移入や加入のばらつきも重要である．バロコロラド島における 10 年間に及ぶ種子トラップのデータによると，親個体を有する 260 種のうちまったく種子散布が観察されなかった種が 50 種以上にも及んだという（Hubbell et al., 1999）．北海道の亜高山帯針葉樹林は，林冠層をエゾマツ，トドマツ，ダケカンバ，下層をナナカマド，オガラバナがそれぞれ優占している．これらの種間では耐陰性や成長率など更新特性に大きな違いがあるにもかかわらず個体間競争はさほど強く作用しない．なぜなら，新規定着サイトが倒木などに限定され，その供給パターンが時空間的に大きく変動するからである（Kubota & Hara, 1995；1996）．仮に親個体周辺で新規定着に好適なギャップがある年に形成されても，その年に運悪く種子が散布されなければ，それを定着サイトとして利用できない．あるいは，種子が毎年安定的に散布されていても，倒木のような定着サイトが時間的にも空間的にランダムに供給されるのであれば，実生として新規加入できるかどうかは，種子散布制限（第 9 章）に影響される．これら生活史初期の種子散布や定着過程における制限は，種の競争能力や資源勾配に対応した最適種の更新や多種間のニッチ分割を阻んでいると考えられる．

中立理論は，以上のような樹木種の散布・加入の時空間的制限に注目している．確かに種間で生態特性は違い更新ニッチも異なるかもしれない．しかし，散布や加入の制限が強く作用すれば，種間のニッチ分化は群集集合のパターン形成にさ

ほど重要でない，と中立理論は考える．ニッチ集合（niche assembly）に対して，中立理論が分散集合[2]（dispersal assembly）理論と呼ばれる理由である（Alonso et al., 2006）．

13.6 中立理論からみた森林の歴史的な動態

　中立理論は種分化率を考慮している．よって，メタ群集に1種が優占する状態からでも種分化と絶滅の繰り返しによって種多様性が創出されるプロセスを検討できる．群集に新たに供給される種の数は，基本多様度指数（θ）で与えられる．ある祖先種のある個体が種分化し，それらがうまく個体数を増やせれば，それが子孫種となる．個体数の多い種ほど，新たな種に分化する可能性は高くなる．中立理論で系統樹上の種多様性の動態を考えると，メタ群集レベルでの種個体群サイズに応じて，様々な祖先種が種の系統を増やすことになる（個体数の少ない種は系統を残しにくい）．しかし，もともと個体群サイズの大きい祖先種であっても，種分化に伴い子孫種の個体群サイズは小さくなる．これは群集内の個体数はゼロサム条件で制御され群集サイズの上限が決まっているからである．メタ群集の種多様性が高くなると，1種あたりの個体数は必然的に小さくなるので，個体群サイズの小さな子孫種ほど絶滅しやすくなる．最終的に，種分化による子孫種の供給と，生態的浮動による絶滅のバランスに応じて，群集レベルで定常的な系統の数（種数）いわゆるγ多様性が決まることになる．

　従来の森林生態学者の視点は，現在の森林の成り立ち（おもにα多様性やβ多様性）を解明することに注がれてきたが，中立理論の登場で歴史的なγ多様性の動態にも目を向けやすくなった．例えば，熱帯多雨林の種多様性には，歴史的な環境の安定性が関係していると考えられてきた．多様な種の存在は，それらが種分化するに十分安定した時間があったと考える．しかし，南米，東南アジア，西アフリカの熱帯多雨林は，更新世氷期の乾燥した時期には分布域が一部サバンナ化したとも指摘されている（Simberloff, 1986）．例えば，ボルネオの熱帯低地フ

---

[2] おもに植物を扱う本書では原則として dispersal を散布と呼んでいる．統計の分散（variance）や分布様式の分散（dispersion）との混同を避けるためである．ただし，生物一般の dispersal については分散と呼ぶのが適切である．

タバガキ林の樹種多様性の空間パターンには，更新世氷期の気候変動による多雨林の分布域縮小や地理的障壁による分断が影響していると考えられている（Slik et al., 2003）．乾燥時期に多雨林の分布がどの程度縮小したのかについては論争があるが（Colinvaux & De Oliveira, 2001），仮に分布縮小したとするならば，熱帯多雨林は最近1～5万年（更新世後期）という短期間でその分布域を回復させ，多数の種を爆発的に進化させたことになる（Thomas, 2000）．果たして，このような短期間での多様性創出が可能なのだろうか．このような熱帯林の歴史的形成過程を中立理論の文脈で考えてみよう．熱帯多雨林の分布域の縮小とは，メタ群集サイズの縮小を意味する．メタ群集サイズが小さくなると，群集構成種の個体群サイズも小さくなるので種の絶滅率が高まる．つまり，多雨林の縮小は，種多様性を大きく減少させたはずである．しかし，気候変動の後で，多雨林の面積規模や群集サイズが急速に回復すれば逆のことも起こりうる．なぜなら，種分化率（ν）はとても小さくても（10^{-12}以下でも），個体数あるいは生育可能面積が大きくなると，新たな種の供給は頻繁に生じるからだ．地理的障壁による種個体群の分断も重要だろう．異所的に種分化した種個体群は，初期サイズが大きい状態からスタートするため絶滅するリスクは少なくなり，点突然変異による同所的種分化と比較して，分化した子孫系統種がメタ群集に存続しやすく種多様性がより高くなることが予想される．従来，定性的な議論しかされてこなかった「時間的な安定性」といった抽象的な概念についても，中立説に基づきメタ群集サイズや種分化率を推定することで定量的な議論をできるようになる可能性がある．

13.7 機能的に類似した種の拡散的共進化仮説

中立理論の前提条件である"種の同等性"に対しては，最も批判が多い．なぜなら，実際の森林群集は，環境の不均一性があり，どの種も同じようにどこでも生育していないし，種特性も明らかに違う．野外生態学者にとっては，この点こそが中立仮説の弱点にみえる．しかし，「種は同等ではない」ことや「種の異所的分布」を示すことが，ただちに中立理論を棄却することにはならない．これらの前提条件が，中立仮説においてどの程度必要条件として機能しているのか，その頑健性が検証されるべきである．

機能型や競争能力の明らかに異なる種が共存している群集の維持機構に確率的浮動はどの程度貢献しているのだろうか？　つまり草原（C3植物 vs C4植物），温帯林（落葉樹 vs 常緑樹），北方林（広葉樹 vs 針葉樹）のように構成種が明らかに同等でない植物群集でも，散布・加入の制限の確率的浮動が多種共存に及ぼす効果を定量化することで統一中立仮説の前提条件に対する頑健性を議論できることになる．厳密な検証を行うためには，種のニッチ類似性に応じて確率的浮動が種間の共存に及ぼす効果を評価する必要がある．例えば，多種系の維持を考えた場合，どれくらいの種間差異が散布制限等による確率的浮動の効果を打ち消してしまうのだろうか．極端な場合，競争能力がまったく異なる2種であっても，散布制限によって自分の直下にしか種子を散布できないのであれば，種間競争はそれほど強く作用しないだろう．逆に，ほとんど同等な2種であっても，広範に種子散布が可能であれば，わずかな種間差であっても競争排除を引き起こすだろう．おそらく，これら両極端の間に，実際の様々な森林群集の多種共存機構が位置付けられるはずである．

　上述したような，中立的な動態が，どの程度支配的だろうかという表層的な問いに加え，より根源的な議論も重要である．種の同位性やニッチ分化は進化生物学的にどう評価されるのだろうか．森林生態学者の多くは，樹木種は多次元の環境傾度において，他種と異なる特有のニッチを占めるように進化してきたと信じている．中立理論はこのような視点に対する問いかけといえる．Hubbell 自身は，種数の多い熱帯林では，種の生態的特性は同等になる方向（ニッチ収斂するように）進化したと考えているようだ．これは，機能的に類似した種の拡散共進化仮説と呼ばれる．

　種多様性の高い群集では，他種との競争にさらされやすい．例えばBCIで，ある樹木に近接した20個体の中の種を数えると14種類にも達する．同種の2個体を選んで，それらに近接する共通種を数えると，わずか4種である（Hubbell & Foster, 1986）．つまり，種多様性の高い群集では，同じ種であっても個体によって常に異なる種との相互作用にさらされる．これが意味することは，2種系の群集で生じる相互作用と比較すれば理解しやすい．群集が2種で形成されている場合，それぞれの種が競争する相手は必然的に他の1種しかない（図13.7A）．つまり固定的な種間の競争関係が，長い時間を通じてお互いに影響する．この場合，2種の生態特性には安定した方向的な自然選択が作用するだろう．一方，多

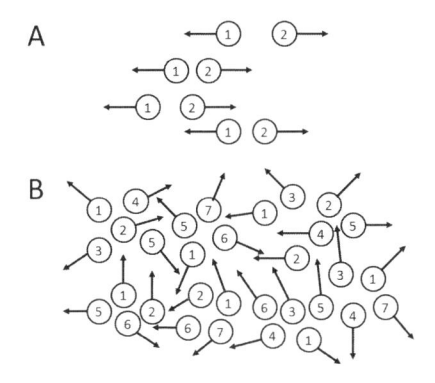

図 13.7　拡散的な共進化とニッチの進化（Hubbell, 2006 を改変）
丸は個体，番号は種を表す．(A) 2 種系の群集では，相互作用する種の組み合わせが固定的なので，種間競争が種特性に選択圧として作用し種の形質置換（ニッチ分化）が生じる．(B)種数の多い群集では，相互作用する種が，空間的に入れ替わるので，各種の他種に対する種間の効果が，形質置換を引き起こすほど作用しない．

種系では局所的な競争種は時空間的に常に変化するため，ニッチ分化（形質置換）をもたらす安定的な自然選択をもたらさない（図 13.7B）．その場合，各種の生態的な特性は，時空間的に平均化された環境に適応し，種間で類似したジェネラリスト的な生活史戦略に収斂すると予想される．Hubbell (2006) はこのアイデアを，遺伝子型を考慮した群集集合のシミュレーションモデルで検証している．このモデルでは，散布制限が作用する種数の多い群集で，個体の遺伝子型に応じて光環境に対する適応度（耐陰性）が異なることを仮定している．彼はこのモデル実験から，各種は遺伝的多型なジェネラリストになるよう進化し，種間で競争排除する傾向はなかったこと，さらに，種のニッチ幅（光環境への適応幅）は広く，種間で重複することを示した．これは古典的なニッチの議論（ある種が形質置換し，ある種はそれに失敗するという考え）とは基本的に異なり，多種系では各種の個体群が高い遺伝的多様性を維持しつつ，生態的に同等な状態に収斂し，中立的な群集集合パターンを示す，というものである．

　Hubbell (2006) が主張するように，熱帯林の樹木が，同等化するように進化したのかどうかは今後検証する必要があるだろう．しかし，「ニッチは原因でなく，自然選択を通じ結果として発生する」，という考え方は妥当である．多くの群集生態学者は，種を実体化し，種特性の適応戦略から群集集合を理解しようとしてきた．以上の議論からも明らかなように，種のニッチは，環境（群集の種数や散

布制限の強さ）に応じて分化することもあれば，逆に種間で収斂することもありうる（Holt, 2006；Scheffer & van Nes, 2006）．ニッチ分化を先験的に仮定した研究は，論理的に問題があることがわかる．

13.8 森林群集の研究における中立理論の有用性

　群集の中立理論が提唱される以前から，群集の空間パターンの分析にランダムモデルを用いるアプローチがある．これは，種間競争が群集の空間構造の形成過程に及ぼす影響を検証する手法である．実際の群集構造と（種の組み合わせなど一切無視した）ランダムに再構成された仮想の群集構造を比較する．そして実際の群集集合のパターンがランダムモデルから有意にずれていれば，それは種間の相互作用が影響していると判定する．ここでのランダムな群集とは，いわゆる帰無モデルである．中立理論もランダムモデルと同じで帰無モデルと考えている研究者も多いが（Clark *et al.*, 2007；Clark, 2009），この認識は厳密には正しくない（Gotelli & McGill, 2006）．実際，中立理論は種が同等と仮定しているだけで，群集集合がランダムになると主張しない．しかし，中立理論では種間差もなく種間競争も明示的に扱われていないので，ランダムな群集が導かれるのだろう，という誤解がある．以下に，中立理論であっても，群集集合にみられる種の不均質な空間パターンが再現できることを説明する．

　「中立理論の仕組み」で説明したエクセルのモデルを用いて再度実験をしてみよう．3×3個のセルからなる局所群集を横方向に50個ベルト状に並べてみる．ここでの構成種は9種で，9セルからなる局所群集が50個並んだメタ群集を考える（図13.8）．

　初期分布は，メタ群集において9種が同じ個体数頻度でランダムに各セルに出現するので，種の空間分布には規則的なパターンはない．このような初期状態から，個体の死亡と加入の試行を繰り返してみる．なお，ここでは隣接した群集から各局所群集への散布制限を考慮する．ある局所群集の個体が死亡した場合，その空白セルは一定の確率（＝移入率）で，左右に隣接した2個の局所群集に分布する種の子どもで占有される．隣接した群集から局所群集への移入率を0.2としてみよう．これは死亡によってできた空白セルが，10回のうち2回は隣接群集か

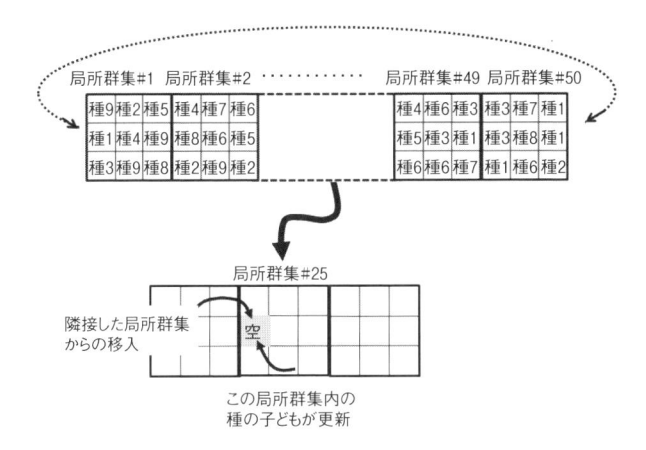

図13.8 ベルト状のメタ群集でβ多様性を検討する
3×3個のセルからなる局所群集が50個並んでいる。両端の局所群集は結合しておりリング状になっている。各局所群集では、個体の死亡による空セルの形成と、出生個体による空セルの占有が繰り返されている。なお、空きセルは、局所群集内に分布する種の子ども、あるいは、左右に近接した局所群集からの移入個体によって占有される。局所群集の間の種組成の非類似性（β多様性）は、局所群集間の移入率と局所群集の間の距離によって変化することが予想される。

らの子どもで占有されることを意味する。各種の初期分布は、どの局所群集でも同じようにみえたが、試行を200回繰り返すと50個の局所群集の間には種の棲み分けのようなパターンが生じる（図13.9）。各種の個体数密度に着目すると、いくつかの種がある局所群集でピークを示し、その局所群集から離れると個体数密度が減衰している様子がわかる。移入率を0.8に設定して同様の試行をもう一度行ってみよう。メタ群集における優占種数は減少し、種の個体数密度の裾の幅が広くなっていることがわかる。局所群集の間の距離に応じた種組成の変異いわゆるβ多様性をみると、(初期の空間分布はランダムだったにもかかわらず) 距離に依存したβ多様性の増加パターンが生じている（図13.10）。β多様性といえば、環境傾度に沿って変化する種組成を計量化した指標と考えがちである。しかし、均一環境を仮定した中立理論であっても、散布制限に伴う距離による隔離の効果（isolation by distance）で、種のパッチ分布や種の交代によるβ多様性が生じることがわかる。

さて、本章で理解して欲しいことは、中立理論が$\alpha \cdot \beta \cdot \gamma$多様性のパターン形成を説明できて万能、ということではない。中立理論は、とりあえず複雑そうに思われる種の特性や環境の空間的不均一性などを先送りし、生物の基本的特徴

222　第13章　森林の種多様性

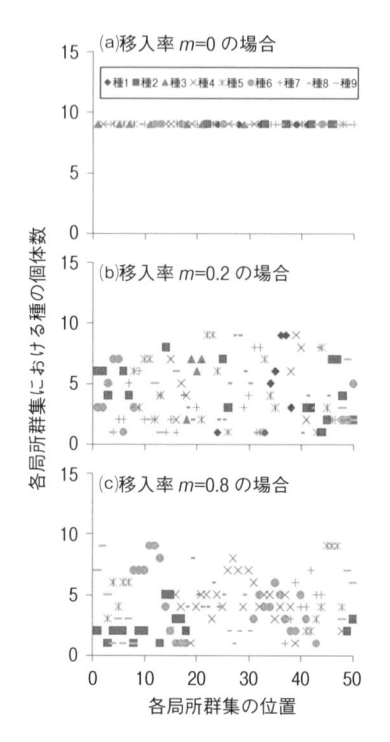

図 13.9　散布制限による群集集合の空間パターン
200回の試行を繰り返した後の,各局所群集内の各種の個体数（9個のセル中の各種の個体数）．記号の違いは種を表す．

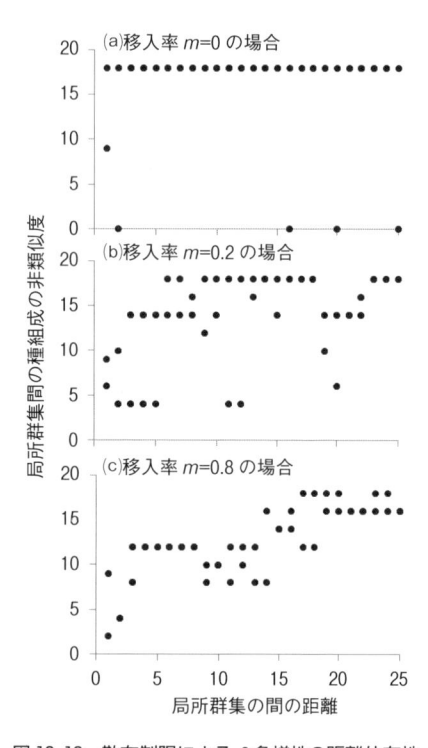

図 13.10　散布制限による β 多様性の距離依存性
局所群集の間の距離と,局所群集の種組成の非類似度（β 多様性）の関係を表している．ここでの β 多様性とは,ある局所群集と他の局所群集の間（50ペア）の種組成の違いをユークリッド距離で表している．近接した群集から各局所群集への移入率に応じて,群集内で種の空間分布が生じることがわかる（ある局所群集に多く出現する種は,その近傍の局所群集でも数が多くなっている）．近接した局所群集の間で移入がまったくなければ,確率的に決まる1種によって優占される．しかし,近接した局所群集の間で移入があると,(b)と(c)のように局所群集の間の距離に応じた β 多様性のパターンが発生する．

（個体が生まれて，分散し，最終的に死亡する．ごくまれに新たな種に分化する）に焦点をあてた「最節約なモデル」（Alonso et al., 2006）である．距離依存的な β 多様性のパターンは，種の散布制限と環境傾度に伴う種のニッチ適応の両者が関与していると予想されるが，中立理論を基本モデルとして用いると，両者の相対的な貢献度を定量できる．もし，実際に観察される距離依存的な β 多様性のパターンが，種を同等とみなし環境傾度（ニッチ分化）も考慮しない中立理論で再現できるのであれば，散布制限が β 多様性の創出に貢献していると判定できる．再現できなければ，種特性や環境傾度などを加えて，β 多様性のパターン形成に最も支配的な要因を探ればよい．中立理論は最節約なモデルなので，現実をうまく説明できなくても，新たな要因をそのモデルに組み込んで拡張し，説明力の不足を段階的に補っていく研究アプローチを可能にしてくれる．

　木村（1986）の分子進化の中立説と群集集合の中立理論のルーツ MacArthur & Wilson（1967）は同じ時期に発表された．分子進化の中立説は，進化学の基本理論としてすでに定着しているが（斎藤，2009），群集の中立理論の発展は Hubbell（2001）による"再"提唱を待つほかなかった．経験論的なニッチ理論に縛られている（野外）生態学者は，いまだに中立理論の本意を誤解し表面的な批判をする傾向がある．木村（1986）をみると，分子進化の中立説が提唱された当時の状況は，現在の群集生態学における中立理論とニッチ理論を巡る論争と酷似しているようにみえる．淘汰論者の批判に対して木村はこのように反論している：「適応戦略を仮定する生態学的仮説は，まったく捉えどころがなく，定量化するのが困難なので私は詳細に論じない」．群集の中立理論も分子進化の中立説と同様，主観的な仮定（思い込み）を排除した最節約な統計モデルなので科学的な理論として発展性がある．実際，当初の Hubbell モデルで仮定されたゼロサムの条件は，すでに必要な仮定ではなくなり（Haegeman & Etienne, 2008），環境条件の不均一性も考慮可能になっており（Jabot et al., 2008），自然撹乱による非定常性や環境不均一性の効果を定量可能なまでに拡張している．さらに，種の系統関係を考慮し，種同等の中立条件も緩和される方向で理論が洗練されている（Jabot & Chave, 2009）．統計モデルの形式をとる群集の中立理論は，様々な森林群集の実データに適用可能で，その種多様性を比較解析する上で，今後，不可欠な道具となるだろう（Rosindell et al., 2011）．

第14章 森林の物質生産

千葉幸弘

14.1 はじめに

　陸上植物群落の中で，森林の植物体に蓄積されている有機物量，すなわち現存量（biomass または standing crop）はきわめて大きい．陸域生態系の現存量のほぼ80％は森林に存在しており（表14.1），炭素を貯留する働きとして見ると，数百年以上の長期にわたって成長し続ける森林は他の陸域生態系の比ではない．このことが，温室効果ガスである大気 CO_2 の吸収源として森林が期待されている理由でもある（IPCC, 2006）．こうした森林の高い炭素貯留能は，群落としての構造的な巨大さと複雑な階層構造（stratification）に因るものであり（第7章），このことが生物の多様性の維持にも重要な役割を果たしている（第12章）．

　植物群落として森林は大きな空間を占有し，しかも上方に占有空間を拡大するので，閉鎖した人工林では上層木の平均樹高と現存量の大きさはほぼ比例する傾向がある（図14.1）．言い換えれば，樹高が高くなれる条件がそろった森林であれば巨大な現存量を持つ可能性がある．日本では，秋田県の仁鮒水沢天然スギの

表14.1 世界のおもな陸域生態系の現存量と NPP

陸域生態系	面積 (10^6 km^2)	現存量 (Mg ha^{-1})	NPP (Mg ha^{-1} yr^{-1})	葉面積指数 (m^2 m^{-2})
熱帯林・亜熱帯林	17.6	240	19	4-7.5
温帯林	10.4	114	11	3-15
北方林	13.7	128	7	1-6
熱帯サバンナ	22.5	58	13	0.5-4
温帯草地	12.5	14	8	1-3
砂漠・半砂漠	45.5	4	2	1
ツンドラ	9.5	12	3	0-3
湿地	16.0	86	7	4
農地	3.5	4	9	

データソースによって数値がかなり異なるが，IPCC (2006) および只木 (1976) などから作成した．現存量は地下部を含まない．葉面積指数は Saugier et al. (2001) に因った．

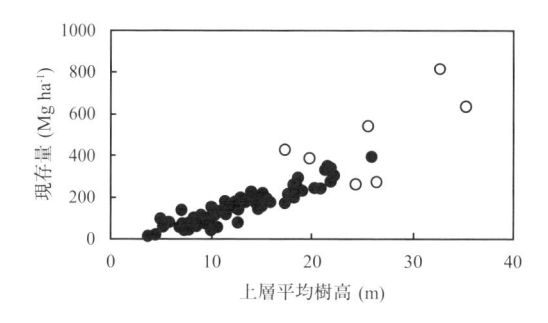

図 14.1 スギ人工林の上層平均樹高と現存量の関係
● : Cannell (1982), ○ : 竹内 (2002) より作図.

58m のスギが最も高いと言われ (第7章), その他では高知県魚梁瀬地方の千本山のスギ林で平均樹高が 37m, 最大樹高が 56m である. 世界最大の樹高が記録されているアメリカ合衆国・カリフォルニア州には樹高 80m 以上の木がまさに林立するセコイアメスギ (*Sequoia sempervirens*) の群落があり, 世界最大樹高 115m もここで記録されている.

こうした巨大な森林の成長を支えるのは, 他の植物と同様に光合成の働きである. 緑色植物や植物プランクトンのような独立栄養生物 (autotrophic organism) が太陽エネルギーを利用して無機物から有機物を合成することを一般に一次生産 (primary production) と呼ぶ. それに対して, 従属栄養生物 (heterotrophic organism) である植食動物による生産を二次生産と呼ぶ. 植物による有機物合成を単に物質生産 (matter production) と呼ぶことが多い. 本章では, 光合成による一次生産だけではなく, 森林の成長や群落としての発達過程を理解する上で重要な群落構造や光合成生産など, 森林の物質生産過程について述べるとともに, 森林による炭素固定量の評価手法などについて概説する.

14.2 物質生産に関与する森林の構造

光合成や呼吸などの生理的な現象をベースとする森林の物質生産過程には, 様々な時間スケールあるいは空間スケールの物理的, 生理的な反応が包含される. そのため, 森林の物質生産過程を解明するためには, 光合成や呼吸などの生

理機能が環境要因に対してどのように応答するのかを明らかにする必要がある．しかもこうした生理的な現象は，個葉から枝へ，枝から個体へ，個体から群落へと，評価対象のスケールを変えて評価（スケーリング）することによって初めて，森林の物質生産過程を明らかにすることができる．こうしたスケーリングには，森林内を透過する光および枝葉の空間分布，林木個体の本数密度と個体サイズの関係など，森林群落を特徴付ける構造的な成り立ち（architecture）を定量的に明らかにしておく必要がある．

　森林群落には，その種組成や発達段階を超えて認められる共通の規則性あるいは法則性がある．その代表的なものは，林冠を透過する光の減衰過程，樹形に関する定量的関係，平均個体重と個体数密度の関係である．こうした規則性のモデル化は，物質生産過程を定量的に解明する上で重要である．

14.2.1 森林群落の光環境

　森林の光合成量を推定するためには，林冠における葉の分布とそれらの葉の受光量を推定しなければならない．林冠の透過光は，葉などに吸収されるので徐々に減衰していく．葉の耐陰性は樹種によっても異なるが，林冠下層ほど光合成と呼吸の収支が悪化し，相対光強度が数％以下では個葉の生存限界となる．森林全体の光合成量を推定するためには，林冠の階層（stratum）ごとに変化する光環境を明らかにして，階層ごとの光合成量を計算しなければならない．

　植物群落内の葉量分布と光の減衰については，次のような経験則（Beer-Lambert の法則：Monsi & Saeki, 1953）が成り立つ．群落表面からの深さ z における光強度 $I(z)$ と，表面から z までの間に存在する葉面積指数 $F(z)$ の関係は，図 14.2A のように指数関数で近似できる：

$$I(z) = I_0 \exp(-KF(z)) \tag{14.1}$$

ただし，I_0 は群落表面における光強度，K は葉群の状態によって変化する定数で吸光係数（extinction coefficient）と呼ばれる．吸光係数は太陽高度のほか，葉の配列や傾斜角，葉の光透過率などの影響を受ける．深さ z における光強度 $I(z)$ は（14.1）式で表されるが，その層にある葉面が受ける平均的な受光量 $I'(z)$ は

$$I'(z) = KI_0 \exp(-KF(z)) \tag{14.2}$$

であることに注意する必要がある．

　実際の森林群落では，$\log(I(z)/I_0) \sim F(z)$ 関係が常に（14.1）式で表されるよう

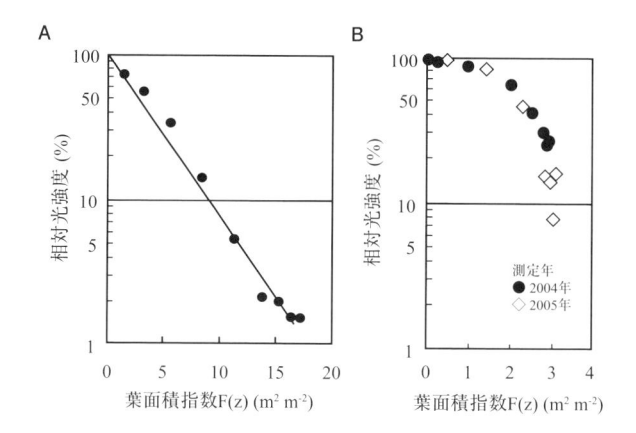

図 14.2　林冠を透過する光の減衰と葉面積の関係
A：スギ林では透過光の減衰が Beer-Lambert 則（14.1）式に従うが，
B：コナラ林では（14.1）式で近似できない（右田，2007）．

な傾き $-K$ の直線関係（図 14.2A）で近似できるとは限らない．$\log(I(z)/I_0) \sim F(z)$ 関係が $F(z)$ 軸に対して上に凸になり，吸光係数 K が下層ほど大きくなることがしばしばあり得る（図 14.2B）．その理由として葉の光透過率や傾斜角の違いが論じられることもあるが，特に森林では以下に述べる(A)林冠における葉群の空間分布（クラスター構造など），(B)枝や幹などによる遮蔽効果の影響が大きいと考えられる．

A．林冠のクラスター構造

　林冠における葉は，Beer-Lambert 則が前提としているようにランダム分布しているわけではない．群落表面には凸凹がある．また枝の長さや分岐の仕方によっては，葉がひとかたまりの集合体（clumping）を形成し，それらが不均質に空間に分布する（依田，1982；Whitehead et al., 1990 など）．さらに樹木の成長とともに，枝の長さあるいは樹高が増大するため，隣接する枝どうしあるいは個体どうしが物理的に接触するようになり，同時に光資源をめぐる競争が生じるため，葉あるいは小さなシュート単位で着葉部が徐々に枯死・退行していく．その結果，ある程度の大きさを持つ葉群が明瞭に識別できるようになり，枝単位あるいは個体の樹冠を単位としたクラスター（cluster）構造が形成される（図 14.3）．これにより，隣接個体の樹冠間に隙間ができることを「crown shyness」という．

図14.3　クスノキ樹冠のクラスター構造

　草本群落と森林群落について，立体空間あたりの葉面積密度（LAD：leaf area density, m²/m³）を比べると，草本群落で2～4 m²/m³程度であるのに対して森林では0.2～0.4m²/m³とかなり小さい．樹高が60m近いマレーシアの熱帯林ではLADは特に小さく0.14m²/m³であった（小川，1980）．葉層の深さは，草本では数cmから1～2m程度であるが，森林群落では明らかに深く数m～数十mに及ぶこともある．このことからも林冠における葉の空間分布が，ある程度のまとまりを持ったクラスターで構成され，森林群落は草本群落に比べて深い葉層を持っていることが推察される．またクラスター構造には，入射光が林冠を深く透過する確率を高める効果がある．そのため，葉が空間にランダム分布する場合（random spatial distribution）や葉傾角が球面状に分布する場合（spherical angle distribution）に比べると，クラスター構造を持っている方が群落レベルでの光合成量が大きくなることが明らかになっている（Baldocchi & Harley, 1995）．

B．枝・幹の遮蔽効果
　森林を透過する光は葉のみによって吸収・反射されるわけではなく，枝や幹などによる遮蔽効果も加味される．27年生コナラ人工林では，葉面積指数LAIが3.29で林冠の上層にそのピークがあるのに対して，木部（枝および幹）表面積指数は1.58と小さいが林冠下層まで木部表面積が分布しており，葉が少なくなった林冠下層でも透過光は減衰し続ける．また落葉広葉樹二次林（平均樹高約20m）における林床付近の相対光強度は，開葉前の3月でも50%弱に過ぎず，林

内では枝や幹によってかなり遮光されていることがわかる．木部の遮光効果を考慮した場合とそうでない場合とで林冠光合成の推定値にも影響することも知られており，若齢カラマツ林では，枝や幹による遮光効果を考慮しないと，光合成の推定値が30％ほど過大になっていたとの報告もある．

14.2.2 枝葉が合流して形成される樹形―パイプモデル―

　物質生産を担う光合成器官（葉）を支えるのは木部器官（枝と幹）である．この両者の関係は，光合成や蒸散のような生理的な機能を果たすだけでなく，葉を物理的に支持する機能を同時に果たすという合理性が要請される．樹形の成り立ちに関係する両者の定量的な関係は Shinozaki ら（1964a, b）によって見出されパイプモデルと名付けられた．

　そのきっかけは Monsi & Saeki（1953）が考案した植物群落の「生産構造図（productive structure）」である．これは植物群落を水平方向の層ごとに分けて（層別刈取法，stratified clipping method），同化器官（葉）と非同化器官（枝および幹）の現存量を対比して表示するものである．背丈の低い草本群落から巨大現存量を持つ森林まで，どの群落でも生産構造図で示された同化器官と非同化器官の垂直分布構造は図 14.4A のような同じような形状を示す．このことは，光合成によって成長する植物群落の構造がある一定の規則に従って形成されていることを強く示唆している．パイプモデル理論については吉良（1965）が解説しているので，ここでは簡単に紹介する．

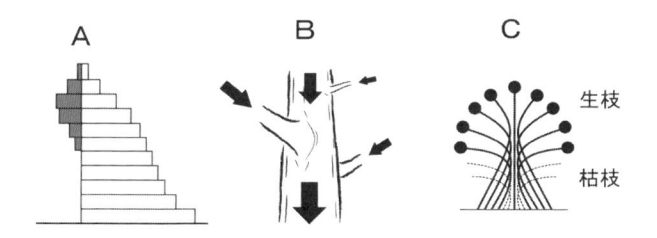

図 14.4　生産構造図からの着想によって得られたパイプモデルの概念
　　A：Monsi & Saeki（1953）が考案した生産構造図で，葉（左側）と木部（右側）の垂直分布を表す．
　　B：枝の合流によって形成される幹．
　　C：一定の断面積を持つパイプの集合体として説明される樹形のパイプモデル樹体内部にはすでに枯死した枝が封入されている．
Shinozaki et al.（1964a）を参考に作図．

Shinozaki et al.（1964a）は生産構造図から次のような単純な関係を発見した．植物群落表面からの深さ z に存在する葉量密度を $\Gamma(z)$ とすると，群落表面から z までの積算葉量は

$$F(z)=\int_0^z \Gamma(z)dz \qquad (14.3)$$

で表され，深さ z における非同化部量密度 $C(z)$ との間に，

$$F(z)=LC(z) \qquad (14.4)$$

が成立する．ここで，L は種に固有の定数で長さの次元を持つことから「specific pipe length（比パイプ長）」と呼ばれる．この比例関係から，植物個体あるいは植物群落が一定断面積を持つ単位パイプ系の集合体として理解できるという "単純パイプモデル" が得られた．さらに樹木では，枝が合流することによって幹が太くなるが（図 14.4B），枝葉が枯れあがった樹冠下の幹でも下方ほど太くなっている．その理由は，かつて機能していたパイプが葉の枯死とともに不要になり，その後もパイプだけは樹幹内に封入され（残存パイプ），幹および枝に蓄積される（図 14.4C）と解釈してこれを "樹形のパイプモデル" と呼んだ．パイプモデル理論の提示は葉と木部の関係を明らかにしただけではなく，その後，樹木の成長（Oohata & Shinozaki, 1979；Chiba, 1991；Valentine & Mäkelä, 2005），バイオマスの推定，光合成や蒸散の推定（Mäkelä & Valentine, 2001）など多くの場面でその応用的研究が進展する契機となった．

14.2.3 植物の相互作用—密度効果—

植物群落における平均個体重あるいは収量（yield）と個体数密度の関係から導かれたのが植物群落の密度効果（density effect）（Shinozaki & Kira, 1956）である．さらに「植物成長のロジスティック理論」（篠崎，1961）や「植物の相互作用」（穂積，1973）によって，森林を含めた植物群落における個体成長や個体どうしの一連の相互関係が実証的に理論展開された．植物群落では成長とともに個体が自然に枯死していく自然間引き（natural-thinning）または自己間引き（self-thinning）現象が知られているが，ここでは植物の相互作用に関する理論研究の一端を概説する．

Kira et al.（1953）はダイズの密度効果に関する実験を行い，生育日数とともに変化する平均個体重 w と個体密度 ρ の関係を検討した．その結果，ある時間断

面における $\log w \sim \log \rho$ 関係は，2つの直線（折線）で近似することができ（図14.5A），1つは水平な直線，もう1つは

$$w = K_0 \rho^{-a} \tag{14.5}$$

で表されると解釈し，彼らはこれを「密度効果のベキ乗式」と呼んだ．さらに時間が経過すると，係数 a はほぼ1に等しくなり，

$$w\rho = K_0 \tag{14.6}$$

となる．w と ρ の積は単位面積あたりの現存量（あるいは収量 yield）に相当するので，これを $y(\equiv w\rho)$ で置き換えれば

$$y = K_0 \quad (\text{一定}) \tag{14.7}$$

つまり，生育が十分に進むと個体密度 ρ に無関係に収量は一定になることを意味しており，これが「最終収量一定の法則」である．

Shinozaki & Kira (1956) はこの解析に成長曲線式を導入して，植物群落における自己間引きや密度効果に関する植物成長のロジスティック理論が展開された．成長曲線の1つであるロジスティック曲線は，2つの係数 λ と W を持ち，微分形式では次式で表される：

$$\frac{1}{w}\frac{dw}{dt} = \lambda\left(1 - \frac{w}{W}\right) \tag{14.8}$$

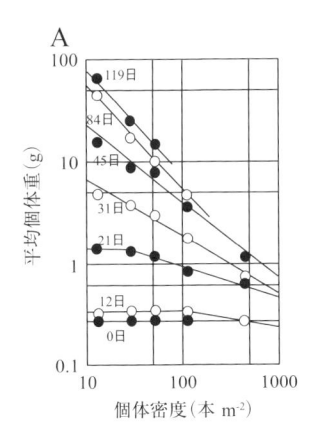

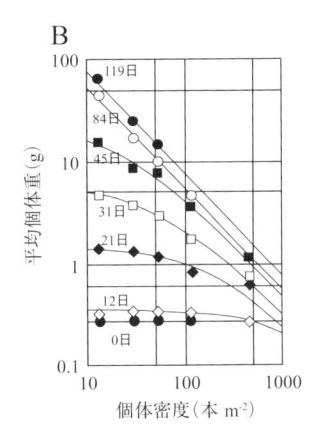

図 14.5 ダイズ播種後の日数に応じて変化する平均個体重と個体密度の関係
A：ダイズ播種後の日数に応じて変化する平均個体重と個体密度の関係．
B：ロジスティック理論による平均個体重と個体密度の関係の近似．
Shinozaki & Kira (1956) より作図．

λ は成長係数,W は w の上限値である.この曲線は,原点付近(成長初期)では指数関数的に増大し,時間が十分に経過すると上限値 W に漸近する.この曲線の数学的性質は変曲点に対して点対称となるので,このままでは実際の成長データにはほとんど当てはまらない.実際の成長過程においては係数 λ と W が時間とともに変化するのが当然であり,これらが変化しても成長曲線としての要件は満たされる.そこで2つの係数 λ と W が時間とともに変化する「一般ロジスティック曲線」による成長解析が進められた.

平均個体重 w の成長を一般ロジスティック曲線の積分形で表すと,

$$\frac{1}{w} = e^{-\tau} \int_0^\tau \frac{e^\tau}{W} d\tau + Ke^{-\tau} \tag{14.9}$$

ここで,τ は生物学的時間と呼ばれ,以下のように定義される:

$$\tau = \int \lambda \, dt \tag{14.10}$$

一方,最終収量一定の法則は個体重の上限値 W に対して成り立つので,(14.6)式は

$$W\rho = Y \tag{14.11}$$

と置き換えられる.したがって(14.9)式は

$$\frac{1}{w} = \rho e^{-\tau} \int_0^\tau \frac{e^\tau}{Y} d\tau + Ke^{-\tau} \tag{14.12}$$

この式を ρ に着目して整理すると,

$$\frac{1}{w} = A\rho + B \tag{14.13}$$

これが「密度効果の逆数式」であり,係数 A および B はそれぞれ

$$A = e^{-\tau} \int \frac{e^\tau}{Y} d\tau, \quad B = Ke^{-\tau}, \quad \tau = \int \lambda \, dt$$

である.これを実測値にあてはめてみると,2つの折れ線で表されていた $\log w$ ~ $\log \rho$ 関係が連続した曲線で表現され(図14.5B),個体密度と個体重の関係を説明できることが確かめられた.さらに(14.13)式と収量の定義($y \equiv w\rho$)から,収量 y と ρ の関係は次の(14.14)式で表すことができ,成長とともに密度に関係なく収量が一定値に近づくことが示された.

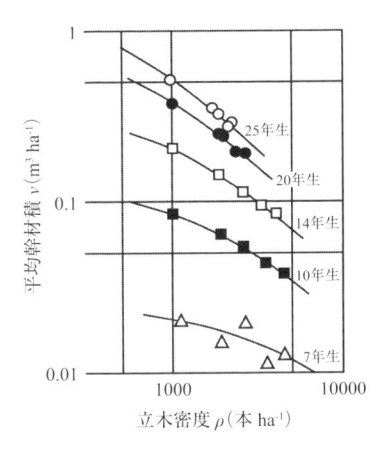

図 14.6 スギ人工一斉林の密度効果
　　　個体重の代わりに，それと比例する幹材積を用いている．只木・蜂屋（1968）より作図．

$$\frac{1}{y} = \frac{B}{\rho} + A \qquad (14.14)$$

こうした同齢同種植物個体群の密度効果に関する理論研究は草本を対象に見出されたものであったが，単純一斉人工林でも同様の関係が確認されている（図14.6）．

14.2.4 植物の相互作用—3/2 乗則—

　植物群落では成長とともに個体間競争が起こり，徐々に個体数が減少していく．こうした自己間引きに関して見出された重要な法則性の1つに「自己間引きの 3/2 乗則（two thirds power law of self-thinning）」(Yoda *et al.*, 1963) がある．これは上述したロジスティック理論とは別のアイデアから生まれたものであるが，森林を含む多くの植物群落でこの法則性が成り立つことが確認されており，ここで簡単に紹介しておく．

　十分に混み合って閉鎖した群落の個体数密度 ρ と平均個体重 w の関係は，両対数グラフ上で勾配 $-3/2$ の直線で近似することができる．すなわち，

$$w = K\rho^{-\frac{3}{2}} \qquad (14.15)$$

が成り立つ．K は定数である．この関係は木本・草本を問わずよく成立すること

から，自然間引きの3/2乗則と呼ばれる．Yoda et al.（1963）は，(14.15)式が以下の仮定のもとで誘導できることを示した．
　仮定1）群落は常に閉鎖し，自然間引きは被度100％を保つように起こる．
　仮定2）生育時期や個体の大きさに関係なく同種個体は常に相似形で比重は等しい．

個体の平均占有面積 s は仮定1）から $s=1/\rho$ であり，また仮定2）より $s \propto w^{2/3}$ とみなすことができるので，$w\rho^{3/2}=K$ となり，(14.15)式が得られる．

14.3 森林の物質生産量の推定

植物の物質生産過程は，光合成（photosynthesis）によって作られる有機物，生きているすべての細胞を維持あるいは成長させるために必要な呼吸（respiration），そして両者の剰余生産物として各器官に転流して蓄積される成長（growth）の3つが基本的要素である．これは森林でも同様である．

単位土地面積における一定期間の総一次生産（単に総生産ということが多い）（gross primary production：GPP）と，生きている樹体による呼吸量（autotrophic respiration：R_a）の差がその土地の生産力，すなわち純生産量（net primary production：NPP）である（図14.7）．

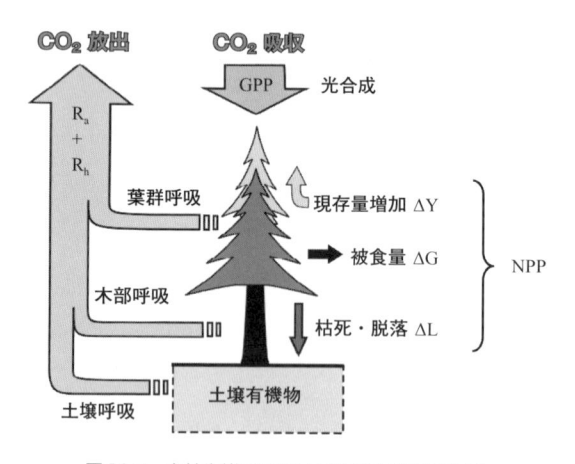

図14.7　森林生態系における物質生産の概念図

$$\text{NPP} = \text{GPP} - R_a \tag{14.16}$$

純生産量 NPP の内訳をみると，一定期間中における植物体の増加量だけではなく，その間に生じる各器官の枯死脱落量（リター）や昆虫などによる被食量も含まれる（図 14.7）．そこで NPP は次式のように表現することもできる（小川，1967；依田，1982）．

$$\text{NPP} = \varDelta Y + \varDelta L + \varDelta G \tag{14.17}$$

ここで，$\varDelta Y$ は植物体の成長量，$\varDelta L$ は植物体の枯死脱落量，$\varDelta G$ は被食量である．$\varDelta L$ と $\varDelta G$ の計測は，リタートラップを用いて植物遺体や植食昆虫の糞の落下量をサンプリングして推定するのが一般的である．しかし，根の $\varDelta Y$，$\varDelta L$，$\varDelta G$ を測定することは非常に難しい．また，$\varDelta L$ は決して少ない量ではないが，森林の場合，樹上で枯死した枝が数年以上経過してから落下することが多いため，計測期間以前に枯死した器官が含まれている．NPP を正しく推定するためには，今後，地下部を推定する技術の開発や枯死脱落量の再評価が必要である．

NPP は（14.16）式あるいは（14.17）式のいずれかに基づいて推定されるが，前者による推定法を光合成法，後者を積み上げ法と呼ぶ．森林の生産量は，気象条件や土壌条件などの生育環境の影響を受けることはもちろんだが，森林を構成する種組成や生育段階によっても異なる．光合成法では，時々刻々変化する個葉の光合成量や各器官の呼吸量を計算して，森林スケールで集計しなければならない．そのためには，林冠内に分布している個葉の生理的な特性や微気象条件との対応関係なども考慮する必要があり，推定のための手順と作業はかなり煩雑である．一方，積み上げ法は，一定期間における現存量の差やリター量などを計測すれば地上部の NPP を推定できるので，比較的確実な方法であり，様々なタイプの森林で実行しやすい．しかし，前述のとおり，地下部の NPP の推定には困難がともなう．

植物遺体などは最終的には土壌動物や微生物によって分解され CO_2 となって大気に還元されるが，これに土壌動物の呼吸を加えたものを従属栄養呼吸（heterotrophic respiration：R_h）と呼ぶ．そこで，森林生態系としての生産量として，上述の NPP から R_h を差し引いた値として，生態系純生産量（net ecosystem production：NEP）が次のように定義される（図 14.7）．

$$\text{NEP} = \text{NPP} - R_h \tag{14.18}$$

R_h と生きている植物の根呼吸 R_a をあわせたものを一般に土壌呼吸（soil respiration：R_s）とよぶ．R_s は比較的容易に計測できるが，R_h と根の R_a を分離して測定するのは困難である．

また森林生態系における NEP は，(14.18) 式によらずに，大気–森林間の CO_2 移動量（フラックス）を微気象学的方法で観測して推定することができる．現在，この方法によって北方林，温帯林，熱帯林など世界各地で NEP が推定され，森林の CO_2 吸収量の解明が進行中である．

14.3.1 積み上げ法による推定

1966～1975 年に行われた国際生物学事業計画（IBP；International Biological Programme）では，NPP を推定する手法の開発を含め多くの森林で NPP が調査され（Kira & Shidei, 1967；Lieth, 1975；Rodin et al., 1975 など），世界各国の NPP をもとに植物群系の地理的な分布や気象条件などの環境傾度に沿った生産力の違いが概括的に論じられるようになった（Whittaker, 1979）．わが国でも主要な森林タイプで NPP が積み上げ法によって推定された（表 14.2）．同じ常緑針葉樹林でも，亜寒帯針葉樹林は温帯針葉樹林に比べると NPP が明らかに低い．また常緑広葉樹林に対して落葉広葉樹林の NPP が小さいのは，落葉するために光合成生産できる期間が短いためであり，NPP は半分程度しかない．同様の理由で落葉針葉樹林も NPP は小さい．一方，常緑針葉樹林でもスギ林がかなり高い生産力を持っており，表 14.1 に示した熱帯林・亜熱帯林の NPP にも匹敵する．

日本各地で調べられた多くのスギ人工林について，林齢ごとの現存量（地下部を含む）の年間増加量（成長速度）を図 14.8 に示した．林分密度や土地条件の違いを考慮せずに，スギ人工林の生産量と林齢の関係をみたものであるが，現存量増加量と林齢との間に特徴的な傾向は認められず，平均的には 15～20Mg ha^{-1} yr^{-1} であった．

これまでの一般的な解釈では，林冠が閉鎖して林分葉量が最大に達する林齢 20 年生前後で NPP がピークに達し，その後，減少するとされてきた（Kira & Shidei, 1967；只木・蜂屋, 1968 など）．NPP が林分葉量に比例する傾向があるという点ではある程度正しい解釈であるが，人工林では 20 年生頃から間伐によって林冠がかなり疎開される場合があり，そのために結果として，土地面積あたりの NPP が林齢とともに減少しているようにみえる可能性がある．また縞枯現象を示すシラビソ・オオシラビソ林では最終的に林分が枯死してしまうが，このことも

表14.2 日本のおもな森林タイプの純生産量

森林タイプ	純生産量 (Mg ha^{-1} yr^{-1})(平均±標準偏差)	葉面積指数 (m^2 m^{-2})
亜寒帯針葉樹林	11.2±3.8	
温帯性落葉広葉樹林	8.7±3.0	3-6
落葉針葉樹林	10.1±4.4	2.5-4.5
温帯常緑針葉樹林 *	14.3±5.8	5-10
マツ林 **	14.8±4.1	3.5-6
スギ林	18.1±5.6	4.5-8.5
暖温帯常緑広葉樹林	20.7±7.2	5.5-9

* マツ林とスギ林以外，** ハイマツ林を除く
只木・蜂屋（1968）および Kira & Yoda（1989）より作成．

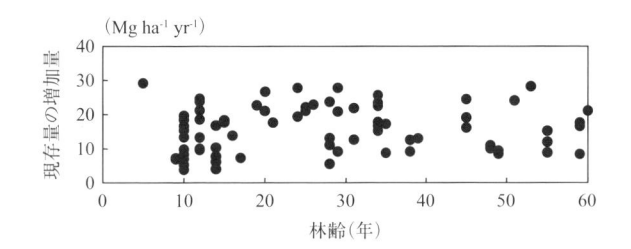

図14.8 スギ人工林の林齢ごとの現存量の年間増加量
現存量は地下部を含む．Cannell (1982) より作図．

「NPPは林齢とともに急激に低下する」と解釈された理由であろう．NPPは気象条件や土壌条件などの生育環境だけでなく，間伐などによる立木本数密度の違いによる影響が大きいので，その解釈には注意が必要である．

14.3.2 光合成法による推定

積み上げ法によるNPPの推定値は，ある森林群落を代表する場所における調査時点の値に過ぎず，ある時点で得られた「点」データに過ぎない．NPPは，温暖化などのような環境条件の影響を受けて変化するものであり，光合成などの生理的な環境応答を考慮したNPPの評価が必要である．こうした現象が解明されれば，異なる環境条件に応じて変化するNPPを推定することが可能になる．このようなNPPの変化をもたらす要因を含めたNPPの環境応答を明らかにするためには，光合成法が有効である．

光合成法は1932年のBoysen-Jensenによる光合成の測定に始まるが，理論と

しては Monsi & Saeki (1953) による数学モデルに始まる．これは光-光合成曲線と前述の Beer-Lambert の法則に基づくものである（詳しい解説は，野本・横井 (1981)，黒岩 (1990) などを参照のこと）．しかし最近では，以下に紹介するような光合成の生化学的なプロセスに基づいたモデル (Box 14.1) が開発され，微気象条件に応じた光合成の日中低下なども再現可能となっており，予測性能の高い光合成シミュレーションが可能となっている．

Box 14.1

Farquhar の光合成モデル

光合成の生化学的なメカニズムに基づいて，Farquhar & von Caemmerer (1982) は光合成における CO_2 固定過程を定式化した．Farquhar らの光合成モデルは，環境条件に応じて刻々と変化する個葉光合成を再現できるが，群落スケールの光合成生産を評価するためのスケーリング手法は Monsi & Saeki (1953) が提示した内容と基本的に同じである．ただし，以下に示すモデル式は適宜改良されているので，詳細については関連文献を直接参照して欲しい．

光合成のカルビン-ベンソン回路では，RuBP (Ribrose 1,5-Bisphosphate) が CO_2 と反応して PGA（ホスホグリセリン酸）を生成する．その反応を Rubisco (Ribulose 1,5-Bisphosphate carboxylase/oxygenase) という酵素が触媒するが，CO_2 固定速度（A_n）は RuBP の量によって，もしくは RuBP 飽和条件下での Rubisco の活性，または CO_2 および O_2 の濃度によって制約される．Rubisco 活性の制限を受けないとき（言い換えれば，RuBP が飽和しているとき）の光合成速度 A_n は次式で与えられる．

$$A_n = V_{cmax} \frac{(C_i - \Gamma^*)}{C_i + K_c \left(1 + \dfrac{O}{K_o}\right)} - R_d \quad (14.19)$$

ここで，V_{cmax} はカルボキシル化反応の最大速度，C_i：葉内 CO_2 濃度，O：葉内 O_2 濃度，K_c：カルボキシル化反応に関するミカエリス係数，K_o：酸素化反応に関するミカエリス係数，R_d：明条件下でのミトコンドリア呼吸速度，Γ^*：R_d が無視できるときの CO_2 補償点に相当する．このモデルで使われるパラメータ K_c，K_o，R_d などはそれぞれ気温に依存することから，それぞれ以下の経験式で近似される：

$$\text{パラメータ } (K_c, K_o, R_d) = \exp\left(c - \frac{\Delta H_a}{R T_k}\right) \quad (14.20)$$

ここで，c はスケーリング定数，ΔH_a は活性化エネルギー，R は気体定数 (0.00831 kJ K^{-1} mol^{-1})，T_k は絶対温度である．また光合成特性を表現するパラメ

ータ V_{cmax} も同様に気温によって変化し，(14.20) 式のような型式で近似される．
　一方，RuBP が不足しているときは，RuBP の再生速度が電子伝達速度に律速されているとみなし，光合成速度は次式で表現される：

$$A_n = \frac{J}{4} \frac{C_i - \Gamma^*}{C_i + 2\Gamma^*} - R_d \tag{14.21}$$

ここで J は最大電子伝達速度である．J は光強度に依存し，以下の Smith の式で近似的に与えられる．

$$J = \frac{\alpha Q}{\sqrt{1 + \frac{\alpha^2 Q^2}{J_{max}^2}}} \tag{14.22}$$

ここで，α は C_i 飽和条件下で入射光ベースでの量子収率（mol electrons (mol quanta)$^{-1}$），Q は入射光量子束密度（μmol m^{-2} s^{-1}），J_{max} は J の光飽和値である．
　外気 CO_2 濃度（C_a）において光合成に伴う葉内 CO_2 濃度（C_i）を計算するため，気孔コンダクタンス G_s を求めなければならない．その計算式はいくつか提案されているが，個葉光合成を計測する際に計測される微気象条件と推定精度の点で優れている Ball *et al.* (1987) による次式を紹介しておく．

$$G_s = \frac{G_0 A_n \mathrm{RH}}{C_a} \tag{14.23}$$

ここで，C_a：CO_2 濃度（μmol mol^{-1}），RH：葉表層での相対湿度，G_0：これら要因に対する気孔応答を表す定数である．

A．光合成量の推定

　個葉光合成に関するパラメータは気温や光強度によって変化するので，林冠全体の光合成量を計算するためには，林冠における葉群の空間分布と光強度の相互関係を解明する必要がある．しかも林冠内で光環境や温度などは時間的に変化し，個葉の形態的生理的な特性を通じて光合成に影響する．
　例えば，個葉の最大光合成速度 A_{max} は林冠上部から下部にかけて減少する（図 14.9）．落葉広葉樹は常緑広葉樹よりも A_{max} が大きく，葉齢とともに A_{max} は小さくなるが，光合成以外に使われる窒素量が多いことが理由の 1 つである（小池，2004 など）．また葉面積あたりの葉重（leaf mass per area：LMA, kg m^{-2}）と窒素濃度は明るくなるほど増加する傾向があり，効率的に光合成が行われるために資源が配分されていると考えられる．
　時々刻々変化する光強度，気温，相対湿度，CO_2 濃度の外部環境に応じた光合

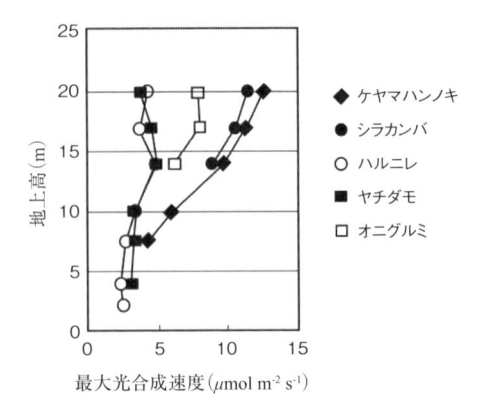

図14.9 林冠位置による最大光合成速度の違い
Koike et al.（2001）より．

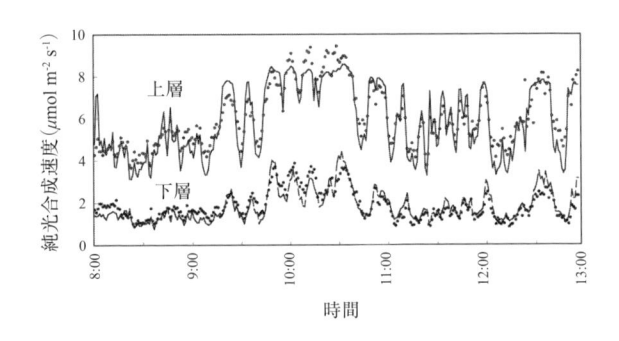

図14.10 コナラ個葉の純光合成速度の日変化
2007年9月23日の林冠上層および下層における計測値（○，●）とシミュレーション推定値（―，…）を例示した．右田（2007）より．

成速度をFarquharの光合成モデルを用いて計算した結果を例示する（図14.10）．森林の生育環境や樹種，あるいは林分構造などによって変化する現象を解明・定式化することで，林冠光合成の変動要因を分析し，また予測することも可能になってきている（Baldocchi & Harley, 1995など）．

B．呼吸量 R_a の推定

呼吸は植物がその生命を維持し活動するのに必要なエネルギーを生産過程である（黒岩，1990；Ryan et al., 1996；二宮，2004）．しかも呼吸は森林の一次生産においてかなり大きな要素である．ここでは森林群落の呼吸量とその推定手法につ

いて概要を紹介する．

呼吸消費には，細胞の生合成や同化産物の転流，栄養塩類の移動や固定，その他の代謝過程が関与している．しかし一般には，新たな細胞を生成する際に消費される呼吸 R_g（構成呼吸あるいは成長呼吸）と，すでにある組織の生命活動を維持するための維持呼吸 R_m との 2 つに分けて，全体の呼吸 R_a を考えることが多い（黒岩，1990）：

$$R_a = R_g + R_m \tag{14.24}$$

維持呼吸 R_m は個体重（w）に比例し，構成呼吸 R_g は個体重の成長速度 dw/dt に比例するとみなせば，(14.24) 式は次のように書き換えられる：

$$R_a = r_g \frac{dw}{dt} + r_m w \tag{14.25}$$

ここで，r_g，r_m はそれぞれ構成呼吸係数，維持呼吸係数である．

構成呼吸が単純に成長速度に比例すると考えるので，成長速度に直接影響する要因があれば，それは同時に構成呼吸にも比例して作用することになる．森林では枝，幹などの木部器官の割合が相対的に多いため，年間の全呼吸 R_a に占める維持呼吸 R_m の割合は草本類に比べると高く，温帯林で 78〜88％，温帯常緑樹林で 40〜65％，温帯落葉樹林で 56〜65％，北方林で 49〜74％ に相当する（Amthor & Baldocchi, 2001）．

維持呼吸については，個体組織の状態が一様ではないことに注意が必要である．例えば幹の心材と辺材では代謝活性が異なる．つまり，樹体の維持には酵素の入れ替わり（turnover）が関係するので，維持呼吸は個体重よりも個体に含まれる窒素量に比例するとみなす方が維持呼吸を正確に推定できる．

維持呼吸，構成呼吸ともに温度に依存し，その結果呼吸速度 R_a は温度 T とともに指数関数的に増加することが知られている：

$$R_a = R_0 \exp(kT) \tag{14.26}$$

ただし，R_0 は温度 T＝0℃ のときの呼吸速度，k は定数である．温度に対する呼吸速度の依存性を表す指標として呼吸係数（respiration quotient）Q_{10} が用いられる．これは温度が 10℃ 変化したときに呼吸速度が何倍になるかを表すもので，(14.26) 式から $Q_{10} = \exp(10 \cdot k)$ で定義される．温度が 10℃ 上昇すると化学反応速度が 2 倍程度になるといわれ，呼吸速度も 10〜25℃ の温度範囲で $Q_{10} \fallingdotseq 2$ とされる（二宮，2004）．しかし実際には Q_{10} は季節変化あるいは日変化する．例え

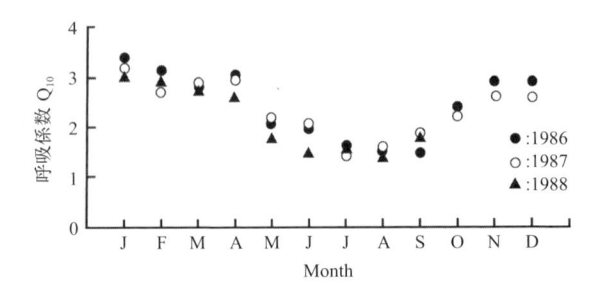

図 14.11 ヒノキ単木の 3 年間にわたる呼吸係数 Q_{10} の月別変化
Hagihara & Hozumi (1991) より.

ば，ヒノキ単木の夜間呼吸速度を通年計測して得られた Q_{10} は明らかな季節変化を示し（図 14.11），夏に最低値（$Q_{10}=1.4$），冬に最高値（$Q_{10}=3.4$）を示した（Hagihara & Hozumi, 1991）．その他，温度の上昇期と下降期で呼吸速度の温度依存性が明らかに異なる傾向を示すこともよく知られている．したがって森林群落の木部呼吸量を推定するためには，(14.26) 式の係数 k や呼吸係数 Q_{10} を一定とみなすのは妥当ではない．

C．呼吸量 R_a が GPP に占める割合

すでに述べたように呼吸は，構成呼吸と維持呼吸に分けて考えることができる．構成呼吸は，植物の組織ごとの生化学的なプロセスに依存するが，各組織が作り出す構成成分に応じてエネルギーを供給するので，気温などの環境条件にはあまり左右されないといわれ，総生産速度の 25〜30% 程度である（Waring & Running, 2007）．それに対して維持呼吸は，植物体の総量や活性に強く依存する基礎代謝であり，温度に強く依存する．したがって，全体の呼吸量 R_a に占める維持呼吸 R_m の割合 R_m/R_a は，気温とともに大きくなり，温帯林では 78〜88% になる（Ryan, 1991）．また 20 年生のラジアータマツ（*Pinus radiata*）の報告例では，器官別の R_m/R_a は，葉 95%，枝 96%，幹 52%，太根 62%，細根 76% とされる．

総生産量 GPP に対する呼吸量 R_a の割合 R_a/GPP は，温帯林ではおよそ 50〜60% だが，北方林や亜高山帯林では 70% 前後とやや高い．熱帯林では測定例が少ないが，やはり 70〜80% とやや高い（Amthor & Baldocchi, 2001）．一方，自然草地の R_a/GPP は 50〜60% である．このように陸上植物群落では総生産量の 50〜

80%が呼吸によって消費される．

14.4 群落レベルへのスケーリングと今後の展開

　群落の込み具合や発達段階を異にする様々な森林で，群落スケールの物質生産を評価するためには，構成種ごとの個体サイズ分布，樹冠構造，葉群分布に影響される林冠の光透過など，群落構造に関する定量化が必要である．光合成に関してはFarquharのモデルによって，群落内の微気象変化に応じた光合成をかなり詳細に再現させることができるようになった（図14.12）．木部器官の呼吸に関しては，生細胞の量や新たな細胞を生成する成長の違いによって呼吸が異なるので，枝や幹の直径や肥大成長量などの違いを考慮した推定法も有効である（二宮，2004）．森林群落の物質生産過程は，森林が生育する土地条件や気象環境に強く依存するので，このような様々なプロセスを定量的に解明する必要がある．

　地球温暖化の防止に向けて，森林による大気CO_2の固定能力が期待され，生態系スケールの炭素収支モデルも開発されつつある（例えば，BIOME-BGC, CAR-AIB, DOLY, HYBRID）．このような炭素収支モデルは，分析対象の生態系や解析しようとする現象によって，定式化の構成や想定するパラメータなどに工夫が必要である．また推定値の妥当性を検証するためには，多くの地点で得られた現存量やNPPなどと比較できるように，それらをデータベースとして公表する取り

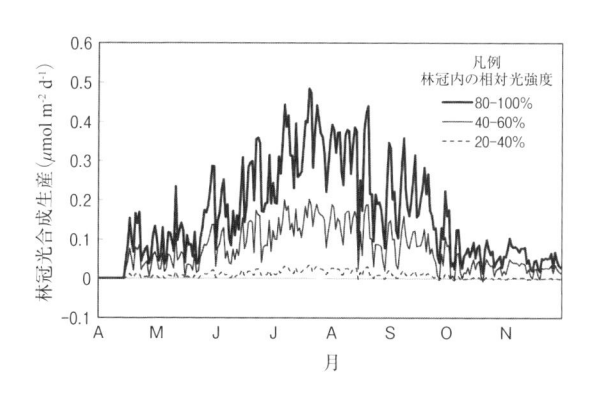

図14.12　コナラ林冠光合成の季節変化シミュレーション
　　　　　林冠層の相対光強度ごとに推定された光合成量の季節変化を例示した．右田(2007)より．

組みが重要である（例えば，GPPDI：Global Primary Production Data Initiative）．

　数十年から数百年以上にわたって成長発達を遂げる森林群落は，自然攪乱や人為的な影響（第3，15章）を受ける．したがって，森林の物質生産過程は時間的，空間的に不均一であり，常に変化し続けるものである．光合成などの生理機能のモデル化と森林構造をベースとした森林の物質生産に関するプロセス研究はこの20年で大きく進化したがその背景としては，微気象環境などの計測機器の開発，コンピュータ性能の向上など，森林という複雑系を科学的に取り扱うための研究環境が整ったことが大きい．今後は，森林における個体間相互作用（第11章）と生理機能とを統合的に扱うことによって，機能的な森林動態モデルなどの開発が期待される．

第15章 森林景観と生態系サービス

滝 久智・山浦悠一・田中 浩

15.1 はじめに

　森林を空から眺めてみよう．ロープウェー程度の高さならば個々の樹木個体が認識できるだろう．さらに高度を上げ，例えば高いビルの屋上などから見渡すと，多数の樹木個体から構成される林分が認識できるだろう．一帯は，広葉樹の天然林やスギやヒノキの人工林，さらには住宅地などの開放地（非森林）から構成されるだろう．現実の世界では，様々な土地区分が不均一な状態で空間に存在している．このように不均一性が存在する一定の区域は景観（landscape）と呼ばれる（Turner *et al.*, 2001）．したがって，森林が優占する現実の地域では，天然林や人工林，老齢林など異なるタイプの森林が不均一に存在しており，森林景観と呼ばれる．空間的不均一性（空間的異質性，spatial heterogeneity）と生物の相互作用を扱うのが景観生態学であり，特に1980年代以降，目覚しい発展を遂げてきた．

　人間は地球上の陸域のほとんどを利用してきたが，人間による陸域の利用形態は「土地利用」と呼ばれる．日本の低地の平野では田んぼや畑，住宅地が広がり，森林はその中に断片的に残存していることが多い．つまり，人間が空間的不均一性の大部分を生み出している．土地利用によって野生生物の生息が脅かされているという危機感が，景観生態学の発展を支えてきた．

　木材生産や大気中の二酸化炭素の固定や水質浄化など森林が人間社会にもたらす恩恵は，森林の生態系サービスと呼ばれる．近年，森林の生態系サービスも土地利用から大きな影響を受けていることが明らかになってきた．つまり，人類は陸域の空間的不均一性を土地利用によって変化させ，それによって生態系サービスに大きな影響を及ぼしているのである．本章では，まず景観生態学の基本的概念について説明し，森林景観への景観生態学的なアプローチを紹介した上で，森林景観における生物多様性，生態系機能，生態系サービスの相互関係を整理する．

15.2 森林景観

15.2.1 景観構造と景観モデル

A. 景観構造とパッチモザイクモデル

　周囲とは性質が異なる区域は「パッチ」と呼ばれる．複数の不連続なパッチから構成される存在として景観を概念化するアプローチは「パッチモザイク (patch mosaic)」モデルと呼ばれる．このモデルでは，景観内の空間的不均一性は2つのレベルで測定することができる (Turner *et al.*, 2001)．第一はパッチレベルで，パッチの面積や形状などが測定値（metric）となる．第二は景観レベルで，パッチタイプごとに面積やパッチの数などが測定される．計測値は，各パッチタイプの面積もしくは量を表す組成（composition）と，パッチの数などの空間パターンを表す配置（configuration）の2つのクラスに分けることができる．ただし，パッチの面積が増加すると周縁長が増加したり，個々のパッチが大きくなると景観内のパッチ数が減少したりするように，クラス内およびクラス間の計測値は互いに独立とは限らない．計測値の重要性を検討する場合には，このような計測値間の共変動に注意する必要がある (Fahrig, 2003)．

B. 様々なパッチモザイクモデル

　最も単純なパッチモザイクモデルは，景観を生息地・非生息地に二分するものである（図15.1）．例えば，農地に森林が残存する景観で森林性の生物を扱う場

図15.1 景観の二分モデル
　　　　この景観は生息地（黒塗り）と非生息地（白抜き）に区分されている．生息地をパッチと呼ぶのに対し，景観の大部分を占める非生息地はマトリックス（matrix）と呼ばれる．細長い生息地はコリドー（corridor）と呼ばれるが，パッチとパッチを結ぶ細長い生息地を特に指すこともある．

合や，皆伐地に成熟林が残存する景観で成熟林に生息する生物を扱う場合にこの「二分」モデルがとられてきた．しかし，実際の景観はより複雑であり，景観内の生物の分布や個体数，移動などを理解・予測するためには，景観をより細かく区分する必要が認識されるようになった．

　景観内に質が低いものから高いものまで様々な生息地が存在することを仮定したものが「ソース・シンク（source-sink）」モデルである．ソースとは，出生個体のほうが死亡個体よりも多く，移出個体のほうが移入個体よりも大きな生息地であり，シンクとは，死亡個体のほうが出生個体よりも多く，移入個体のほうが移出個体よりも多い生息地である．ソースは質の高い生息地，シンクは質の低い生息地と考えると，景観内のパッチもしくは生息地は，非生息地→質の低い生息地→質の高い生息地というように，1つの軸の上で整理することができる．生息地の質は資源量や環境条件で決定されていると仮定すると，この軸は資源量や環境条件の大小としてとらえることもできる．

　より複雑なパッチモザイクモデルとして，「複数生息地」モデルがある．生物のなかには，生活史の中で性質の異なる複数の資源を必要とするものがいる．例えば多くのトンボ類は幼生段階を水域で送り，成虫段階では陸域で生活する（Knight *et al.*, 2005）．Dunning *et al.* (1992) は，生物が近傍に存在する異なる資源を利用して生活することを「景観補完（landscape complementation）」と呼び，景観における重要な生態的過程（プロセス）と位置づけている．複数生息地モデルは，景観を複数の資源の軸からとらえているといえよう．

C．連続モデル

　景観によっては資源が連続的に分布しているため，パッチの境界を明確に定義できないことがある．例えば，農地と森林の境界や，天然林とよく管理された人工林の境界は明瞭だが，古い耕作放棄地と森林の境界や，天然林と不成績造林地の境界は不明瞭だろう．また，パッチ内でも資源量が連続的に変化することもあるだろう．このような場合，景観をパッチに強引に区分しても，有意義なモデルにはならない．

　このような場合に適切な景観モデルとして近年提案されているのが「連続モデル（continuum model）」である．このモデルでは，生物に必要とされる資源は連続的に定量化される．いくつかのシミュレーション研究で連続モデルは用いられて

きたが，実証研究でも連続モデルの使用が推奨されるようになってきた（Fischer & Lindenmayer, 2006）．先述の景観構造の計測値はパッチモザイクモデルを仮定しているが，連続モデルに基づいた景観構造の測定値も提案されている．Price *et al.*（2009）はオーストラリアの半森林地帯で，12種の鳥類に対してパッチモザイクモデルと連続モデルそれぞれに基づいた景観構造の計測値間で個体数の説明力を比較した．その結果，約半数の種で連続モデルの方が個体数をよく説明した．近年，リモートセンシングによって得られるデータから空間的不均一性を定量化することが増えてきた．リモートセンシングで得られるのは連続的なデータ（輝度値）であるが，パッチを定義する場合には不連続なデータとして扱う．したがって，連続モデルはリモートセンシングデータをより直接的に活用していることになり，統計処理が複雑なことが課題であるが，今後普及が予想される．景観モデルの詳細については Lindenmayer & Fischer（2006）を参照されたい．

15.2.2 連結性

森林が森林以外の土地利用によって置き換えられ，残存する森林が離れ離れになることは「森林の分断化（forest fragmentation）」と呼ばれる（図15.2）．森林の分断化が進行した景観では，森林の間に介在する都市や農地によって，森林性の生物の移動が妨げられる．景観生態学では，生物の移動のしやすさは「連結性（connectivity）」，その逆の移動のしにくさは「隔離（isolation）」と呼ばれる．連結性は2つのパッチの間，景観全体としてなど，様々なレベルで計測される．し

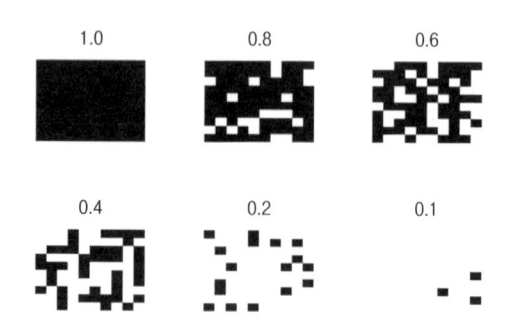

図15.2 森林の消失・分断化
　ランダムに森林（黒塗り）が消失される様子を示す．各図の上に記載された割合で森林を確率的に残存させた．厳密には，景観内の森林率が低下することを森林の消失，残存する森林が互いにばらばらになることを森林の分断化と呼ぶ．

たがって，連結性も空間的不均一性の計測値として考えられるかもしれない．

　連結性は，生物の移動能力と移動通路となる場所の移動のしやすさなどから決定される．これまで連結性は，景観を生息地・非生息地へと二分割した二分モデルに基づき，パッチ間の距離によって計測したり，生物個体の行動をコンピュータ上で模したシミュレーションモデルによって計測したりされてきた．しかし，移動通路となる区域は均質ではなく，またシミュレーションモデルは容易には実行できない．そこで，これらの手法に代わる連結性の計測手法が必要とされてきた．その1つがコスト距離（cost distance）である．コスト距離は，パッチモザイクモデルにおける各生息地タイプの移動コストと移動距離の積から算出される（Adriaensen *et al.*, 2003）．距離が近くても移動コストが高いと，連結性は低くなる．

　生物の移動は地形に影響を受ける．特に日本のように地形が急峻な地域や，移動を阻害する要素が不規則に景観内に存在する場合には，コスト距離によって効果的に連結性を定量化できるかもしれない．実際，ヨーロッパヒキガエルの生息確率やアメリカクロクマの遺伝的距離は，コスト距離によって説明できる（Cushman *et al.*, 2006；Janin *et al.*, 2009）．連続モデルを用いてコスト距離を算出することも十分可能だろう．

　連結性のもう1つの計測手法はグラフ理論である（Urban *et al.*, 2009）．グラフ理論では，ノードと呼ばれる地点間の連結性がリンクもしくはエッジと呼ばれる直線で表現される（図15.3）．地点をパッチで置き換えることで，パッチ間の連結性を扱うことができる．また，パッチ間の連結性はコスト距離としても評価で

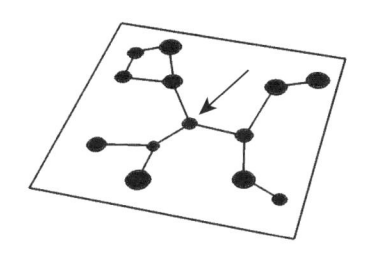

図15.3　グラフで評価されたパッチ間の連結性
　　　黒丸（ノード）の大きさはパッチ面積を示す．パッチ間の連結性は，パッチが「連結している・していない」の1/0で評価した．連結されているパッチどうしは直線（リンクまたはエッジ）で結ばれている．矢印で示した中央のパッチは，景観全体のパッチの連結性の維持に特に重要なパッチ．

きる．特に注目したいのが，グラフ理論では，ノード間の連結性からグラフ全体の連結性（位相，topologyとも呼ばれる）を求める数理的手法が存在することである．この数理的手法を用いることにより，パッチ間のそれぞれの連結性を景観レベルへ容易に集約できる．そして，景観レベルの連結性に対する個々のパッチの貢献度が計算でき，例えば，景観レベルの連結性を維持するのに特に重要なパッチを特定できる．

15.2.3 森林景観とその変化

　天然林では，地形によって林分の組成と構造が変化する．また人手が入っていない天然林では，気候や地形などに応じて各種の自然撹乱（地すべり，雪崩，火災，風雪害，病虫害など：第3章）が発生しており，遷移段階の異なる様々な林分が存在する．支配的な撹乱体制の種類によって，景観内の森林の齢構成は異なることが知られる．一定の林齢に達した林分はすべて伐採される皆伐施業が行われる場合，伐採齢以上の林分は存在しないが，自然撹乱体制下の天然林では，単に確率的に撹乱を免れる林分が存在することや，土壌条件などで撹乱を受けにくい林分が存在するなどの理由で，高齢級の森林が存在する．林業活動がこうした天然林地帯で行われるようになると，若齢林分の面積が増加し，老齢林分の面積が減少し，景観の組成に変化が生じる．また，大面積の老齢林パッチが消失し，パッチの形状が単純化し，特定の生息地タイプ間の隣接関係が失われるといった変化も生じる（Mladenoff *et al.*, 1993）．林業活動や土地利用変化などの人為撹乱は，自然撹乱によって構造化されていた天然林の森林景観を，人工林，皆伐地，保残帯，保護林などで構成される景観に改変し，以下に述べる生物多様性や生態系サービスに大きな影響を与えることになる．

15.3 生態系サービス

15.3.1 生物多様性と生態系機能

　景観構造はそこに生育する生物の多様性に大きな影響を与え，そしてときとして生態系機能を左右する．生物多様性とは，生物もしくは生態系における変異性（鷲谷・矢原，1996），すなわち，様々な生態系に，様々な種が，様々な遺伝子を

持って生きているさまを示している．陸域自然生態系のうち，原生的な天然林，特に熱帯多雨林は，遺伝子や種の多様性からみて，非常に重要な生態系といえる．他方，砂漠やツンドラなどは，種や遺伝子レベルの多様性は低いかもしれないが，特異な生物群集を維持し，地球全体の生物多様性にとってやはり重要な意味を持っている．また，人工林や農地，半自然草地など人為の影響の下で形成された生態系も，自然生態系と同等以上の高い生物多様性を示す場合がある（Swift & Anderson, 1993）．

生態系の機能は，時として様々な生物によって支えられている．生物多様性が生態系機能に及ぼす影響を実証的に解明することは，生態学における最も重要な課題の1つである．これまでも，実験生態系や草地生態系において種数を変化させる操作実験をもとに，種多様性が高ければ生態系機能も高くなるという予測が検証されてきたが，両者の関係は単純ではないようだ．ただし，理論的には，変動環境においては生物多様性が増すにつれて生態系機能の安定性も増すという保険仮説（insurance hypothesis）が提唱されている（Yachi & Loreau, 1999）．生物多様性と生態系機能に関する研究については，三木（2008）が解説している．

近年，既存の研究報告を用いたメタ解析により，生物多様性と生態系機能の関係の一般化に向けての研究が進んできた．例えば，Balvanera *et al.* (2006) は，過去50年間の既存研究の結果を改めて解析し，生産力や保険機能については，一般的に生物多様性が生態系機能に対して正の効果を持つことを示した．また，ヨーロッパ8ヶ国の草地生態系での操作実験に基づく研究結果の再解析から，Hector & Bagchi（2007）は，複数の生態系機能が働くためには，単一の生態系機能を担うのに必要な種数の単純な総和よりも多くの種数が必要なことを発見した．

15.3.2 生態系機能から生態系サービスへ

生物多様性や生態系機能は，自然科学の研究対象として扱われてきた．そこから一歩進んで，生物多様性や生態系が人間の幸福や福利にどのように役立っているのかという視点から，生態系が人間に及ぼす便益を考えるために，生態系サービス（ecosystem services；Ehrlich & Ehrlich, 1981）という概念が生まれた．

生態系サービスには，我々人類が生きる上で欠くことのできない，食糧や水の供給，疾病抑制，気候の調節，精神的な満足や審美的楽しみの供給など様々なサービスが含まれる（Millennium Ecosystem Assessment, 2005）．多くの場合，浄

化や再生などのような機能を示すサービス（service）と，食糧や薬などの財（goods）の両方を包括した意味で用いられる（Daily, 1997）．生態系サービスは，自然資本（nature capital）としての自然生態系が生み出す資材，エネルギー，情報などのフローによって構成され，人工的には代替が困難なものといえる（Costanza *et al.*, 1997）．

生態系サービスは，供給サービス（provisioning service），調整サービス（regulating service），文化的サービス（cultural service），そしてこれら3つのサービスの根幹となる基盤サービス（supporting service）という4種類に分けられている（Millennium Ecosystem Assessment, 2005；図15.4）．供給サービスとは，食糧，繊維，木材，燃料，薬，遺伝子資源，装飾品など，自然生態系から得られる産物である．調整サービスとは，大気質の調整，気候の調整，洪水などの水の調整，水質の浄化，土壌侵食の抑制，疾病の予防，病害虫の抑制，花粉の媒介，自然災害の制御など，自然生態系が持つ調整機能によって得られるサービスである．文化的サービスとは，宗教的価値，知識や教育的価値，審美的価値，文化的遺産，娯楽やエコツーリズムなど，精神的な質の向上，知識の発達などを通して得られる非物質的な恵みである．4つめの基盤サービスとは，土壌の形成，物質や水の循環など，他のすべての生態系サービスの基盤となるサービスであり，人間生活への影響が間接的であるもの，またその影響が現れるまでに長い期間がかかるものがここに含まれる．一般に自然科学的に検証される生態系機能は，生態系サービスの中でも，供給サービスや文化的サービスより調整サービスや基盤サービスと，より関係が深い．

供給サービス (provisioning service)	調整サービス (regulating service)	文化的サービス (cultural service)
食糧，繊維，木材，燃料，薬，遺伝子資源，装飾品など	洪水調整，水質浄化，土壌侵食抑制，疾病予防，病害虫抑制，花粉媒介，自然災害制御など	宗教的価値，知識・教育的価値，審美的価値，文化的遺産，娯楽やエコツーリズムなど
基盤サービス（supporting service） 土壌の形成，物質や水の循環など		

図15.4 4種類の生態系サービス

15.3.3 生態系サービスと生物多様性

　自然生態系からのサービスや物資の供給が持続可能な人間の生活を支えていることを考えると，生物多様性および生態系を保全することの正当性は経済的側面からも強く支持される（Balmford et al., 2002）．ただし，生態系サービスと生物多様性の関係は単純ではなく，多くの不確実性を含む．生物多様性がすべての生態系サービスにとって重要な役割を持つとは限らないし，ある特定の生態系サービスが高まると逆に，生物多様性が減少してしまうことすらある．また，ある特定の生態系サービスが高まる環境下において他の生態系サービスが同様に高まるとは限らない．

　生物多様性と生態系サービスの複雑な関係性については，現実の景観や地域などを対象とした近年の研究から明らかになりつつある．Chan et al.（2006）によるカリフォルニアでの研究では，生物多様性は，飼料生産と作物の花粉媒介に対しては弱い負の相関を示し，炭素貯蓄，洪水制御，アウトドアリクリエーション，水の供給に対しては弱い正の相関を示した．一方，Benayas et al.（2009）が自然再生の効果に関する既存研究のメタ解析を行った結果，生物多様性と基盤サービスと調整サービスには自然再生の効果が認められたのに対して，供給サービスには自然再生の効果は認められなかった．また，温帯の陸水域と熱帯の陸水域を分けて解析すると異なる結果が得られた．

　これらの研究は，生物多様性と生態系サービスの間，そして異なる生態系サービスの間には，時としてトレードオフが存在することを示している．しかし，生物多様性と複数の生態系サービスが相乗効果を取るような望ましい状況を探ることが，持続可能な社会の構築にとって必要不可欠である．生物多様性と生態系サービスの関係性の研究や，それに基づく科学的成果の社会への還元は今後さらに重要になるだろう．

15.4 森林景観と生態系サービス

15.4.1 森林による生態系サービス

　森林生態系が生み出す生態系サービスには，どんな特徴があるだろうか．森林生態系は，他の陸域生態系と比較して，現存量が大きく，より複雑な構造を持つ

といえる．森林による生態系サービスは，巨大な三次元構造の中での生物や非生物間の複雑な相互作用によって生み出される．

　森林の生態系サービスのなかでも，目に見える形で直接的に得られる木材，薪，薬草，山菜，きのこなどの財の供給サービスは特に理解しやすい．また，森林浴やハイキングなど，人々が森林で余暇を楽しむことを通して得られる，文化的サービスもわかりやすい．しかしそれら以外にも，森林の樹木や土壌は，大気汚染物質の除去，気候の調節，水質の調整，土壌侵食の抑制，野生動物への生息場所や食料の提供，周辺農地の病害虫の抑制や花粉の媒介などに貢献している．これら生態系機能とも言い換えられる調整サービスや，生態系機能の基礎となる土壌の形成や物質・水の循環などの基盤サービスにも，森林は大きく関与する．様々なサービスの相対的な重要性を評価することは難しいが，ハワイ島の樹種 *Acacia koa* が優占する森林をモデルとした経済価値の予測では，木材による収益のみでは森林の価値が＄453/エーカーであるのに対して，木材のみならず水の調整や土壌侵食の抑制などの生態系サービスを加味した場合，森林の価値は3倍以上の＄1661/エーカーになるという試算がある（Goldstein *et al.*, 2006）．

15.4.2 景観と生態系サービス

　森林による生態系サービスを考える際には，景観レベルの視点が必要である．生態系サービスを利用する主体は，多くの場合，当該の森林の周辺の居住地や農地とそこに住む人間だからである．森林を含む景観の多くには，複数の森林・農地・住居などが，複雑に入り交じり合いながらモザイク状に分布している．このような人間の土地利用のあり方は，森林による生態系サービスにも強く影響する．例えば，森林によって調節される水は，多くの場合農業用水，工業用水，飲み水などとして農地や居住地で利用される．したがって，森林単独ではなく近隣の生態系との相互作用に配慮することによって，森林による生態系サービスを効率的に利用できる．

15.4.3 生物多様性のかかわる森林生態系サービス

　生物多様性が特に強く関与する森林の生態系サービスには，どのようなものがあるだろうか．薬用植物や装飾品など一部の供給サービスや病害虫の制御，受粉などの調整サービスの供給については，生物多様性が強くかかわっていることが

指摘されている（Dobson *et al.*, 2006）.

　近年，病害虫制御サービスや花粉媒介サービスについて，森林生態系に生息する多様な生物を対象とした具体的な研究が進んできた．例えば，マレーシアの森林に隣接するアブラヤシ栽培地での鳥類を除去する野外操作実験によると，森林依存性の高い複数の鳥類は，アブラヤシの害虫個体数を制御し，アブラヤシの害虫被害を軽減させている（Koh, 2008）．また，アメリカのダイズ生産においても，森林をはじめとする様々な自然生態系が周囲に存在するとダイズの害虫であるアブラムシの天敵が増加し，アブラムシによる被害が軽減されるという結果が報告されている（Gardiner *et al.*, 2009）．

　花粉媒介については，森林の生態系サービスの具体的な経済的評価がコーヒー栽培の事例で報告されている．熱帯で栽培されるコーヒーでは，コーヒー豆の結実のために，熱帯雨林に生息するハナバチが送受粉に貢献する必要がある．コスタリカのコーヒー栽培の事例では，栽培地の1 km圏内に森林があることによって，生産量で約20％そして品質で27％の向上が認められ，こうした送粉サービスによってもたらされる利益は栽培地1年あたり約＄60000にのぼると見積もられている（Ricketts *et al.*, 2004）．

　これらの事例は，自然生態系，特に森林生態系が病害虫を制御する天敵や虫媒花農作物の結実に貢献する送粉者などの多様な有用生物の生息地となっていることを示しており，農業生産において，農地だけでなく周囲の自然生態系までも含めた景観レベルの視点が必要なことを示している（Tscharntke *et al.*, 2005）．

　一方で，森林に生息する多様な生物が人間の生活に正の影響のみを与えているとは限らず，直接的もしくは間接的に負の影響を及ぼすこともあり，このような不利益は生態系ディスサービス（ecosystem dis-service）と呼ばれる．例えば，農業生産においては，森林生態系は農地へ天敵を供給する一方で，病害虫獣をも供給する場合がある．日本では，シカ・イノシシ・サルなど，本来森林に生息している哺乳類が農地に進出して作物を食い荒らす事例や，森林依存性の高いカメムシ類などの昆虫種が農地に進出し特定の作物の害虫として防除の対象となっている事例がある．また，森林生態系に生育する非作物植物と農作物の間で花粉媒介者や水資源の競争が生じる場合もある．こうした事例は，森林の生物多様性がもたらす生態系サービスの評価・利用においては，異なるサービス間のトレードオフに加え，生態系ディスサービスと生態系サービスの間でのトレードオフにも留

意する必要があることを示している．

15.4.4　日本の森林景観の変化と森林生態系サービス

　日本の森林景観は，歴史的に大きく変化した．人間の自然への関与は，先史時代から一貫して大きく，一部の急峻な山岳地帯の森林を除き，国土のほとんどの森林に人間活動の痕跡が残されている．世界自然遺産に登録された白神山地や屋久島においても，江戸時代における伐採活動の跡が色濃く残されている．

　幕末から昭和初期にかけて，低山域の多くの森林は農用林・薪炭林として，短い伐採間隔で継続的に利用され（Box 15.1），また採草地・放牧地として広大な面積が原野化していた．過度の薪炭利用や草地の利用によってはげ山となった山林も多い．阿武隈山系の福島-茨城県境における明治期以降100年間の土地利用の変遷を調査したMiyamoto et al. (2011) によると，明治期には，薪炭利用された広葉樹二次林や草地が地域の景観を構成する二大要素であったが，戦後1950年代半ばから1970年代にかけて推進された拡大造林により，1970年代半ばには草地と老齢林も含む広葉樹林は減少し，スギ・ヒノキなどの針葉樹人工林に転換され，若齢の人工林面積が増加する傾向が確認された．その後1980年代まで人工林面積は増加を続け，その後は現在に至るまでそれほど大きな変化は認められなかった．

　こうした草地や広葉樹林から人工林への転換，若齢人工林の急増とその後の成熟人工林への変遷傾向は日本の多くの地域でみられ，1970年代以降，国内の森林の総面積はほとんど変化していない一方，若齢林は減少傾向，成熟林は増加傾向にある（Yamaura et al., 2009）．広葉樹二次林（いわゆる里山林）においても，利用・伐採活動の衰退とともに，林分の高齢化が進んでいる．こうした現象の大きな要因には，わが国における1970年代以降の林業活動の衰退がかかわっていると考えられる．

　日本の森林景観においては，現在，拡大造林の行き過ぎによる原生的な天然林の減少と断片化，同時に法正林状態から離れた一山型の林齢構成を示す成熟した一斉人工林の優占，里山林の高齢化が顕著である．また，断片化した原生的広葉樹林にどのように連結性を回復させるか，そのための人工林から広葉樹林への再転換は可能か，今ある人工林を生かす管理方法として間伐・主伐の促進，施業方法の転換はどれだけ有効か，など，今後の広葉樹二次林，人工林の管理の方向性

ともかかわる大きな課題がある．森林管理が生物多様性に及ぼす影響については，間伐といった施業との関係など徐々に知見が蓄積されつつある（Taki *et al.*, 2010）．しかしながら，森林生態系サービスに関する研究の進展はまだまだといえる．今後，日本の森林景観が持つ特徴に配慮しながら，生物多様性と生態系サービスに配慮した森林管理を確立していく必要がある．

Box 15.1

萌芽更新と薪炭林施業

　台風や斜面崩壊などの撹乱による幹折れや根返り，山火事による地上部の枯死などへの適応として，多くの樹木は，根や残された幹の基部，切断面などの潜伏芽から萌芽枝を発生することで，再生・更新する能力を持つ．斜面崩壊地に適応したフサザクラ，イヌブナや，渓畔域の撹乱に対応したヤナギ属，カツラなどのほか，山火事に適応したコナラ属など，萌芽性が強く，多幹になる樹木のほか，二次林を構成するミズキ，シナノキ，ヤマザクラ，クリ，コジイなどの樹種も，伐採などにより地上部が枯死した後の萌芽再生能力が高い．多くの樹種で，個体サイズの増加とともに萌芽発生数は増すが，一定以上のサイズになると萌芽性が失われる場合が多い．

　伐採された株からの萌芽枝による世代交代を萌芽更新と呼ぶが，薪や炭の生産のために，10～15年の短い伐採周期で皆伐を繰り返すことで成立した薪炭林は，主としてこの萌芽更新によって維持されてきた．西南日本では，クヌギ，アベマキ，ナラガシワ，コナラが，関東・中部ではクヌギ，コナラが，東北ではコナラ，ミズナラが，そして北海道ではミズナラ，カシワが，萌芽性が高く，薪炭材料にも適しているため，薪炭林施業の中で優占度を高めてきた．逆に，萌芽性の弱いブナのような樹種は，薪炭林施業が行われてきた二次林からは消失していった．

おわりに
－さらに深く学びたい方のために－

　本書の冒頭で述べたように，森林生態学は幅広い内容を含んでいる．そのため，本書の限られたスペースの中では説明できなかった内容も数多い．例えば，分子生物学の手法を用いて森林の生態を解明しようとする新しい試みなどは，スペースの制約で大幅に割愛した事項の１つである．

　そこで，それらを補うために，そして，森林の生態学をさらに深く理解したい方のために，参考書・教科書をいくつか紹介し，本書の結びに替えたい．下記の文献の中にはすでに絶版となったものあるが，図書館には収められていることと思うし，植物生態学講座全５巻のように復刊されるものある．興味を持たれた読者は，ぜひ手に取って読んでみていただきたい．

【生態学全般】
- 生態学概説―生物群集と生態系―（第２版）（R. H. ホイッタカー（訳：宝月欣二），培風館，1979 年）
- 生態学―個体・個体群・群集の科学（第３版）（マイケル・ベゴン，コリン・タウンゼント，ジョン・ハーパー（訳：堀道雄），京都大学学術出版会，2003 年）
- 群集生態学（宮下直・野田隆史，東京大学出版会，2003 年）
- 動物生態学 新版（嶋田正和・山村則男・粕谷英一・伊藤嘉昭，海游舎，2005 年）

【森林・植物の生態学全般】
- 植物生態学―Plant Ecology（甲山隆司・寺島一郎・彦坂幸毅・竹中明夫・大崎満，朝倉書店，2004 年）
- 植物の個体群生態学（第２版）（ジョナサン・シルバータウン（訳：河野昭一・高田壮則・大原雅），東海大学出版会，1992 年）
- 森林の生態学（依田恭二，築地書館，1971 年）
- 森林生態学（堤利男（編），朝倉書店，1989 年）
- 森林の生態（菊澤喜八郎，共立出版，1999 年）

- 森林生態学（岩坪五郎，文永堂出版，2003 年）
- 植物生態学講座 1．群落の分布と環境（石塚和雄，朝倉書店，2003 年）
- 植物生態学講座 2．群落の組成と構造（伊藤秀三，朝倉書店，2003 年）
- 植物生態学講座 3．群落の機能と生産（岩城英夫，朝倉書店，2005 年）
- 植物生態学講座 4．群落の遷移とその機構（沼田真，朝倉書店，2003 年）
- 植物生態学講座 5．個体群の構造と機能（小川房人，朝倉書店，2005 年）
 ＊上記の植物生態学講座 1～5 は 1977～1980 年に刊行され，その後長らく絶版になっていたが，多くのリクエストに応えて近年復刊されたものである．

【樹木生理学】
- 樹木の生長と環境（畑野健一・佐々木恵彦（編），養賢堂，1987 年）
- 樹木生理生態学（小池孝良（編），朝倉書店，2004 年）

【樹木の繁殖・遺伝】
- 植物の繁殖生態学（菊沢喜八郎，蒼樹書房，1995 年）
- 森の分子生態学―遺伝子が語る森林のすがた―（種生物学会（編），文一総合出版，2001 年）

【景観・植生・立地などについての参考書】
- 景観生態学―生態学からの新しい景観理論とその応用（モニカ・ターナー，ロバート・オニール，ロバート・ガードナー（訳：中越信和・原慶太郎），文一総合出版，2004 年）
- 日本列島植生史（安田喜憲・三好教夫（編），朝倉書店，1998 年）
- 地形植生誌（菊池多賀夫，東京大学出版会，2001 年）
- 森林立地調査法（森林立地調査法編集委員会（編），博友社，1999 年）
- 図説日本の土壌（岡崎正規ほか，朝倉書店，2010 年）

【トピックスを集めた副読本的な参考書】
- 森の自然史―複雑系の生態学（菊沢喜八郎・甲山隆司（編），北海道大学図書刊行会，2003 年）
- 森のスケッチ（中静透，東海大学出版会，2004 年）
- 森林の生態学―長期大規模研究からみえるもの―（種生物学会（編），文一総合出版，2006 年）
- 撹乱と遷移の自然史―「空き地」の植物生態学（重定南奈子・露崎史朗・

神田房行・上條隆志，北海道大学出版会，2008 年）
- 森の芽生えの生態学（正木隆（編），文一総合出版，2008 年）

【野外での植物同定のために】
- フィールド版　日本の野生植物　草本（佐竹義輔ほか（編），平凡社，1985 年）
- フィールド版　日本の野生植物　木本（佐竹義輔ほか（編），平凡社，1993 年）

  ＊この 2 冊は 1981〜1989 年に刊行された図鑑（草本 3 巻・木本 2 巻）の携帯版である．調査・観察から戻ったら，図書館・研究室でこれらの図鑑の記載を読んで同定を確認するとよい．

引用文献

Abe, S., Motai, H., Tanaka, H. *et al.* (2008) Population maintenance of the short-lived shrub *Sambucus* in a deciduous forest. *Ecology*, **89**, 1155–1167.
Abe, S., Nakashizuka, T. & Tanaka, H. (1998) Effects of canopy gaps on the demography of the subcanopy tree *Styrax obassia*. *J. Veg. Sci.*, **9**, 787–796.
Adler, P. B., HilleRisLambers, J. & Levine, J. M. (2007) A niche for neutrality. *Ecol. Lett.*, **10**, 95–104.
Adriaensen, F., Chardon, J. P., De Blust, G. *et al.* (2003) The application of 'least-cost' modelling as a functional landscape model. *Landsc. Urban Plan.*, **64**, 233–247.
Ågren, J. & Zackrisson, O. (1990) Age and size structure of *Pinus sylvestris* populations on mires in central and northern Sweden. *J. Ecol.*, **78**, 1049–1062.
相場慎一郎（2008）熱帯林樹木の種多様性：異なる空間スケールで見る．『メタ群集と空間スケール（シリーズ群集生態学5）』（大串隆之・近藤倫生・野田隆史 編），1-26，京都大学学術出版会．
Aiba, S., Hanya, G., Tsujino, R. *et al.* (2007) Comparative study of additive basal area of conifers in forest ecosystems along elevational gradients. *Ecol. Res.*, **22**, 439–450.
Aiba, S. & Kitayama, K. (1999) Structure, composition and species diversity in an altitude-substrate matrix of rain forest tree communities on Mount Kinabalu, Borneo. *Plant Ecol.*, **140**, 139–157.
Alonso, D., Etienne, R. S. & McKane, A. J. (2006) The merits of neutral theory. *Trends Ecol. Evol.*, **21**, 451–457.
Amthor, J. S. & Baldocchi, D. D. (2001) Terrestrial higher plant respiration and net primary production. In: *Terrestrial global productivity*, Roy, J., Saugier, B. & Mooney, H. A. (eds), 33–59, Academic Press.
Amundson, R. & Jenny, H. (1997) On a state factor model of ecosystems. *BioScience*, **47**, 536–543.
Aplet, G. H. & Vitousek, P. M. (1994) An age-altitude matrix analysis of Hawaiian rain-forest succession. *J. Ecol.*, **82**, 137–147.
Asner, G. P., Scurlock, J. M. O. & Hicke, J. A. (2003) Global synthesis of leaf area index observations: implications for ecological and remote sensing studies. *Global Ecol. Biogeogr.*, **12**, 191–205.
Bailey, R. G. (2009) *Ecosystem geography: from ecoregion to sites 2nd ed.*, Springer.
Baldocchi, D. D. & Harley, P. C. (1995) Scaling carbon dioxide and water vapor exchange from leaf to canopy in a deciduous forest II. model testing and application. *Plant Cell Environ.*, **18**, 1157–1173.
Ball, J. T., Woodrow, I. E. & Berry, J. A. (1987) A model predicting stomatal conductance and its contribution to the control of photosynthesis under different environmental conditions. In: *Progress in Photosynthesis Research*, Vol. 4, Biggins, J., Nijhoff, M. (eds), **5**, 221–224, Dordrecht.
Balmford, A., Bruner, A., Cooper, P. *et al.* (2002) Ecology-Economic reasons for conserving wild nature. *Science*, **297**, 950–953.
Balvanera, P., Pfisterer, A. B., Buchmann, N. *et al.* (2006) Quantifying the evidence for biodiversity effects on ecosystem functioning and services. *Ecol. Lett.*, **9**, 1146–1156.
Barden, L. S. (1980) Tree replacement in a cove hardwood forest of the southern Appalachians. *Oikos*, **35**, 16–19.
Barry, R. G. & Chorley, R. J. (2003) *Atmosphere, weather and climate 8th ed.*, Routledge.

Batista, W. B., Platt, W. J. & Macchiavelli, R. E. (1998) Demography of a shade-tolerant tree (*Fagus grandifolia*) in a hurricane-disturbed forest. *Ecology*, **79**, 38–53.

Bazzaz, F. A. (1979) The physiological ecology of plant succession. *Ann. Rev. Ecol. Syst.*, **10**, 351–371.

Belsky, A. J., Carson, W. P., Jensen, C. L. et al. (1993) Overcompensation by plants: herbivore optimization or red herring? *Evol. Ecol.*, **7**, 109–121.

Benayas, J. M. R., Newton, A. C., Diaz, A. et al. (2009) Enhancement of biodiversity and ecosystem services by ecological restoration: a meta-analysis. *Science*, **325**, 1121–1124.

Berg, B. & McClaugherty, C., 大園享司 訳 (2004)『森林生態系の落葉分解と腐植形成』シュプリンガー・フェアラーク東京.［Berg, B. & McClaugherty, C. (2003) *Plant Litter: decomposition, humus formation, carbon sequestration.* Springer-Verlag］

Bormann, B. T. & Sidle, R. C. (1990) Changes in productivity and distribution of nutrients in a chronosequence at Glacier Bay National Park, Alaska. *J. Ecol.*, **78**, 561–578.

Bormann, F. H. & Likens, G. E. (1979) *Pattern and Process in a Forested Ecosystem: disturbance, development, and the steady state based on the Hubbard Brook ecosystem study.* 2nd ed., Springer-Verlag.

Boucher, D. H. & Mallona, M. A. (1997) Recovery of the rain forest tree *Vochysia ferruginea* over 5 years following Hurricane Joan in Nicaragua: a preliminary population projection matrix. *For. Ecol. Manage.*, **91**, 195–204.

Brady, N. C. (1990) *The Nature and Properties of Soils 10th ed.*, Macmillan Pub.

Breckle, S.-W. (2002) *Walter's vegetation of the earth*, Springer-Verlag.

Brokaw, N. V. L. (1982) The definition of treefall gap and its effect on measures of forest dynamics. *Biotropica*, **14**, 158–160.

Brokaw, N. V. L. (1985) Gap-phase regeneration in a tropical forest. *Ecology*, **66**, 682–687.

Buckley, G. P., Ito, S. & McLachlan, S., (2002) Temperate woodlands. In: *Handbook of Ecological Restoration Vol. 2 - Restration in practice*, Perrow, M. R. & Davy, A. J. (eds.), 503–538, Cambridge University Press.

Cannell, M. G. R. (1982) *World forest biomass and primary production data.*, Academic Press.

Carey, A. B. & Wilson, S. M. (2001) Induced spatial heterogeneity in forest canopies: responses of small mammals. *J. Wild. Manage.*, **65**, 1014–1027.

Caswell, H. (1978) Predator-mediated coexistence: a nonequilibrium model. *Am. Nat.*, **112**, 127–154.

Caswell, H. (2001) *Matrix Population Models: construction, analysis, and interpretation.* 2nd ed., Sinauer Associates.

Chan, K. M. A., Shaw, M. R., Cameron, D. R. et al. (2006) Conservation planning for ecosystem services. *PLoS Biol.*, **4**, e379.

Chapin, F. S., Zavaleta, E. S., Eviner, V. T., et al. (2000) Consequences of changing biodiversity. *Nature*, **405**, 234–242.

Chiba Y. (1991) Plant form analysis based on the pipe model theory. II. Quantitative analysis of ramification in morphology. *Ecol. Res.*, **6**, 21–28.

Clark, C. J., Poulsen, J. R., Bolker, B. M. et al. (2005) Comparative seed shadows of bird-, monkey-, and wind-dispersed trees. *Ecology*, **86**, 2684–2694.

Clark, D. A., Piper, S. C., Keeling, C. D. et al. (2003) Tropical rain forest tree growth and atmospheric carbon dynamics linked to interannual temperature variation during 1984–2000. *Proc. Natl. Acad. Sci. USA*, **100**, 5852–5857.

Clark, J. S. (2009) Beyond neutral science. *Trends Ecol. Evol.*, **24**, 8–15.
Clark, J. S., Dietze, M., Chakraborty, S. *et al.* (2007) Resolving the biodiversity paradox. *Ecol. Lett.*, **10**, 647–659.
Clark, J. S., Silman, M., Kern, R. *et al.* (1999) Seed dispersal near and far: patterns across temperate and tropical forests, *Ecology*, **80**, 1475–1494.
Clements, F. E. (1916) *Plant succession*, Carnegie Institution of Washington.
Coley, P. D. (1986) Costs and benefits of defense by tannins in a neotropical tree. *Oecologia*, **70**, 238–241.
Colinvaux P. A. & De Oliveira P. E. (2001) Amazon plant diversity and climate through the Cenozoic. *Palaeogeogr. Paleoclimatol. Paleoecol.*, **166**, 51–63.
Condit, R., Ashton, P. S., Baker, P. *et al.* (2000) Spatial patterns in the distribution of tropical tree species. *Science*, **288**, 1414–1418.
Connell, J. H. (1971) On the role of natural enemies in preventing competitive exclusion in some marine animals and rain forest trees. In: *Dynamics of populations*, Den Boer P. J. & Gradwell G. R. (eds.), 298–312, PUDOC.
Connell, J. H. (1978) Diversity in Tropical Rain Forests and Coral Reefs. *Science*, **199**, 1302–1310.
Connell, J. H. & Slatyer, R. O. (1977) Mechanisms of succession in natural community and their role in community stability and organization. *Am. Nat.*, **111**, 1119–1144.
Costanza, R., d'Arge, R., de Groot, R. *et al.* (1987) The value of the world's ecosystem services and natural capital. *Nature*, **387**, 253–260.
Cox, C. B. & Moore, P. D. (2000) *Biogeography 6th ed.*, Blackwell.
Crawley M. J. (1985) Reduction of oak fecundity by low-density herbivore populations. *Nature*, **314**, 163–164.
Crocker, R. L. & Major, J. (1955) Soil Development in relation to vegetation and surface age at Glacier Bay. *J. Ecol.*, **43**, 427–448.
Cushman, S. A., McKelvey, K. S., Hayden, J. *et al.* (2006) Gene flow in complex landscapes: testing multiple hypotheses with causal modeling. *Am. Nat.*, **168**, 486–499.
Daily, G. C. (1997) *Nature's service: social dependence on natural ecosystems*, Island press.
Dale V. H., Swanson F. J., & Crisafulli C. M. (eds.) (2005) *Ecological responses to the 1980 eruption of Mount St. Helens*, Springer.
Dannell, K. & Bergström, R. (2002) Mammalian herbivory in terrestrial environments. In: *Plant-animal interactions: An evolutionary approach*, Herrera, C. M. & Pellmyr, O. (eds.), 107–131, Blackwell.
Darwin, C. (1859) *On the origin of species*, John Murray.［八杉龍一 訳（1990）『種の起源』岩波書店］
Davis, M. B. (1983) Quaternary history of deciduous forests of eastern North America and Europe. *Ann. MO. Bot. Gard.*, **70**, 550–563.
de Queiroz, A. (2005) The resurrection of oceanic dispersal in historical biogeography. *Trends Ecol. Evol.* **20**, 68–73.
Delcourt, P. A. & Delcourt, H. R. (1987) *Long-Term Forest Dynamics of the Temperate Zone: a case study of late-guaternary forest in Eastern North America.* Ecological Studies 63. Springer-Verlag.
Denslow, J. S. (1980) Gap partitioning among tropical rainforest trees. *Biotropica* (*Suppl.*), **12**, 47–55.
Denslow, J. S. (1987) Tropical rainforest gaps and tree species diversity. *Ann. Rev. Ecol. Syst.*, **18**, 431–451.
Dobson, A., Lodge, D., Alder, J. *et al.* (2006) Habitat loss, trophic collapse, and the decline of ecosystem services. *Ecology*, **87**, 1915–1924.

Ducousso, M., Béna, G., Bourgeois, C. *et al.* (2004) The last common ancestor of Sarcolaenaceae and Asian dipterocarp trees was ectomycorrhizal before the India-Madagascar separation, about 88 million years ago. *Mol. Ecol.*, **13**, 231–236.

Dunning, J. B., Danielson, B. J. & Pulliam, H. R. (1992) Ecological processes that affect populations in complex landscapes. *Oikos*, **65**, 169–175.

Ehrlich, P. R. & Ehrlich, A. (1981) *Extinction: The causes and consequences of the disappearance of species*, Random House.

Elser, J. J., Bracken, M. E. S., Cleland, E. E. *et al.* (2007) Global analysis of nitrogen and phosphorus limitation of primary producers in freshwater, marine and terrestrial ecosystems. *Ecol. Lett.*, **10**, 1135–1142.

Endo, M., Yamamura, Y., Tanaka, A., *et al.* (2008) Nurse-plant effects of a dwarf shrub on the establishment of tree seedlings in a volcanic desert on Mt. Fuji, central Japan. *Arc., Antarc. Alp. Res.*, **40**, 335–342.

Etienne, R. S. (2005) A new sampling formula for neutral biodiversity. *Ecol. Lett.*, **8**, 253–260.

Etienne, R. S. & Alonso, D. (2007) Neutral community theory: How stochasticity and dispersal-limitation can explain species coexistence. *J. Stat. Phys.*, **128**, 485–510.

Etienne, R. S. & Apol, M. E. F. (2009) Estimating speciation and extinction rates from diversity data and the fossil record. *Evolution*, **63**, 244–255.

EUFORGEN (2009) Distribution map of Beech (*Fagus sylvatica*), www.euforgen.org.

Fahrig, L. (2003) Effect of habitat fragmentation on biodiversity. *Annu. Rev. Ecol. Evol. Syst.*, **34**, 487–515.

Falkowski, P., Scholes, R. J., Boyle, E. *et al.* (2000) The Global Carbon Cycle: A Test of Our Knowledge of Earth as a System. *Science*, **290**, 291–296.

Fang, J. & Lechowicz, M. J. (2006) Climatic limits for the present distribution of beech (*Fagus* L.) species in the world. *J. Biogeogr.*, **33**, 1804–1819.

FAO (2001) *Global Forest Resources Assessment 2000*. FAO.

FAO (2006) *Global Forest Resources Assessment 2005*. FAO.

Farquhar, G. D. & von Caemmerer, S. (1982) Modeling of photosynthetic response to environment. In: *Encyclopedia of plant physiology, vol. 12B. Physiological plant ecology II. Water relations and carbon assimilation*, Lange, O. L., Nobel, P. S. & Osmond, C. B. (eds), 549–587, Springer.

Feroz, S. M., Hagihara, A. & Yokota, M. (2006) Stand structure and woody species diversity in relation to the stand stratification in a subtropical evergreen broadleaf forest, Okinawa Island. *J. Plant Res.*, **119**, 293–301.

Fischer, J. & Lindenmayer, D. B. (2006) Beyond fragmentation: the continuum model for fauna research and conservation in human-modified landscapes. *Oikos*, **112**, 473–480.

Ford, E. D. (1975) Competition and stand structure in some even-aged plant monocultures. *J. Ecol.*, **63**, 311–333.

Fowells, H. A. (1965) American Beech (*Fagus grandifolia* Ehrh.), Silvics of Forest Trees of the United States. Agriculture Handbook No. 271, (U.S.D.A. Forest Service.) 172–180.

Fox, L. R. & Morrow, P. A. (1992) Eucalypt responses to fertilization and reduced herbivory. *Oecologia*, **89**, 214–222.

藤森隆郎（2006）『森林生態学：持続可能な管理の基礎』全国林業改良普及協会.

福嶋 司・岩瀬 徹（編者）（2005）『図説日本の植生』朝倉書店.

Galloway, J. N., Aber, J. D., Erisman, J. W. *et al.* (2003) The Nitrogen Cascade. *Bioscience*, **53**, 341-356.

Gardiner, M. M., Landis, D. A., Gratton, C. *et al.* (2009) Landscape diversity enhances biological control of an introduced crop pest in the north-central USA. *Ecol. Appl.*, **19**, 143-154.

Gibson, D., Bazely, D. R. & Shore, J. S. (1993) Responses of brambles, *Rubus vestitus*, to herbivory. *Oecologia*, **95**, 454-457.

Goff, F. G. & West, D. (1975) Canopy-understory interaction effects on forest population structure. *Forest Sci.*, **21**, 98-108.

Goldstein, J. H., Daily, G. C., Friday, J. B. *et al.* (2006) Business strategies for conservation on private lands: Koa forestry as a case study. *Proc. Natl. Acad. Sci. USA*, **103**, 10140-10145.

Gotelli, N. J. & McGill, B. J. (2006) Null versus neutral models: what's the difference? *Ecography*, **29**, 793-800.

Greene, D. F. & Johnson, E. A. (1989) A model of wind dispersal of winged or plumed seeds. *Ecology*, **70**, 339-347.

Greig-Smith, P. (1957) *Quantitative Plant Ecology*, Academic Press.

Grime, J. P. (1979) *Plant strategies and vegetation processes*, Wiley.

Grime, J. P. (2002) *Plant strategies, vegetation processes, and ecosystem properties*. 2nd ed., John Wiley & Sons.

Grootes, P. M., Stuiver, M., White, J. W. C., *et al.* (1993) Comparison of oxygen isotope records from the GISP2 and GRIP Greenland ice cores. *Nature*, **366**, 552-554.

Grubb, P. J. (1977) The maintenance of species-richness in plant communities: the importance of the regeneration niche. *Biol. Rev.*, **52**, 107-145.

Haegeman, B. & Etienne, R. S. (2008) Relaxing the zero-sum assumption in neutral biodiversity theory. *J. Theor. Biol.*, **252**, 288-294.

Hagihara, A. & Hozumi, K. (1991) Respiration. In: *Physiology of Trees*, Raghavendra, A. S. (ed.), 87-110. Wiley.

Halaj, J., Ross, D. W. & Moldenke, A. R. (2000) Importance of habitat structure to the arthropod food-web in Douglas-fir canopies. *Oikos*, **90**, 139-152.

Halpern, C. B. & Harmon, M. E. (1983) Early plant succession on the Muddy River Mudflow, Mt. St. Helens. *Am. Midland Nat.*, **110**, 97-106.

Hankin, R. K. S. (2007) Introducing untb, an R package for simulating ecological drift under the unified neutral theory of biodiversity. *J. Stat. Soft.*, **22**, 1-15.

Hara, T. (1984) A stochastic model and the moment dynamics of the growth and size distribution in plant populations. *J. Theor. Biol.*, **109**, 173-190.

Hara, T. (1993a) Effects of variation in individual growth on plant species coexistence. *J. Veg. Sci.*, **4**, 409-416.

Hara, T. (1993b) Mode of competition and size-structure dynamics in plant communities. *Plant Species Biol.*, **8**, 75-84.

原 登志彦 (1995) 植物集団における競争と多種の共存. 日本生態学会誌, **45**, 167-172.

Hara, T., Nishimura, N. & Yamamoto, S. (1995) Tree competition and species coexistence in a cool-temperate old-growth forest in southwestern Japan. *J. Veg. Sci.*, **6**, 565-574.

Harcombe, P. A. (1987) Tree life tables: Simple birth, growth, and death data encapsulate life histories and ecological roles. *BioScience*, **37**, 557-568.

Harmon, M. E., Ferrell, W. K. & Franklin, J. F. (1990) Effects on carbon storage of conversion of old-growth forests to young forests. *Science*, **247**, 699-702.

Harper, J. L. (1977) *Population biology of plants*, Academic Press.

Hattori, K., Ishida, T. A., Miki, K. et al. (2004) Differences in response to simulated herbivory between *Quercus crispula* and *Quercus dentata*. *Ecol. Res.*, **19**, 323-329.

林 一六（1990）『植生地理学（自然地理学講座）』大明堂.

Hector, A. & Bagchi, R. (2007) Biodiversity and ecosystem multifunctionality. *Nature*, **448**, 188-190.

Hedin, L. O., Armesto, J. J. & Johnson, A. H. (1995) Patterns of nutrient loss from unpolluted, oldgrowth temperate forests: Evaluation of biogeochemical theory. *Ecology*, **76**, 493-509.

Heske, E. J., Brown, J. H. & Guo, Q. (1993) Effects of kangaroo rat exclusion on vegetation structure and plant species diversity in the Chihuahuan Desert. *Oecologia*, **95**, 520-524.

東 三郎（1979）『地表変動論―植生判別による環境把握―』北海道大学図書刊行会.

Hino, T. (1985) Relationships between bird community and habitat structure in shelterbelts of Hokkaido, Japan. *Oecologia*, **65**, 442-448.

平舘俊太郎・森田沙綾香・楠本良延（2008）土壌の化学的特性が外来植物と在来植物の住み分けに与える影響. 農業技術, **63**, 469-474.

平尾聡秀・村上正志・小野山敬一（2005）群集集合に影響を及ぼす要因. 日本生態学会誌, **55**, 29-50.

Hirayama, D., Nanami, S., Itoh, A. et al. (2008) Individual resource allocation to vegetative growth and reproduction in subgenus *Cyclobalanopsis* (*Quercus*, Fagaceae) trees. *Ecol. Res.*, **23**, 451-458.

Hiura, T. (2001) Stochasticity of species assemblage of canopy trees and understory plants in a temperate secondary forest created by major disturbances. *Ecol. Res.*, **16**, 887-893.

Hobbie, S. E. (1992) Effects of plant species on nutrient cycling. *Trends Ecol. Evol.*, **7**, 336-339.

穂積和夫（1973）『植物の相互作用（生態学講座 10）』共立出版.

Holt, R. D. (2006) Emergent neutrality. *Trends Ecol. Evol.*, **21**, 531-533.

堀田 満（1974）『植物の分布と分化』三省堂.

Howe, H. F. & Smallwood, J. (1982) Ecology of seed dispersal. *Ann. Rev. Ecol. Syst.*, **13**, 201-228.

Hubbell, S. P. (2001) *The Unified Neutral Theory of Biodiversity and Biogeography*, Princeton University Press, Princeton.［平尾聡英・長谷健一郎・村上正志 訳（2009）『群集生態学―生物多様性学と生物地理学の統一中立理論―』文一総合出版］

Hubbell, S. P. (2006) Neutral theory and the evolution of ecological equivalence. *Ecology*, **87**, 1387-1398.

Hubbell S. P. & Foster R. B. (1986) Biology, chance and history and the structure of tropical rain forest tree communities. In: *Community Ecology*, Diamond J. M. & Case, T. J. (eds.), 314-329, Harper and Row.

Hubbell, S. P., Foster, R. B., O'Brien, S. T. et al. (1999) Light-gap disturbances, recruitment limitation, and tree diversity in a neotropical forest. *Science*, **283**, 554-557.

Huenneke, L. F. & Marks, P. L. (1987) Stem dynamics of the shrub *Alnus incana* ssp. *rugosa*: transition matrix models. *Ecology*, **68**, 1234-1242.

Hulme, P. E. (1996) Herbivory, plant regeneration, and species coexistence. *J. Ecol.*, **84**, 609-615.

Hulme, P. E. & Benkman, C. W. (2002) Granivory. In: *Plant-animal interactions: an evolutionary approach*, Herrera, C. M. & Pellmyr, O. (eds.), 132-154, Blackwell.

Hulme, P. E. & Hunt, M. K. (1999) Rodent post-dispersal seed predation in deciduous woodland: predator response to absolute and relative abundance of prey. *J. Anim. Ecol.*, **68**, 417-428.

Huo, C., Cheng, G., Lu, X., et al. (2010) Simulating the effects of climate change on forest dynamics on Gongga Mountain, Southwest China. *J. For. Res.*, **15**, 176-185.

Hutchings, M. J. (1986) The structure of plant populations. In: *Plant ecology*, Crawley, M. J. (ed.), 97–136, Blackwell Scientific Publications.
Inoue, A. & Yoshida, S. (2001) Forest stratification and species diversity of *Cryptomeria japonica* natural forests on Yakushima. *J. For. Plann.*, **7**, 1–9.
IPCC (2006) Agriculture, forestry and other land use. 2006 IPCC guidelines for national greenhouse gas inventories (Volume 4), IPCC National Greenhouse Gas Inventory Programme, IGES.
IPCC (2007) *Climate change 2007: the physical science basis*. Contribution of working group I to the fourth assessment report of the intergovernmental panel on climate change. Cambridge University Press.
Irwin, R. E. (2003) Impact of nectar robbing on estimates of pollen flow: conceptual predictions and empirical outcomes. *Ecology*, **84**, 485–495.
Isagi, Y., Sugimura, K., Sumida, A. et al. (1997) How does masting happen and synchronize? *J. Theor. Biol.*, **187**, 231–239.
石塚和雄（編）（1977）『群落の分布と環境（植物生態学講座1）』朝倉書店．
Ishii, H. & Asano, S. (2010) The role of crown architecture in promoting complementary use of light resources among coexisting species in temperate mixed forests. *Ecol. Res.*, **25**, 715–722.
Ishii, H., Reynolds, J. H., Ford, E. D. et al. (2000) Height growth and vertical development of an old-growth *Pseudotsuga-Tsuga* forest in southwestern Washington State, USA. *Can. J. For. Res.*, **30**, 17–24.
Ishii, H., Takashima, A., Makita, N. et al. (2010) Vertical stratification and effects of crown damage on maximum tree height in mixed conifer-broadleaf forests of Yakushima Island, southern Japan. *Plant Ecol.*, **211**, 27–36.
Ishii, H., Tanabe, S. & Hiura, T. (2004) Exploring the relationships among canopy structure, stand productivity and biodiversity of temperate forest ecosystems. *For. Sci.*, **50**, 342–355.
Ishii, H. T., Ford, E. D. & Kennedy, M. C. (2007) Physiological and ecological implications of adaptive reiteration as a mechanism for crown maintenance and longevity. *Tree Physiol.*, **27**, 455–462.
石井弘明・吉村謙一・音田高志（2006）樹木生理学と森林群落をつなぐ樹形研究．日本森林学会誌，**88**, 290–301.
伊東 明・大久保達弘・山倉拓夫（2006）地形から見た熱帯雨林の多様性．『森林の生態学　長期大規模研究からみえるもの』（種生物学会 編），219–241，文一総合出版．
伊藤 哲（1995）山地渓畔域の地表変動と撹乱体制．日本生態学会誌，**45**, 323–327.
伊藤 哲・中村太士（1994）地表変動に伴う森林群集の撹乱様式と更新機構．森林立地，**36**, 31–40.
Iverson, L. R., Prasad, A. M., Matthews, S. N., et al. (2008) Estimating potential habitat for 134 eastern US tree species under six climate scenarios. *For. Ecol. Manage.*, **254**, 390–406.
Iwao, S. (1968) A new regression method for analyzing the aggregation pattern of animal populations. *Res. Popul. Ecol.*, **10**, 1–20.
Iwao, S. (1977) Analysis of spatial association between two species based on the interspecies mean crowding. *Res. Popul. Ecol.*, **18**, 243–260.
岩坪五郎（1996）各種の森林生態系の物質生産と養分循環　第5章．『森林生態学』文永堂出版．
伊豆田猛（2001）森林衰退　第8章．『大気環境変化と植物の反応』（野内 勇 編著）養賢堂．
Jabot, F. & Chave, J. (2009) Inferring the parameters of the neutral theory of biodiversity using phylogenetic information and implications for tropical forests. *Ecol. Lett.*, **12**, 239–248.
Jabot, F., Etienne, R. S. & Chave, J. (2008) Reconciling neutral community models and environmental filtering: theory and an empirical test. *Oikos*, **117**, 1308–1320.

Janin, A., Léna, J.-P., Ray, N. *et al.* (2009) Assessing landscape connectivity with calibrated cost-distance modelling: predicting common toad distribution in a context of spreading agriculture. *J. Appl. Ecol.*, **46**, 833-841.

Janzen, D. H. (1970) Herbivores and the number of tree species in tropical forests. *Am. Nat.*, **104**, 501-529.

Janzen, D. H. (1971) Seed predation by animals. *Ann. Rev. Ecol. Syst.*, **2**, 465-492.

Jenny, H. (1994) *Factors of Soil Formation-A System of Quantitative Pedology*, originally published in 1941, Dover Publications, Inc.

Jobbágy, E. G. & Jackson, R. B. (2000) Vertical distribution of soil organic carbon and its relation to climate and vegetation. *Ecol. Appl.* **10**, 423-436.

Jones, C. G., Lawton, J. H. & Shachak, M. (1994) Organisms as ecosystem engineers. *Oikos*, **69**, 373-386.

Jordano, P., García, C., Godoy, J. A. *et al.* (2007) Differential contribution of frugivores to complex seed dispersal patterns. *Proc. Natl. Acad. Sci. USA*, **104**, 3278-3282.

Juvik, J. O. (1998) Biogeography. *Atlas of Hawaii 3rd ed.*, Juvik, S. P. & Juvik, J. O. (eds), 103-106, University of Hawaii Press.

鎌田直人（2005）『昆虫たちの森（日本の森林・多様性の生物学シリーズ5）』東海大学出版会.

Kamata, N., Igarashi, Y. & Ohara, S. (1996) Induced response of the Siebold's beech (*Fagus crenata* Blume) to manual defoliation. *J. For. Res.*, **1**, 1-7.

上條隆志（2008）火山島の一次遷移―三宅島における撹乱と遷移.『撹乱と遷移の自然史―「空き地」の植物生態学』（重定南奈子・露崎史朗 編）, 67-92, 北海道大学出版会.

Kamijo, T., Kitayama, K., Sugawara, A., *et al.* (2002) Primary succession of the warm-temperate broad-leaved forest on a volcanic island, Miyake-jima Island, Japan. *Folia Geobotanica*, **37**, 71-91.

金子信博（2007）『土壌生態学入門―土壌動物の多様性と機能』東海大学出版会.

Kaneko, Y. & Kawano, S. (2002) Demography and matrix analysis on a natural *Pterocarya rhoifolia* population developed along a mountain stream. *J. Plant Res.*, **115**, 341-354.

Kaneko, Y., Takada, T. & Kawano, S. (1999) Population biology of *Aesculus turbinata* Blume: A demographic analysis using transition matrices on a natural population along a riparian environmental gradient. *Plant Spec. Biol.*, **14**, 47-68.

Kato, T., Kamijo, T., Hatta, T., *et al.* (2005) Initial soil formation processes of Volcanogenous Regosols (Scoriacious) from Miyake-jima Island, Japan. *Soil Sci. Plant Nutrition*, **51**, 291-301.

河田 弘（1989）『森林土壌学概論』博友社.

Kelly, D. & Sork, V. L. (2002) Mast seeding in perennial plants: why, how, where? *Ann. Rev. Ecol. Syst.*, **33**, 427-447.

菊池多賀夫（2001）『地形植生誌』東京大学出版会.

菊沢喜八郎（2005）『葉の寿命の生態学―個葉から生態学へ（生態学シリーズ）』共立出版.

木村資生（1986）『分子進化の中立説』（向井輝美・日下部真一 訳）紀伊國屋書店.

吉良龍夫（1949）『日本の森林帯』日本林業技術協会.

吉良竜夫（1965）樹形のパイプモデル. 北方林業, **192**, 69-74.

吉良竜夫（1976）『陸上生態系―概論（生態学講座2）』共立出版.

Kira, T., Ogawa, H. & Sakazaki, N. (1953) Intraspecific competition among higher plants. I. Competition-yield-density interrelationship in regularly dispersed populations. *J. Inst. Polytechnics*, Osaka City Univ., **D4**, 1-16.

Kira, T. & Shidei, T. (1967) Primary production and turnover of organic matter in different forest

ecosystems of the Western Pacific. *Jap. J. Ecol.*, **17**, 70–87.
Kira, T. & Yoda, K. (1989) Vertical stratification in microclimate. In: *Ecosystems of the world*, 14B, Tropical rain forest ecosystem, Lieth, H., Werger, M. J. A. (eds) 55–71, Elsevier.
Kitamura, K. & Kawano, S. (2001) Regional differentiation in genetic components for the American beech, *Fagus grandifolia* Ehrh., in relation to geological history and mode of reproduction. *J. Plant Res.*, **114**, 353–368.
Kitayama, K., Majalap-Lee, N. & Aiba, S. (2000) Soil phosphorus fractionation and phosphorus-use efficiencies of tropical rainforests along altitudinal gradients of Mount Kinabalu, Borneo. *Oecologia*, **123**, 342–349.
北山兼弘（2004）土壌・植生系の発達過程と栄養動態．『植物生態学』（寺島一郎・彦坂幸毅・竹中明夫 他著），323-360．朝倉書店．
Kitayama K., Shuur, E. A. G., Drake, D. R. *et al.* (1997) Fate of a wet montane forest during soil ageing in Hawaii. *J. Ecol.*, **85**, 669–679.
紀藤典夫（2008）ブナの分布の地史的変遷．『ブナ林再生の応用生態学』（寺澤和彦・小山浩正 編）163-186．文一総合出版．
Knight, T. M., McCoy, M. W., Chase, J. M. *et al.* (2005) Trophic cascades across ecosystems. *Nature*, **437**, 880–883.
Koch, G. W., Sillett, S. C., Jennings, G. M. *et al.* (2004) The limits to tree height. *Nature*, **428**, 851–854.
Koh, L. P. (2008) Birds defend oil palms from herbivorous insects. *Ecol. Appl.*, **18**, 821–825.
Kohm, K. A. & Franklin, J. F. eds. (1997) *Creating a Forestry for the 21st Century: The Science of Ecosystem Management*, Island Press.
Kohyama, T. (1991) Simulating stationary size distribution of trees in rain forests. *Ann. Bot.*, **68**, 173–180.
Kohyama, T. (1992) Size-structured multi-species model of rain forest trees. *Funct. Ecol.*, **6**, 206–212.
甲山隆司（1993）熱帯雨林ではなぜ多くの樹種が共存できるか．科学，**63**, 768-776．
甲山隆司・可知直毅（2004）密度効果と個体間相互作用．『植物生態学』（寺島一郎・彦坂幸毅・竹中明夫 他著），234-261．朝倉書店．
Kohyama, T. & Takada, T. (1998) Recruitment rates in forest plots: Gf estimates using growth rates and size distributions. *J. Ecol.*, **86**, 633–639.
Kohyama, T. & Takada, T. (2009) The stratification theory for plant coexistence promoted by one-sided competition. *J. Ecol.*, **97**, 463–471.
Koike, F. & Hotta, M. (1996) Foliage-canopy structure and height distribution of woody species in climax forests. *J. Plant. Res.*, **109**, 53–60.
小池孝良（2004）『樹木生理生態学』朝倉書店．
Koike, T., Kitao, M., Maruyama, Y. *et al.* (2001) Leaf morphology and photosynthetic adjustments among deciduous broad-leaved trees within the vertical canopy profile. *Tree Physiol.*, **21**, 951–958.
小島 覚（1996）大気候と植生および土壌の分布．『森林生態学』（岩坪五郎 編），15-52．文永堂出版．
Köppen, W. (1936) Das Geographische System der Klimate. *Handbuch der Klimatologie*, **1**, C1–C44. Gebrüder Borntraeger.
Kubo, T. & Ida, H. (1998) Sustainability of an isolated beech-dwarf bamboo stand: analysis of forest dynamics with individual based model. *Ecol. Model.*, **111**, 223–235.
Kubota, Y. (2000) Spatial dynamics of regeneration in a conifer/broad-leaved forest in northern Japan. *J. Veg. Sci.*, **11**, 633–640.
Kubota, Y. & Hara, T. (1995) Tree competition and species coexistence in a sub-boreal forest, northern

Japan. *Ann. Bot.,* **76**, 503–512.

Kubota, Y. & Hara, T. (1996) Recruitment process and species coexistence in a sub-boreal forest, northern Japan. *Ann. Bot.,* **78**, 741–748.

Kudo, G. (1996) Herbivory pattern and induced responses to simulated herbivory in *Quercus mongolica* var. *grosseserrata. Ecol. Res.,* **11**, 283–289.

Kumar, S., Takeda, A. & Shibata E. (2006) Effects of 13-year fencing on browsing by sika deer on seedlings on Mt. Ohdaigahara, central Japan. *J. For. Res.,* **11**, 337–342.

Kunin, W. E. (1994) Density-dependent foraging in the harvester ant *Messor ebeninus*: two experiments. *Oecologia,* **98**, 328–335.

黒岩澄雄（1990）『物質生産の生態学：光合成から繁殖まで』東京大学出版会.

吸収源インベントリ作業部会 編（2008）『森林土壌インベントリ方法書・改訂版(1) 野外調査法』森林総合研究所立地環境領域.

Lenoir, J., Gégout, J. C., Marquet, P. A., *et al.* (2008) A significant upward shift in plant species optimum elevation during the 20th century. *Science,* **320**, 1768–1771.

Leslie, P. H. (1945) On the use of matrices in certain population mathematics. *Biometrika,* **33**, 183–212.

Lewis, E. G. (1942) On the generation and growth of a population. *Sankhya,* **6**, 93–96.

Lieth, H. (1975) Primary production of the major vegetation units of the world. In: *Primary productivity of the biosphere.,* Ecological Studies, 14, Lieth, H., Ehittaker, R. H. (eds), 203–215, Springer-Verlag.

Lin, Y. C., Chang, L. W., Yang, K. C. *et al.* (2011) Point patterns of tree distribution determined by habitat heterogeneity and dispersal limitation. *Oecologia,* **165**, 175–184.

Lindenmayer, D. B. & Fischer, J. (2006) *Habitat fragmentation and landscape change: an ecological and conservation synthesis,* Island Press.

Lindenmayer, D. B. & Franklin, J. F. (2002) *Conserving forest biodiversity: A comprehensive multiscaled approach,* Island Press.

Lisiecki, L. E. & Raymo, M. E. (2005) A Pliocene-Pleistocene stack of 57 globally distributed benthic $\delta^{18}O$ records. *Paleoceanography,* **20**, PA1003.

Liu, Q. & Hytteborn, H. (1991) Gap structure, disturbance and regeneration in a primeval *Picea abies* forest. *J. Veg. Sci.,* **2**, 391–402.

Lutz, J. A. & Halpern, C. B. (2006) Tree mortality during early forest development: a long-term study of rates, causes, and consequences. *Ecol. Monogr.,* **76**, 257–275.

MacArthur, R. H. & Wilson, E. O. (1967) *The Theory of Island Biogeography,* Princeton University Press.

Magri, D. (2008) Patterns of post-glacial spread and the extent of glacial refugia of European beech (*Fagus sylvatica*). *J. Biogeogr.,* **35**, 450–463.

Mäkelä, A. & Valentine, H. T. (2001) The ratio of NPP to GPP: evidence of change over the course of stand development. *Tree Physiol.,* **21**, 1015–1030.

Maleque, A., Maeto, K. & Ishii, H. T. (2009) Arthropods as bioindicators of sustainable forest management, with a focus on plantation forests. *Appl. Entomol. Zool.,* **44**, 1–11.

Maruta, E. (1976) Seedling establishment of *Polygonum cuspidatum* on Mt. Fuji. *Jpn. J. Ecol.,* **26**, 101–105.

Masaki, T., Oka, T., Osumi, K. *et al.* (2008) Geographical variation in climatic cues for mast seeding of *Fagus crenata. Popul. Ecol.,* **50**, 357–366.

Masaki, T., Suzuki, W., Niiyama, K., *et al.* (1992) Community structure of a species-rich temperate forest, Ogawa Forest Reserve, central Japan. *Vegetatio,* **98**, 97–111.

Masaki, T., Tanaka, H., Tanouchi, H. *et al.* (1999) Structure, dynamics and disturbance regime of temperate broad-leaved forests in Japan. *J. Veg. Sci.*, **10**, 805-814.

Mason, B. & Kerr, G. (2004) *Transforming even-aged conifer stands to Continuous Cover Management*. Information Note, Forestry Commission, UK.

Matsui, T., Takahashi, K., Tanaka, N., *et al.* (2009) Evaluation of habitat sustainability and vulnerability for beech (*Fagus crenata*) forests under 110 hypothetical climatic change scenarios in Japan. *Appl. Veg. Sci.*, **12**, 328-339.

松井哲哉・田中信行・八木橋勉 他（2009）温暖化に伴うブナ林の分布適域の変化予測と影響評価．地球環境，**14**, 165-174.

松尾隆嗣（2009）ショウジョウバエの食性進化と化学感覚受容．生物科学，**61**, 24-31.

Matsuzaki, J., Norisada, M., Kodaira, J., *et al.* (2005) Shoots grafted into the upper crowns of tall Japanese cedar (*Cryptomeria japonica*) show foliar gas exchange characteristics similar to those of intact shoots. *Trees*, **19**, 198-203.

McCarthy, J. (2001) Gap dynamics of forest trees: a review with particular attention to boreal forests. *Environ. Rev.*, **9**, 1-59.

McLachlan, J. S., Clark, J. S. & Manos, P. S. (2005) Molecular indicators of tree migration capacity under rapid climate change. *Ecology*, **86**, 2088-2098

Mencuccini, M., Martinez-Vilalta, J., Hamid, H. A., *et al.* (2007) Evidence for age- and size-mediated controls of tree growth from grafting studies. *Tree Physiol.*, **27**, 463-473.

Meyer, H. A. & Stevenson, D. D. (1943) The structure and growth of virgin beech-birch-maple-hemlock forests in northern Pennsylvania. *J. Agric. Res.*, **67**, 465-484.

Midgley, J. J., Cameron, M. C. & Bond, W. J. (1995) Gap characteristics and replacement patterns in the Knysna Forest, South Africa. *J. Veg. Sci.*, **6**, 29-36.

右田千春（2007）コナラの林冠における葉の分布と生産の時空間変動に関する生理生態学的研究．東京大学学位論文．

三木 健（2008）群集－環境間のフィードバック－生物多様性と生態系機能のつながりを再考する．『生態系と群集をむすぶ（シリーズ群集生態学4）』（大串隆之・近藤倫生・仲岡雅裕 編），115-145，京都大学出版会．

Milewski, A. V., Young, T. P. & Madden, D. (1991) Thorns as induced defenses: experimental evidence. *Oecologia*, **86**, 70-75.

Millennium Ecosystem Assessment (2005) *Ecosystems and human well-being: Health Synthesis*, Island Press.

Mitchell, R. J., Palik, B. J. & Hunter, Jr, M. L. (2002) Natural disturbance as a guide to silviculture. *For. Ecol. Manage.*, **155**, 315-317.

Miyamoto, A., Sano, M., Tanaka, H. *et al.* (2011) Changes in forest resource utilization and forest landscapes in the southern Abukuma Mountains, Japan during the twentieth century. *J. For. Res.*, **16**, 87-97.

Miyazawa, Y. & Kikuzawa, K. (2005) Winter photosynthesis by saplings of evergreen broadleaved trees in a deciduous temperate forest. *New Phytol.*, **165**, 857-866.

Mladenoff, D. J., White, M. A., Pastor, J. *et al.* (1993) Comparing spatial pattern in unaltered old-growth and disturbed forest landscapes. *Ecol. Appl.*, **3**, 294-306.

Monsi, M. & Saeki, T. (1953) Über den Lichtfaktor in den Pflanzengesellschaften und seine Bedeutung für die Stoffproduktion. *Jap. J. Bot.*, **14**, 22-52.

Monsi, M. & Saeki, T. (2005) On the factor light in plant communities and its importance for matter production. *Ann. Bot.*, **95**, 549-567.
Moran, P. A. P. (1950) Notes on continuous stochastic phenomena. *Biometrika*, **37**, 17-23.
Morin, X., Viner, D. & Chuine, I. (2008) Tree species range shifts at a continental scale: new predictive insights from a process-based model. *J. Ecol.*, **96**, 784-794.
Morisita, M. (1959) Measuring of the dispersion of individuals and analysis of the distributional patterns. *Mem. Fac. Sci, Kyushu University Ser. E Biol.*, **2**, 215-235.
守田益宗（1987）東北地方における亜高山帯の植生史についてⅢ．八甲田山．日本生態学会誌，**37**, 107-117.
Murray, K. G. (1988) Avian seed dispersal of three neotropical gap-dependent plants. *Ecol. Monog.*, **58**, 271-298.
鍋島絵里・石井弘明（2008）樹高成長の制限とそのメカニズム．日本森林学会誌，**90**, 420-430.
Nagano, M. (1978) Dynamics of stand development. In: *Biological Production in a Warm-Temperate Evergreen Oak Forest of Japan*, Kira, T., Ono, Y. & Hosokawa, T. (eds), *JIBP Synthesis*, **18**, 21-32. University of Tokyo Press.
中村太士（1990）地表変動と森林の成立についての一考察．生物科学，**42**, 57-67.
中村太士（1992）流域レベルにおける森林攪乱の波及―森林動態論における流域的視点の重要性―．生物科学，**44**, 128-140.
Nakamura, F. & Inahara, S. (2007) Fluvial geomorphic disturbances and life history traits of riparian tree species. In: *Plant Disturbance Ecology: The Process and the Response*, Johnson, E. A. & Miyanishi, K. (eds.), 283-310, Elsevier.
中静 透（2004）『森のスケッチ（日本の森林・多様性の生物学シリーズ1）』東海大学出版会．
Nakashizuka, T., Iida, S., Masaki, T. *et al.* (1995) Evaluating increased fitness through dispersal: a comparative study of tree populations in a temperate forest, Japan. *Ecoscience*, **2**, 245-251.
Nakashizuka, T. & Numata, M. (1982) Regeneration process of climax beech forests I. Structure of a beech forest with the undergrowth of *Sasa*. *Jpn. J. Ecol.*, **32**, 57-67.
中静 透・山本進一（1987）自然攪乱と森林群集の安定性．日本生態学会誌，**37**, 19-30.
Nanami, S., Kawaguchi, H. & Kubo, T. (2000) Community dynamic models of two dioecious tree species. *Ecol. Res.*, **15**, 159-164.
Nanami, S., Kawaguchi, H. & Yamakura, T. (1999) Dioecy-induced spatial patterns of two codominant tree species, *Podocarpus nagi* and *Neolitsea aciculata*. *J. Ecol.*, **87**, 678-687.
Nanami, S., Kawaguchi, H. & Yamakura, T. (2005) Sex ratio and gender-dependent neighboring effects in *Podocarpus nagi*, a dioecious tree. *Plant Ecol.*, **177**, 209-222.
Nanami, S., Kawaguchi, H. & Yamakura, T. (2011) Spatial pattern formation and relative importance of intra- and interspecific competition in codominant tree species, *Podocarpus nagi* and *Neolitsea aciculata*. *Ecol. Res.*, **26**, 37-46.
Ng, K. K. S., Lee, S. L., Saw, L. G. *et al.* (2006) Spatial structure and genetic diversity of three tropical tree species with different habitat preferences within a natural forest. *Tree Genet. Genomes*, **2**, 121-131.
日本土壌肥料学会 編（1997）『土壌環境分析法』博友社．
日本ペドロジー学会第四次土壌分類・命名委員会（2002）日本の統一的土壌分類体系―第二次案．博友社．
日本林業技術協会 編（2001）『森林・林業百科事典』丸善．
二宮生夫（2004）呼吸作用．『樹木生理生態学』（小池孝良 編）朝倉書店．
Nishimura, N., Hara, T., Kawatani, M., *et al.* (2005) Promotion of species co-existence in old-growth

coniferous forest through interplay of life-history strategy and tree competition. *J. Veg. Sci.*, **16**, 549-558.

Nishimura, N., Hara, T., Miura, M., *et al.* (2003) Tree competition and species coexistence in a warm-temperate old-growth evergreen broad-leaved forest in Japan. *Plant Ecol.*, **164**, 235-248.

Nishimura, N., Kato, K., Sumida, A., *et al.* (2010) Effects of life history strategies and tree competition on species coexistence in a sub-boreal coniferous forest of Japan. *Plant Ecol.*, **206**, 29-40.

西村尚之・真鍋 徹（2006）森林動態パラメータから森の動きを捉える．『森林の生態学 長期大規模研究からみえるもの』（種生物学会 編），181-201，文一総合出版．

野本宣夫・横井洋太（1981）『生物学教育講座6巻 植物の物質生産』東海大学出版会．

Northup, R. R., Yu, Z., Dahlgren, R. A. (1995) Polyphenol control of nitrogen release from pine litter. *Nature*, **377**, 227-229.

小川房人（1967）植物群落の物質収支表と物質生産測定項目．JIBP-PT-F，**41**, 4-11．

小川房人（1980）『植物生態学講座5 個体群の構造と機能』朝倉書店．

Ohdachi, S. D. Ishibashi, Y., Iwasa, M. A. *et al.* (2009) *The wild mammals of Japan*, Shoukadoh.

Ohsawa, M. (1984) Differentiation of vegetation zones in the subalpine region of Mt. Fuji. *Vegetatio*, **57**, 15-52.

大澤雅彦（1993）東アジアの植生と気候．科学，**63**, 664-672．

大澤雅彦（2003）森林帯．『生態学事典』（巌佐 庸・松本忠夫・菊沢喜八郎・日本生態学会 編），287-288，共立出版．

大澤雅彦・田川日出夫・山極寿一 編（2006）『世界遺産 屋久島―亜熱帯の自然と生態系』朝倉書店．

Okitsu, S. (2003) Forest vegetation of northern Japan and the southern Kurils. *Forest Vegetation of Northeast Asia*, Kolbek, J., Šrůtek, M., Box, E. O. (eds) 231-261, Kluwer Academic Publishers.

Oliver, C. D. (1981) Forest development in North America following major disturbance. *For. Ecol. Manage.*, **3**, 153-168.

小野有五・五十嵐八枝子（1991）『北海道の自然史 氷期の森林を旅する』北海道大学図書刊行会．

Oohata, S. & Shinozaki, K. (1979) A statical model of plant form: Further analysis of the pipe model theory. *Jap. J. Ecol.*, **29**, 323-335.

大類清和（1997）森林生態系での"Nitrogen Saturation"：日本での現状．森林立地，**39**, 1-9．

太田誠一（2001）II-3 熱帯林の土壌生態『熱帯土壌学』（久馬一剛 編），264-299，名古屋大学出版会．

Orwig, D. A. & Abrams, M. D. (1994) Contrasting radial growth and canopy recruitment patterns in *Liliodendron tulipifera* and *Nyssa sylvatica*: gap-obligate versus gap-facultative species. *Ca. J. For. Res.*, **24**, 2141-2149.

Palik, B. J., Mitchell, R. J., Houseal, G., *et al.* (1997) Effects of canopy structure on resource availability and seedling responses in a longleaf pino ecosystem. *Can. J. For. Res.*, **27**, 1458-1464.

Palik, B. J. & Pregitzer, K. S. (1993) The vertical development of early successional forests in northern Michigan, USA. *J. Ecol.*, **81**, 271-285.

Parker, G. G. (1997) Canopy structure and light environment of an old-growth Douglas-fir/western hemlock forest. *Northwest Sci.*, **71**, 261-270.

Parker, G. G. & Brown, M. J. (2000) Forest canopy stratification — Is it useful? *Am. Nat.*, **155**, 473-484.

Parmesan, C. & Yohe, G. (2003) A globally coherent fingerprint of climate change impacts across natural systems. *Nature*, **421**, 37-42.

Pennington, R. T. & Dick, C. W. (2004) The role of immigrants in the assembly of the South American rainforest tree flora. *Phil. Trans. R. Soc. B*, **359**, 1611-1622.

Perry, D. A. (1994) *Forest Ecosystems*, The John Hopkins University Press.
Pianka, E. R. (1970) On r-and K-selection. *Am. Nat.*, **104**, 592–597.
Pickett, S. T. A. & White, P. S. (eds.) (1985) *The Ecology of Natural Disturbance and Patch Dynamics*, Academic Press.
Pietsch, T. W., Bogatov, V. V., Amaoka, K., *et al.* (2003) Biodiversity and biogeography of the islands of the Kuril Archipelago. *J. Biogeogr.*, **30**, 1297–1310.
Piñero, D., Martinez-Ramos, M. & Sarukhán, J. (1984) A population model of *Astrocaryum mexicanum* and a sensitivity analysis of its finite rate of increase. *J. Ecol.*, **72**, 977–991.
Price, B., McAlpine, C. A., Kutt, A. S. *et al.* (2009) Continuum or discrete patch landscape models for savanna birds? Towards a pluralistic approach. *Ecography*, **32**, 745–756.
Richards, P. W. (1952) *The Tropical Rain Forest*. Cambridge University Press.［植松眞一・吉良竜夫 訳（1978）『熱帯多雨林ー生態学的研究ー』共立出版］
Ricketts, T. H., Daily, G. C., Ehrlich, P. R. *et al.* (2004) Economic value of tropical forest to coffee production. *Proc. Natl. Acad. Sci. USA*, **101**, 12579–12582.
Ridley, H. N. (1930) *The dispersal of plants throughout the world*, L. Reeve & Co., Ltd., Ashfold.
Ripley, B. D. (1981) *Spatial Statistics*, John Wiley & Sons.
Rodin, L. E., Brazilevich, N. I. & Rozov, N. N. (1975) Productivity of the world's main ecosystems. In: *Productivity of World Ecosystems*, 13–26, National Academy of Science.
Rosindell, J., Hubbell, S. P. & Etienne, R. S. (2011) The unified neutral theory of biodiversity and biogeography at age ten. *Trends Ecol. Evol.*, **26**, 340–348.
Runcle, J. R. (1981) Gap regeneration in some old-growth forests of the eastern United States. *Ecology*, **62**, 1041–1051.
Ryan, M. G. (1991) The effect of climate change on plant respiration. *Ecol. Appl.*, **1**, 157–167.
Ryan, M. G., Hubbard, R. M., Pongracic S. *et al.* (1996) Foliage, fine-root, woody-tissue and stand respiration in *Pinus radiata* in relation to nitrogen status. *Tree Physiol.*, **16**, 333–343.
斎藤成也（2009）『自然淘汰論から中立進化論へー進化学のパラダイム転換ー』NTT 出版.
齊藤 哲・小南陽亮（2004）西南日本における強風の再現周期の広域的特徴. 日本林学会誌, **86**, 105–111.
齊藤 哲・佐藤 保（2007）照葉樹林の主要樹種の台風被害の特性ー綾の LTER サイトにおける複数の台風撹乱の比較解析ー. 日本森林学会誌, **89**, 321–328.
斎藤洋三・井手 武・村山貢司（2006）『花粉症の科学』化学同人.
酒井 昭（1995）『植物の分布と環境適応ー熱帯から極地・砂漠へー』朝倉書店.
Sakai, S., Harrison, R. D., Momose, K. *et al.* (2006) Irregular droughts trigger mass flowering in aseasonal tropical forests in Asia. *Am. J. Bot.*, **93**, 1134–1139.
Sakio, H. & Tamura, T. eds. (2008) *Ecology of Riparian Forests in Japan: Disturbance, Life History, and Regeneration*, Springer.
Sato, H., Itoh, A. & Kohyama, T. (2007) SEIB-DGVM: A new dynamic global vegetation model using a spatially explicit individual-based approach. *Ecol. Model.*, **200**, 279–307.
Satō, K. & Iwasa, Y. (1993) Modeling of wave regeneration in subalpine *Abies* forests: population dynamics with spatial structure. *Ecology*, **74**, 1538–1550.
Saugier, B., Roy, J. & Mooney, H. A. (2001) Estimations of global terrestrial productivity: Converging toward a single number? In: *Terrestrail global productivity*, Roy J., Saugier B., & Mooney H. A. (eds), 543–557, Academic Press.
Scheffer, M. & van Nes E. H. (2006) Self-organized similarity, the evolutionary emergence of groups of

similar species. *Proc. Natl. Acad. Sci. USA*, **18**, 6230-6235.
Schlesinger, W. H. (1990) Evidence from chronosequence studies for a low carbon-storage potential of soils. *Nature*, **348**, 232-234.
Schlesinger, W. H. (1997) *Biogeochemistry: An analysis of global change 2nd ed.*, Academic Press.
Schupp E. W., Milleron, T. & Russo, S. E. (2002) Dissemination limitation and the origin and maintenance of species-rich tropical forests. Levey, D. J., Silva, W. R. & Galetti, M. (eds.), 19-33. In: *Seed dispersal and frugivory: ecology, evolution and conservation*, CAB International.
Sheil, D. & May, R. M. (1996) Mortality and recruitment rate evaluations in heterogeneous tropical forests. *J. Ecol.*, **84**, 91-100.
Shibata, M., Tanaka, H., Iida, S. *et al.* (2002) Synchronized annual seed production by 16 principal tree species in a temperate deciduous forest, Japan. *Ecology*, **83**, 1727-1742.
嶋田正和・山村則男・粕谷英一 他 (2005)『動物生態学 新版』海游舎.
Shimada, T., Saitoh, T., Sasaki, E. *et al.* (2006) Role of tannin-binding salivary proteins and tannase-producing bacteria in the acclimation of the japanese wood mouse to acorn tannins. *J. Chem. Ecol.*, **32**, 1165-1180.
島谷健一郎 (2001) 点過程による樹木分布地図の解析とモデリング. 日本生態学会誌, **51**, 87-106.
島谷健一郎・久保田康裕 (2006) 森林研究之奥義書 其の二 モデル(……?)による生態データ解析.『森林の生態学 長期大規模研究からみえるもの』(種生物学会 編), 325-349, 文一総合出版.
Shimoda, K., Kimura, K., Kanzaki, M. *et al.* (1994) The regeneration of pioneer tree species under browsing pressure of Sika deer in an evergreen oak forest. *Ecol. Res.*, **9**, 85-92.
篠崎吉郎 (1962) 植物生長の Logistic 理論, 京都大学学位論文.
Shinozaki, K. & Kira, T. (1956) Intraspecific competition among higher plants. VII. Logistic theory of the C-D effect. *J. Inst. Polytechnics, Osaka City Univ.*, **D7**, 35-72.
Shinozaki, K., Yoda, K., Hozumi, K. *et al.* (1964a) A quantitative analysis of plant form: the pipe model theory. I. Basic analysis, *Jap. J. Ecol.*, **14**, 97-105.
Shinozaki, K., Yoda, K., Hozumi, K. *et al.* (1964b) A quantitative analysis of plant form: the pipe model theory. II. Further evidence of the theory and its application in forest ecology, *Jap. J. Ecol.*, **14**, 133-139.
森林総合研究所立地環境領域 (2008) 森林土壌インベントリ方法書・改訂版(1) 野外調査法, 森林総合研究所.
森林水文学編集委員会 (2007)『森林水文学―森林の水のゆくえを科学する』森北出版.
Silvertown, J. W. (1987) *Introduction to plant population ecology 2nd ed.* Longman.[河野昭一・高田壮則・大原雅 訳 (1992)『植物の個体群生態学(第2版)』, 東海大学出版会]
Silvertown, J. (2004) Plant coexistence and the niche. *Trends Ecol. Evol.*, **19**, 605-611.
Simberloff, D. (1986) Are we on the verge of a mass extinction in tropical rain forests? In: *Dynamics of extinction*, Elliott, D. K. (ed.), 165-180. Wiley-Interscience.
Sipe, T. W. & Bazzaz, F. A. (1995) Gap partitioning among maples (*Acer*) in Central New England: survival and growth. *Ecology*, **76**, 1587-1602.
Slik, J. W. F., Poulsen, A. D., Ashton P. S., *et al.* (2003) A floristic analysis of the lowland dipterocarp forests of Borneo. *J. Biogeogr*, **30**, 1517-1531.
Smith, S. E. & Read, D. J. (2007) *Mycorrhizal symbiosis, 3rd ed*, Academic Press.
Sollins, P., Homann, P. & Caldwell, B. A. (1996) Stabilization and destabilization of soil organic matter: mechanisms and controls. *Geoderma*, **74**, 65-105.
Southwood, T. R. E. (1977) Habitat, the template for ecological strategies? *J. Anim. Ecol.*, **46**, 337-365.

隅田明洋（1996）広葉樹群落の空間構造―個体レベルからのアプローチ―．日本生態学会誌，**46**, 31-44.
陶山佳久（2008）実生の親木を特定するDNA分析技術．『森の芽生えの生態学』（正木 隆 編），191-209，文一総合出版．
鈴木英治（2008）熱帯火山の遷移―クラカタウ諸島の120年．『攪乱と遷移の自然史―「空地」の植物生態学』（重定南奈子・露崎史朗 編），51-66，北海道大学出版会．
Swain, M. D. & Whitmore, T. C.（1988）On the definition of ecological species groups in tropical rain forests. *Vegetatio*, **75**, 81-86.
Swift, M. J. & Anderson, J. M.（1993）Biodiversity and ecosystem function in agricultural systems. In: *Biodiversity and ecosystem function*, Schultz, E. D. & Mooney, H. A.（eds.）, 15-41. Springer-Verlag Berlin.
只木良也（1976）森林の現存量―とくにわが国の森林の葉量について．日本林学会誌，**58**, 416-423.
只木良也・蜂屋欣二（1968）『森林生態系とその物質生産（わかりやすい林業研究解説シリーズ29）』．林業科学技術振興所．
Tagawa, H.（1964）A study of the volcanic vegetation in Sakurajima, south-west Japan: I. dynamics of vegetation. *Mem. Fac. Sci., Kyushu Univ., Series E.（Biology）*, **3**, 165-228.
高林純示・塩尻かおり（2003）虫たちの情報通信―多様な化学情報が形成する相互作用ネットワーク―．『生物多様性科学のすすめ 生態学からのアプローチ』（大串隆之 編），24-43，丸善．
Takada, M., Asada, M. & Miyashita, T.（2003）Can spines deter deer browsing?: a field experiment using a shrub *Damnacanthus indicus*. *J. For. Res.*, **8**, 321-323.
Takada, T. & Nakashizuka, T.（1996）Density-dependent demography in a Japanese temperate broad-leaved forest. *Vegetatio*, **124**, 211-221.
Takahara, H., Sugita, S., Harrison, S. P., *et al*.（2000）Pollen-based reconstructions of Japanese biomes at 0, 6,000 and 18,000 ^{14}C yr BP. *J. Biogeogr.*, **27**, 665-683.
高橋正道（2006）『被子植物の起源と初期進化』北海道大学出版会．
Takeda, H.（1987）Dynamics and maintenance of collembolan community structure in a forest soil system. *Res. Popul. Ecol.*, **29**, 291-346.
武田博清（1994）生態系生態学における群集研究―森林生態系の提供する「食物・住み場所」テンプレート―．森林科学，**10**, 35-39.
Takemoto, H.（2003）Phytochemical determination for leaf food choice by wild chimpanzees in Guinea, Bossou. *J. Chem. Ecol.*, **29**, 2551-2573.
竹内郁雄（2002）長伐期林の現存量と保育技術．『長伐期林の実際―その効果と取扱い技術』（桜井尚武 編），20-37，林業科学技術振興所．
Takhtajan, A.（1986）*Floristic regions of the world*, University of California Press.
Taki, H., Inoue, T., Tanaka, H. *et al*.（2010）Responses of community structure, diversity, and abundance of understory plants and insect assemblages to thinning in plantations. *For. Ecol. Manage.*, **259**, 607-613.
玉井重信（1989）密度と生産．『森林生態学』（堤 利夫 編），80-86，朝倉書店．
田中 浩（2006）カエデ属の生活史―近縁な種の共存はいかにして可能か―．『森林の生態学 長期大規模研究からみえるもの』（種生物学会 編），107-130．文一総合出版．
Tanaka, H., Shibata, M., Masaki, T. *et al*.（2008）Comparative demography of three coexisting *Acer* species in gaps and under closed canopy. *J. Veg. Sci.*, **19**, 127-138.
田中信行・中園悦子・津山幾太郎 他（2009）温暖化の日本産針葉樹10種の潜在生育域への影響予測．地球環境，**14**, 153-164.

Tanouchi, H. & Yamamoto, S. (1995) Structure and regeneration of canopy species in an old-growth evergreen broad-leaved forest in Aya district, southwestern Japan. *Vegetatio*, 117, 51-60.

Tenow, O. & Bylund, H. (2000) Recovery of a *Betula pubescens* forest in northern Sweden after severe defoliation by *Epirrita autumnata*. *J. Veg. Sci.*, 11, 855-862.

寺澤和彦・小山浩正（編）(2008)『ブナ林再生の応用生態学』文一総合出版.

Tezuka, Y. (1961) Development of vegetation in relation to soil formation in the volcanic island of Ohshima, Izu, Japan. *Jpn. J. Bot.*, 17, 371-402.

Thomas, M. F. (2000) Late Quaternary environmental changes and the alluvial record in humid tropical environments. *Quat. Intern.*, 72, 23-36.

Thuiller, W., Lavorel, S., Araújo, M. B., et al. (2005) Climate change threats to plant diversity in Europe. *Proc. Natl. Acad. Sci. USA*, 102, 8245-8250.

Tilman, D., Lehman, C. L. & Thomson, K. T. (1997) Plant diversity and ecosystem productivity: theoretical considerations. *Proc. Natl. Acad. Sci. USA.*, 94, 1857-1861.

東條一史（2007）日本産森林依存性鳥類種数の推定. *Bull. FFPRI*, 6, 9-26.

Trewartha, G. T. (1968) *An introduction to climate 4th ed.*, McGraw-Hill.

Tscharntke, T., Klein, A. M., Kruess, A. et al. (2005) Landscape perspectives on agricultural intensification and biodiversity-ecosystem service management. *Ecol. Lett.*, 8, 857-874.

辻 誠一郎（1983）下末吉期以降の植生変遷と気候変化. *Urban Kubota*, 21, 44-47.

Tsukada, M. (1958) Pollen analytical studies of postglacial age in Japan. II. The northern region of the Japan Alps. *J. Inst. Polytec, Osaka City Univ. Ser. D.*, 9, 235-249.

塚田松雄（1981）過去一万二千年間―日本の植生変遷史Ⅱ. 新しい花粉帯. 日本生態学会誌, 31, 201-215.

Tsukada, M. (1982) Late-Quaternary shift of *Fagus* distribution. *Bot. Mag., Tokyo*, 95, 203-217.

塚田松雄（1984）日本列島における約2万年前の植生図. 日本生態学会誌, 34, 203-208.

露崎史朗（2001）火山遷移初期動態に関する研究. 日本生態学会誌, 51, 13-22.

露崎史朗（2008）軽石・火山灰噴火後の植物群集遷移.『撹乱と遷移の自然史―「空地」の植物生態学』（重定南奈子・露崎史朗 編）, 37-50. 北海道大学出版会.

Tuomi, J., Niemelä, P., Haukioja, E. et al. (1984) Nutrient stress: an explanation for plant anti-herbivore responses to defoliation. *Oecologia*, 61, 208-210.

Turner, M. G., Gardner, R. H. & O'Neill, R. V. (2001) *Landscape ecology in theory and practice: pattern and process*. Springer.［中越信和・原慶太郎 監訳（2004）『景観生態学―生態学からの新しい景観理論とその応用―』文一総合出版］

Tyree, M. T. & Zimmermann, M. H., 内海泰弘・古賀信也・梅林利弘 訳（2007）『植物の木部構造と水移動様式』シュプリンガージャパン.［Tyree, M. T. & Zimmermann, M. H. (2002) *Xylen structure and the ascent of sap, 2nd ed.*, Springer］

上田明良・田渕 研（2009）シカがササを食べると針の短い寄生蜂が得をする.『大台ヶ原の自然誌 森の中のシカをめぐる生物間相互作用』（柴田叡弌・日野輝明 編）, 178-188, 東海大学出版会.

Uesaka, S. & Tsuyuzaki, S. (2004) Differential establishment and survival of species in deciduous and evergreen shrub patches and on bare ground, Mt. Koma, Hokkaido, Japan, *Plant Ecol.*, 175, 165-177.

梅木 清（1996）樹冠形の可塑性が個体群のサイズ分布動態に与える影響. 日本生態学会誌, 46, 87-92.

Urban, D. L., Minor, E. S., Treml, E. A. et al. (2009) Graph models of habitat mosaics. *Ecol. Lett.*, 12, 260-273.

Urquiaga, S., Cruz, K. H. S. & Boddey, R. M. (1992) Contribution of nitrogen-fixation to sugar-cane-N-15 and nitrogen-balance estimates. *Soil Sci. Soc. Am. J.*, 56, 105-114.

Valentine, H. T. & Mäkelä A. (2005) Bridging process-based and empirical approaches to modeling tree growth. *Tree Physiol.*, **25**, 769-779.

Valladares, F. & Niinemets, Ü. (2008) Shade tolerance, a key plant feature of complex nature and consequences. *Ann. Rev. Ecol. Syst.*, **39**, 237-257.

van der Meijden, E., Wijn, M. & Verkaar, H. J. (1988) Defence and regrowth, alternative plant strategies in the struggle against herbivores. *Oikos*, **51**, 355-363.

van der Pijl, L. (1972) *Principles of dispersal in higher plants*, Springer-Verlag.

van Steenis, C. G. G. J. (1950) The delimitation of Malaysia and its main plant geographical divisions. *Flora Malesiana Ser. I*, **1**, lxx-lxxv.

VanPelt, R. & North, M. P. (1997) Analyzing canopy structure in Pacific Northwest old-growth forests with a stand-scale crown model. *Northwest Sci.*, **70**, 15-30.

Veblen, T. T. (1986) Treefalls and the coexistence of conifers in subalpine forests of the central Rockies. *Ecology*, **67**, 644-649.

Vitousek, P. M., Porder, S., Benjamin, Z. et al. (2010) Terrestrial phosphorus limitation: mechanisms, implications, and nitrogen-phosphorous interactions. *Ecol. Appl.*, **20**, 5-15.

Vitousek, P. M. (1982) Nutrient cycling and nutrient use efficiency. *Am. Nat.*, **119**, 553-572.

Vitousek, P. M. (2004) *Nutrient Cycling and Limitation: Hawai'i as a Model System*, Princeton Univ. Press.

Vitousek, P. M. & Walker, K. (1987) Colonization, succession and resource availability: ecosystem-level interactions. In: *Colonization, succession and stability*, Gray, A. J., Crawley, M. J. & Edwards, P. J. (eds.), 207-224, Blackwell Scientific.

Waagepetersen, R. & Guan, Y. (2009) Two-step estimation for inhomogeneous spatial point processes. *J. Royal Stat. Soc.*, **B, 71**, 685-702.

Walther, G.-R., Beißner, S. & Burga, C. A. (2005) Trends in the upward shift of alpine plants. *J. Veg. Sci.*, **16**, 541-548.

Waring, R. H. & Running, S. W. (2007) *Forest ecosystems: analysis at multiple scale, 3rd ed.*, Academic Press.

鷲谷いづみ・矢原徹一 (1996)『保全生態学入門―遺伝子から景観まで』文一総合出版.

Watt, A. S. (1947) Pattern and process in the plant community. *J. Ecol.*, **35**, 1-22.

White, F. (1978) Afromontane region. *Biogeography and ecology of southern Africa*, Werger, M. (ed.), 465-513, Dr W. Junk bv Publishers.

White, P. S. (1979) Pattern, process, and natural disturbance in vegetation. *Bot. Rev.*, **45**, 229-299.

White, P. S. & Pickett, S. T. A. (1985) Natural disturbance and patch dynamics. In: *The ecology of natural disturbance and patch dynamics*, Pickett. S. T. A. & White P. S. (eds.), 3-13, Academic Press.

Whitehead, D., Grace, J. C. & Godfrey, M. J. S. (1990) Architectural distribution of foliage in individual *Pinus radiata* D. Don crowns and the effects of clumping on radiation interception. *Tree Physiology*, **7**, 135-155.

Whitmore, T. C. (1990) *An introduction to tropical rain forests*, Oxford University Press.〔熊崎 実・小林繁男 監訳 (1993)『熱帯雨林総論』築地書館〕

Whitomore, T. C. (1978) Gaps in the forest canopy. In: *Tropical Trees As Living Systems*, Tomlinson, P. B. & Zimmermann, M. H. (eds.), 639-655, Cambridge University Press.

Whittaker R. H., 宝月欣二 訳 (1979)『生態学概説』培風館.〔Whittaker R. H. (1975) *Communities and Ecosystems*, Macmillan〕

Whittaker, R. J., Bush, M. B. & Richards, K. (1989) Plant recolonization and vegetation succession on the Krakatau Islands, Indonesia. *Ecol. Monogr.*, **59**, 59-123.

Whittaker, R. J., Schmitt, S. F., & Jones, S. H. (1998) Stand biomass and tree mortality from permanent forest plots on Krakatau, Indonesia, 1989-1995. *Biotropica*, **30**, 519-529.

Wiegand, T., Gunatilleke, S. & Gunatilleke, N. (2007) Species associations in a heterogeneous Sri Lankan dipterocarp forest. *Am. Nat.*, **170**, E77-E95.

Willson, M. F. (1992) The ecology of seed dispersal. In: *Seeds: the ecology of regeneration in plant communities*, Fenner, M. (ed.), 61-85, CAB International.

Woods, K. D. (1979) Reciprocal replacement and the maintenance of codominance in a beech-maple forest. *Oikos*, **33**, 31-39.

Woodward, F. I. (2004) Tall storeys. *Nature*, **428**, 807-808.

Yachi, S. & Loreau, M. (1999) Biodiversity and ecosystem productivity in a fluctuating environment: the insurance hypothesis. *Proc. Natl. Acad. Sci. USA*, **96**, 1463-1468.

Yamada, T., Zuidema, P. A., Itoh, A. *et al.* (2007) Strong habitat preference of a tropical rain forest tree does not imply large differences in population dynamics across habitats. *J. Ecol.*, **95**, 332-342.

Yamakura, T., Hagihara, A., Sukardjo, S. *et al.* (1986) Aboveground biomass of tropical rain forest stands in Indonesian Borneo. *Plant Ecol.* (Vegetatio), **68**, 71-82.

山本進一 (1981) 極相林の維持機構―ギャップダイナミクスの視点から―. 生物科学, **33**, 8-16.

Yamamoto, S. (1989) Gap dynamics in climax *Fagus crenata* forests. *Bot. Mag. Tokyo*, **102**, 93-114.

Yamamoto, S. (1992) The gap theory in forest dynamics. *Bot. Mag. Tokyo*, **105**, 375-383.

Yamamoto, S. (2000) Forest gap dynamics and tree regeneration. *J. For. Res.*, **5**, 223-229.

山中二男 (1979) 『日本の森林植生』築地書館.

Yamaura, Y., Amano, T., Koizumi, T. *et al.* (2009) Does land-use change affect biodiversity dynamics at a macroecological scale? A case study of birds over the past 20 years in Japan. *Anim. Conserv.*, **12**, 110-119.

安田喜憲・三好教夫 (編) (1998) 『図説 日本列島植生史』朝倉書店.

Yoda, K. (1974) Three-dimensional distribution of light intensity in a tropical rain forest of West Malaysia. *Jpn. J. Ecol.*, **24**, 247-254.

Yoda, K., Kira, T., Ogawa, H. *et al.* (1963) Self-thinning in overcrowded pure stands under cultivated and natural conditions (Intraspecific competition among higher plants XI) *Journal of Biology*, Osaka City University, **14**, 107-129.

Yokozawa, M. & Hara, T. (1992) A canopy photosynthesis model for the dynamics of size structure and self-thinning in plant populations. *Ann. Bot.*, **70**, 305-316.

米林 仲 (1996) ブナの植生史. 『ブナ林の自然史 (自然叢書 32)』(原 正利 編) 66-73, 平凡社.

依田恭二 (1982) 『森林の生態学』築地書館.

Young, T. P. (1987) Increased thorn length in *Acacia depranolobium*: an induced response to browsing. *Oecologia*, **71**, 436-438.

Young, T. P. & Okello, B. D. (1998) Relaxation of an induced defense after exclusion of herbivores: spines on *Acacia drepanolobium*. *Oecologia*, **115**, 508-513.

湯本貴和・松田裕之 編 (2006) 『世界遺産をシカが喰う―シカと森の生態学』文一総合出版.

索　引

【数字・欧文】

2Dt モデル ……………………………… 152
Abies fabri ……………………………… 35
Beer-Lambert の法則 ……………… 118, 226
C-S-R モデル …………………………… 49
CI（coldness index）…………………… 10
C：N：P 比 ……………………………… 84
CV ……………………………………… 145
DNA 指紋法 …………………………… 29
DNA 多型 ……………………………… 29
DON …………………………………… 90
GPP …………………………………… 234
I_δ ……………………………………… 97
Janzen-Connell 仮説 ……………… 149, 202
Köppen の気候分類 …………………… 4, 6
K 関数 ………………………………… 98
LGM …………………………………… 26
LMA …………………………………… 239
L 関数 ………………………………… 98
Moran's I ……………………………… 104
Neyman-Scott process …………… 96, 110
NPP ………………………………… 234, 236
N 制限 …………………………………… 82
P/O 比 ………………………………… 140
Picea brachytyla ……………………… 35
Pinus densata ………………………… 35
P 循環 …………………………………… 92
Q_{10} ……………………………………… 241
r-K 淘汰説 ……………………………… 49
SEIB-DGVM（Spacially Explicit Individual Based Dynamic Global Vegetation Model）… 35
Tsuga chinensis ……………………… 35
WI（warmth index）………… 6, 7, 8, 10, 11, 12
clumping ……………………………… 227
crown shyness ………………………… 227
habitat template ……………………… 121

hard core process …………………… 96
hypsithermal period ………………… 23
induced defense …………………… 198
inducible defense …………………… 198
$\overset{*}{m}-m$ ……………………………………… 97
pair correlation function …………… 98
plant secondary metabolite ……… 195
pollination efficiency ……………… 143
trait-mediated indirect interaction … 197
α 多様性 ……………………………… 206
β 多様性 ……………………………… 206
γ 多様性 ……………………………… 206
ω 指数 ………………………………… 101

【あ行】

アカエゾマツ …………………………… 31
アカガシ亜属 …………………………… 31
亜寒帯 …………………………………… 27
亜寒帯性針葉樹林 ……………………… 30
亜間氷期 ………………………………… 30
亜高山帯林 ……………………………… 7
暖かさの指数（warmth index, WI）… 6, 7
アニオン交換能（AEC）……………… 78
亜熱帯多雨林 ……………… 7, 8, 9, 11, 12, 19
亜熱帯落葉樹林 ……………………… 7, 8
アパラチア山脈 ………………………… 26
アパラチコラ（Apalachicola）……… 26
亜氷期 …………………………………… 30
アポミクシス（apomixis）…………… 136
アメリカブナ（*Fagus grandifolia*）… 26
アリ植物 ……………………………… 196
アリによる散布 ……………………… 148
アルプス ……………………………… 24
アルプス山脈 ………………………… 23
アレレード期 ………………………… 21
安定成育段階構造 …………………… 164

索引

異型異熟性（heterodicogamy）······················139
異型花柱性（heterostyly）··························141
異系交配弱勢（outbreeding depression）·······142
維持呼吸··241
異質性→「不均一性」を参照
移住仮説（colonization hypothesis）·············150
遺存種··32
遺存的（relict）··32
一次散布（primary dispersal）·······················147
一次種あるいは極相種（climax species, primary species）···129
一次生産··191, 225
一次生産者···111
一次遷移·································44, 47, 55, 56, 57, 62, 67, 68
一方向的競争（one-sided competition）·········176
一方向的種間競争（one-sided interspecific competition）··176
1回繁殖性（monocarpy）·······························140
一斉開花現象（mass flowering）······················143
遺伝子系統樹···29
遺伝変異··35
遺伝マーカー···29
移入···62, 64, 210
移流方程式モデル···171
異齢林施業···54
陰樹··56

ウォーレシア···17
雨滴侵食···42
ウバメガシ···31
馬ノ神山···31
ウルム氷期···21

永久荷電（permanent charge）························78
影響検出···34
栄養塩··64, 66
栄養塩循環···72
栄養塩類···56
栄養繁殖（vegetative reproduction）··············136
エノキ-ムクノキ属···31

大型植物遺体分析···29
オオシラビソ···32
隠岐島··32
奥尻島··36
オザーク台地···27
渡島半島···36
雄花（male flower）···138
温帯針葉樹林···114
温帯常緑樹林··9, 10
温帯性針広混交林···30
温帯性針葉樹林···30
温帯性樹種···27
温帯性落葉樹···5
温帯草原···24
温帯多雨林···9
温暖化··34
温暖化影響評価···36
温暖化影響予測··35, 36
温暖化シナリオ···35
オーストラリア区···17

【か行】

開花··34, 36
階層··226
階層構造（stratification）·································176
回転時間（turnover time）·······························126
皆伐··53
開葉··34, 36
海洋島··8
カエデ属··25, 27
化学的防御··195
化学風化···77
化学量論（stoichiometry）·································84
可給性（availability）··77
拡散共進化仮説··218
拡散方程式（diffusion equation，まれにdrift-diffusion equation）···180
拡張ギャップ（expanded gap）······················124
撹乱··35, 38, 57, 89, 122
撹乱依存型···49
撹乱体制···45

撹乱の強度	45	完全異熟（complete dichogamy）	139
撹乱のサイズ	45	間伐	53
撹乱の頻度	45	間氷期	21
撹乱モザイク	57	外生菌根	14, 15
隔離	248	紀伊半島	32
確率論的モデル（stochastic model）	180	期間増加率	164
隔離の効果	221	気候	2, 3, 4
隔離分布	31	気候的極相	4, 19, 55, 63
隔離分布地（disjunct distribution）	27	気候変動	21
火砕流	42	気象緩和機能	191
仮種皮（aril）	137, 148	気象シグナル仮説	145
仮種皮果（arillocarpium）	137	規則分布	95
河食	42	機能タイプ	50
果実（fruit）	137	機能的性表現（functional gender）	139
風散布（anemochory）	148	基盤サービス	252
花托（torus）	148	基本生物多様性指数	214
過大補償（overcompensation）	198	帰無仮説	102
カチオン交換能（cation exchange capacity, CEC）	78	球果（cone）	137
カテナ（Catena）	87	球果類	20
カバノキ属	24, 25, 31	究極要因	143
花粉管（pollen tube）	137	吸光係数	119, 226
花粉管競争（pollen tube competition）	141	吸蔵態リン（occluded P）	79, 88
花粉情報	27	吸着	78
花粉制限（pollen limitation）	141	旧熱帯区	17, 19
花粉生産量	29	旧北区	17, 19
花粉媒介	141	休眠芽	47
花粉媒介者（pollinator）	141	供給サービス	252
花粉媒介様式	29	胸高直径	140
花粉分析	29, 37	狭食性	193
上高地	32	共生菌根菌	90
カラマツ	31	競争（competition）	66, 173
カラマツ属	24	競争型	49
狩場山	36	競争能力	202
カルパティア山脈	24	共存	49, 120, 121
環境形成作用	55, 66, 69	兄弟間競争軽減仮説	150
環境収容力	49	局所群集	208
環境の不均一性	186	極相	3, 4, 44, 55, 70
完新世（後氷期）	21, 23	極相種	56
感受性（sensitivity）	164, 168, 193	極相林（climax forest）	173
冠雪害	40	極地方	34

索引　285

巨大高木	8, 12, 14
距離法	97
近交弱勢（inbreeding depression）	141
ギャップ（gap）	40, 123, 211
ギャップ撹乱体制（gap-disturbance regime）	126
ギャップ形成木（gap maker）	125
ギャップ形成率（gap formation rate）	126
ギャップ相（gap phase）	122, 124
ギャップ検知機構（gap-detecting mechanism）	132
ギャップダイナミクス（gap dynamics）	51, 123
ギャップ分割（gap partitioning）	132
ギャップモデル（gap model）	35
行列モデル（matrix model）	179
空間遺伝構造	104
空間構造	111
空間的異質性	245
空間的・時間的な不均一性（heterogeneity）	203
空間的自己相関	104
空間的不均一性	245
区画法	97
クマシデ属	25
クラスター構造	227
クリ属	26
クロノシーケンス	58, 68, 69
黒松内低地帯	36
クローナル植物（clonal plants）	137
グイマツ	31
グラフ理論	249
群集集合	206
群集動態	112
群落光合成	118
景観	245
景観生態学	245
景観補完	247
形質の変化を介した間接相互作用	197
形状パラメータ（shape parameter）	152
系統関係	29
系内循環（Intrasystem or within-system cycle）	82
ケショウヤナギ	31
結果率（fruit set）	137
決定論的なカオス	146
決定論的モデル（deterministic model）	180
結実	36
結実率（seed set）	137
建設相（building phase）	122, 124
原植生	57
原生林	1, 114
現存植生	57
現存量	118
広域分布予測	36
公益的機能	54, 121
交換態（exchangeable）	79
光合成	238
光合成生産	118
光合成法	235
高山	34
格子モデル	172
広食性	193
更新（regeneration）	38, 123
更新世	23
更新適地	150
コウシントウヒ（Picea pleistoceaca）	31
更新ニッチ（regeneration niche）	49, 134
更新法	52
洪水	42
構成呼吸	241
酵素多型	29
鉱物質土壌	40
鉱物層	73
光飽和点	64
光補償点	64, 65
コウモリ媒（chiropterophily）	141
コウヤマキ属	32
硬葉樹	8
硬葉樹林	9
呼吸係数	241

呼吸量	234	酸性雨・酸性沈着（acid deposition）	92
コケ期	63	酸性化	92
枯死脱落量	235	三性同株（trimonoecy）	138
コスト距離	249	三相組成	75
個体間競争	117	散布カーネル	151
個体群	154	散布体（diaspore）	147
個体群増加率	178	散乱光	119
個体群動態	154		
個体群動態のサイズ依存性	181	シイ属	32
個体ベースモデル	35, 172	至近要因	143, 145
個体密度	178	資源収支モデル（resource budget model）	146
古第三紀	23	資源の制限（resource limitation）	140
コナラ亜属	31	資源利用効率	120
固有値	165, 167	指向性散布仮説（directional dispersal hypothesis）	150
固有ベクトル	165	シコクシラベ	31
コレログラム	105	雌性期（female stage）	139
混交フタバガキ林	19	雌性先熟（protogyny）	139
根萌芽（root sucker, root sprouting）	29, 136	雌性配偶子	137
根粒	67	雌性配偶体	137
ゴンドワナ大陸	13, 14, 15, 16, 17	雌性両全異株（gynodioecy）	138
		雌性両全同株（gynomonoecy）	138

【さ行】

最温暖期	21	自然界の階層（hierarchy）	197
最終収量一定の法則	231	自然撹乱	40, 186
最終氷期	21	自然再生	253
最終氷期最盛期・LGM（last glacial maximum）	21	自然資本	252
サイズ構造	158, 174	自然植生	56
サイズ分布	178	自然間引き	230
サイズ分布動態	179	自然林	1, 121
再生材料	46	自然林・天然林（natural forest）	36
最大光合成速度	65, 120	シダ類	35
最大樹高	111	子房（ovary）	137
再転流（retranslocation）	81, 90	シミュレーション	35
再来間隔	45	絞め殺し植物	8
ササ類	35	周食型散布（endozoochory）	148
里山	116	集中分布	95, 117
サバンナ	5, 6, 7, 9	種間競争	35
寒さの指数（coldness index, CI）	10	種間相互作用	112
山岳氷河	24	種子散布（seed dispersal）	13, 14, 147
三性異株（trioecy）	138	種子散布距離	35
		種子散布制限（dispersal limitation）	153

種子の豊凶	35
種子捕食	200
種組成	34
種多様性	26
種特異的（species-specific）	144
種特性	35
種の共存（species coexistence）	174
種の垂直分布	111
種の相対個体数の頻度分布（SAD：species abundance distribution）	212
種の同等性	217
種分化	208
主要栄養素	76
雌雄異花同株（monoecy）	138
雌雄異株（dioecy）	138
雌雄異熟性（dichogamy）	139
雌雄同熟（adichogamy）	139
雌雄離熟性（herkogamy）	141
生涯繁殖成功度（lifetime reproductive success）	137
消費者	111
小分布	3, 4, 19
障壁	27
小面積皆伐	54
照葉樹林	7, 8, 9, 10, 11, 12, 19
植食者（herbivore）	192
植食者誘導性植物揮発性物質	196
植生	1, 3, 6, 7
植生遷移	114
植生変遷	29
植物化石	29
植物区系	3, 13
植物群系	2, 4, 12
植物群集	1
植物群落	1
植物の種多様性維持機構	202
植物の二次代謝物質	195
食物網	121
食物連鎖	111
進化的収斂	4, 9
針広混交林	7, 24, 116

侵食	42
新生代	23
新生代第四紀	21
深層崩壊	42
薪炭林	256
薪炭林施業	257
新第三紀	23
新熱帯区	17
新北区	17
針葉樹	24, 35
森林火災	43, 86, 89
森林限界	7, 11, 12, 20
森林構造仮説	120
森林生態系	72
森林帯	30
森林動態モデル	35
森林の生産性	118
森林の定義	1
森林の分布	1, 2
森林伐採	43
シードシャドウ（seed shadow）	147
シードレイン（seed rain）	147
ジェネット（genet）	137
ジェネラリスト（generalist）	144
自家受粉（self pollination）	139
自家不和合性（self-incompatibility）	141
時間	2, 3
直達光	119
時空間的不均一性	203
自己置換（self replacement）	129
自己間引き	230
自己間引きの3/2乗則	233
自殖（self fertilization）	139
地滑り	42
自動散布（autochory）	149
自動遷移	66, 69
蛇紋岩	3, 19, 20
従属栄養呼吸	235
従属栄養生物	225
重力散布	148
樹冠攪乱	118

樹冠投影図	94
樹冠面積	118
樹高成長	111
受粉効率仮説	143
樹木気候	5
純一次生産量	111
純生産量	234
状態決定因子（state factor）	2, 3, 19, 73
縄文海進	21
常緑広葉樹林	4, 6, 9, 10, 11, 12
常緑硬葉樹林	24
常緑針葉樹林	4, 6, 9, 10, 11
常緑性	12
人為攪乱	40
人工林	1
人工林施業	52
推移行列	164
推移行列モデル	161, 171
垂直構造	111, 190
垂直植生帯	11
垂直分布	7, 10, 11, 33
水平移動速度	37
水平構造	93
水文学的プロセス	86
数理モデル	173
スカンジナビア半島	24
スギ属	32
スケーリング	226
スケールパラメータ（scaling parameter）	152
ストレス耐性型	49
成育段階	111
生産構造	229
生産量	118
生食連鎖	83
成熟相（mature phase）	122, 124
成層構造	113
生息地（habitat）	189
生態過程	93
生態学的機能	112
生態系	2
生態系機能	92, 121, 250
生態系サービス	251, 252
生態系純生産量	235
生態系生態学	72
生態系ディスサービス	255
生態系の構築者	111
成帯植生	4, 20
生態遷移	44
生態的空白状態（empty patch）	26
成長呼吸	241
性的異型（sexually heterophytic）	138
性的同型（sexually homophytic）	138
性転換（sex change）	139
正のフィードバック	87, 90, 91
性配分（sex allocation）	140
性表現（sex expression）	137
性比（sex ratio）	140
生物	2
生物季節（phenology）	34
生物群系	2
生物体残存物	57
生物体量（バイオマス）	82
生物多様性	38, 92
生物地球化学的循環	72
生物的花粉媒介（biotic pollination）	141
生物的防御	196
生物分布境界線	17, 18
生命表	156
生理学的な成長制限要因	112
積算葉面積指数	119
積雪期間	34
積雪深	34
摂食	43
遷移	3, 44, 55, 66
遷移系列	55, 58
遷移後期	114
遷移後期種	56, 65
遷移初期	114
遷移初期種	56, 64, 65
先駆種（pioneers）	49, 56, 129

先駆性樹木	31
洗掘	42
選好性	194
潜在自然植生	57, 114
潜在生育域	35
セントローレンス川	26
戦略	49
セーフサイト（safe site）	147
脆弱（vulnerable）	36
絶滅	34
ゼロサムゲーム	208
前生樹	44
全北区	17, 19
総一次生産	234
相観	4, 8, 9, 10, 11
霜害	36
総光合成量	120
相互置換（reciprocal replacement）	129
総生産	234
相対光強度	228
層別刈取法	229
双方向（両方向）的種間競争（two-sided inter-specific competition）	176
相補的に利用	119
促進	62
促進モデル	66
遡上合祖（coalesce）	209
組成的平衡状態（compositional equilibrium）	128
疎林ツンドラ	30
ソース・シンク（source-sink）モデル	247

【た行】

耐陰性	66, 114, 122, 129
対称的競争（symmetric competition）	176
対植食者戦略	189, 193
耐性モデル	66
耐性（tolerance）	193
堆積	42
大陸西岸	5, 9
大陸東岸	5, 6, 9
大陸氷河	24
対立遺伝子	29
択伐	54
他殖（outcrossing）	143
多雪	34
多雪地域	34
立枯れ（standing dead）	125
他動遷移	66
食べられやすさ（palatability）	194, 202
単食性	193
単純同齢林	53
単性花（unisexual flower）	138
炭素収支	243
第三紀	23
代償植生	56
大分布	3, 19
第四紀	23
脱窒（denitrification）	81, 86
暖温帯常緑広葉樹林	30
団粒構造	74
弾力性	164, 168
地衣期	63
地球温暖化	21
地形	2, 3, 87
地質	2, 3
地質学的遷移	69
地質の影響	19
地上部構造	111
地図化	35
地中海性気候	5, 6, 8, 9
窒素固定	64, 67, 70, 82
窒素固定植物	66
窒素飽和	92
地表変動	42
チベット高原	35
中緯度高圧帯	5
中果皮（mesocarp）	148
中間温帯林	10
中規模撹乱仮説	49
沖積作用	42

中絶（selective abortion）……………… 141
虫媒（entomophily）……………………… 141
長期森林動態………………………………… 35
長距離散布……………………………… 13, 17
調整サービス………………………………… 252
鳥媒（ornithophily）……………………… 141

通水距離……………………………………… 112
通水抵抗……………………………………… 112
ツガ属………………………………………… 33
津軽海峡……………………………………… 36
積み上げ法…………………………………… 235
ツンドラ……………………………… 1, 5, 7, 30

抵抗性（resistance）……………………… 193
適域…………………………………………… 35
適応………………………………………… 89, 91
適応度（fitness）…………………………… 137
適合度（fitness）…………………………… 36

統一中立理論………………………………… 207
等温線………………………………………… 37
統計モデル（statistical model）………… 213
東進…………………………………………… 24
逃避仮説（escape hypothesis）………… 149
トウヒ属………………………………… 24, 31
逃避地………………………………………… 23
倒木更新（regeneration on fallen logs, regeneration on fallen dead trunk）……… 132
トゲ低木林………………………………… 7, 9
土地的極相…………………………………… 55
トドマツ……………………………………… 32
トネリコ属…………………………………… 25
トミザワトウヒ（*Picea tomizawaensis*）… 31
トリコーム…………………………………… 194
トーラスシフト……………………………… 103
同化器官……………………………………… 229
動物散布……………………………………… 148
独立栄養生物………………………………… 225
土壌………………………………………… 2, 3
土壌 pH……………………………………… 76

土壌鉱物……………………………………… 74
土壌呼吸……………………………………… 235
土壌侵食（erosion）………………………… 86
土壌生成………………………………… 66, 68
土壌生成因子（soil formation factor）… 2, 73
土壌断面………………………………… 73, 75
土壌の酸性化………………………………… 78
土壌分類……………………………………… 75
土壌有機物（soil organic matter）
………………………………… 68, 83, 84, 85, 88
土壌粒子表面………………………………… 77
土石流………………………………………… 42
ドミノ効果（domino effect）…………… 126

【な行】

内生菌（endophyte）……………………… 196
ナンキョクブナ科……………………… 10, 13, 15

二親性近交弱勢（biparental inbreeding depression）……………………………………… 142
二次散布（secondary dispersal）……… 147
二次生産……………………………………… 225
二次遷移………………… 44, 47, 55, 56, 57, 63, 114
二次草原……………………………………… 56
二次萌芽林…………………………………… 44
二次林………………………………… 56, 116, 256
ニッチ理論…………………………………… 206
ニュージーランド…………………………… 35
ニレ属………………………………………… 25
人間活動…………………………………… 3, 36

根返り（uprooted）…………………… 40, 125
熱帯季節林…………………………………… 6
熱帯山地林……………………………… 11, 12, 19
熱帯性落葉樹………………………………… 6
熱帯多雨林………………………………… 7, 8, 9, 19
熱帯ヒース林………………………………… 88
熱帯落葉樹林……………………………… 6, 7, 8, 9
粘土（clay）………………………………… 74

農用林………………………………………… 256

【は行】

胚 (embryo) ……………………………… 137
ハシバミ属 ……………………………… 25
八甲田山 ………………………………… 32
葉の被食防衛 …………………………… 83
ハワイ諸島 ……………………………… 69
繁殖 (reproduction) …………………… 136
繁殖開始サイズ (critical size of reproduction)
 …………………………………………… 140
繁殖努力 (reproductive effort) ……… 139
ハンノキ属 ……………………………… 25
バイオマス (生物体量) ………………… 80
バイオーム ……………………………… 2
伐期齢 …………………………………… 52
晩氷期 …………………………………… 21
パイプモデル …………………………… 229
パッチ …………………………………… 246
パッチモザイク (patch mosaic) モデル … 246

光−光合成曲線 ………………………… 65
光資源 …………………………………… 176
光補償点 ………………………………… 120
被食防御物質 (defense chemical) …… 195
被食リスク ……………………………… 194
被食量 …………………………………… 235
非成帯植生 ……………………………… 4, 20
非生物的花粉媒介 (abiotic pollination) … 141
必須元素 ………………………………… 76
非同化器官 ……………………………… 229
比パイプ長 ……………………………… 230
ヒプシサーマル ………………………… 21
ヒメバラモミ …………………………… 31
氷期 ……………………………………… 21
標識遺伝子 ……………………………… 29
表層崩壊 ………………………………… 42
表面流 …………………………………… 42
比葉重 …………………………………… 112
頻度依存の採餌 ………………………… 203
微小生息地 (microhabitat) …………… 203
ピレネー ………………………………… 24

フィードバック ………………………… 80
風化 ……………………………………… 80
風散布種子 ……………………………… 63, 64
風食 ……………………………………… 42
風倒 ……………………………………… 40
風媒 (wind pollination, anemophily) … 29, 141
フェノロジカルエスケープ …………… 194
フェノロジー …………………………… 194
富栄養化 ………………………………… 92
不確実性 ………………………………… 36
不完全異熟 (incomplete dichogamy) … 139
不均一性 ………………………………… 3, 72, 132, 245
伏状萌芽 (layering of branches) ……… 136
複数生息地モデル ……………………… 247
複層林施業 ……………………………… 54
腐植物質 (humus, humic substance) … 83
腐植連鎖 ………………………………… 83
フタバガキ科 …………………………… 9, 13, 14, 16, 19, 20
付着型散布 ……………………………… 148
不動化 (immobilization) ……………… 89, 90
負のフィードバック …………………… 91
フロリダ半島 …………………………… 27
物質生産 ………………………………… 225
物理的環境 ……………………………… 39
物理的防御 ……………………………… 194
ブナ科 …………………………………… 12, 13, 15, 16, 20
ブナ属 …………………………………… 21, 31
分解 ……………………………………… 77, 83
分解過程 ………………………………… 83
文化的サービス ………………………… 252
分散集合 (dispersal assembly) 理論 … 216
分散貯蔵 ………………………………… 148
分子情報 ………………………………… 27
分子マーカー …………………………… 29
分断化 …………………………………… 36, 248
分断生物地理学 ………………………… 13, 15
分布域の移動 …………………………… 34
分布拡大 ………………………………… 35
分布拡大速度 …………………………… 37
分布可能域 ……………………………… 33
分布上限 ………………………………… 33

分布の拡大・縮小……………………26
分布変遷………………………………21
分布北限………………………………36
分布予測モデル………………………35
分裂組織………………………………112
プレーリー……………………………26

平均成長速度…………………………180
変異荷電（variable charge）………78
変動係数（coefficient of variation）…145
ベーリング期…………………………21
ペア相関関数…………………………98

保育……………………………………53
萌芽（stump sprouting, trunk sucker）…44, 136
萌芽更新………………………………257
豊凶（masting, mast seeding）……142
放射性炭素年代………………………23
崩積作用………………………………42
北進……………………………………24
北進速度………………………………25, 26
保護効果………………………………62
補償成長………………………………194, 198
捕食回避仮説…………………………144, 194
捕食者（predator）…………………142
捕食者飽食（predator satiation）…144
捕食者飽食仮説………………………144
ホットスポット（hotspot）…………23, 69
北方針葉樹林…………………………9, 10
北方林…………………………………1, 4, 6
匍匐性低木……………………………34
防御物質………………………………90
母材……………………………………68
ポドゾル土壌…………………………88

【ま行】

埋土種子（buried seeds）…………44, 56, 64, 132
マスティング（masting, mast seeding）…142
マス・ムーブメント…………………42
マツ属…………………………………24, 25
マツ属複維管束亜属（二葉マツ）…33

マングローブ…………………………8
見かけの光合成量……………………120
幹折れ（snapped-off, trunk-broken）…40, 125
ミシシッピ川…………………………27
水散布（hydrochory）………………149
密度依存的採餌………………………202
密度効果（density effect）…………178, 230
密度効果の逆数式……………………232
密度効果のベキ乗式…………………231
宮部線…………………………………18, 19

むかご（propagule）…………………136
無機化…………………………………84
娘個体（ramet）………………………137
無性繁殖（asexual reproduction）…136
無霜地帯………………………………1, 5, 17
無融合種子形成（agamospermy）…136
無融合生殖（apomixis）……………136
ムル型…………………………………84, 87

メタ群集………………………………208
雌花（female flower）………………138

モジュール構造………………………194
モミ属…………………………………26
モミ・ツガ林…………………………4, 8, 10
モル型…………………………………84, 87

【や行】

八ヶ岳…………………………………32
ヤツガタケトウヒ……………………31
ヤンガードリアス期（Younger Dryas period）
　………………………………………21, 31
有機物層………………………………73
雄性期（male stage）………………139
雄性先熟（protandry）………………139
雄性配偶子……………………………137
雄性配偶体（pollen）………………137
有性繁殖（sexual reproduction）…136

雄性両全異株（androdioecy）·················138	落葉針葉樹·································7, 10
雄性両全同株（andromonoecy）···············138	落葉性······································12
優占·····················1, 6, 7, 9, 10, 12, 15	ラメット（ramet）··························137
誘導反応···································198	ランダム分布·······························95
誘導防御反応·······························198	ランダムラベリング·························104
雌度（femaleness）·························140	
尤度（likelihood）·························213	リター··································83, 235
	リター分解·······························81, 84
溶岩流······································42	陸橋·······································30
陽樹··56	立木密度···································119
溶存有機窒素（Dissolved organic N, DON）······86	両性花（hermaphrodite flower）··············138
溶脱··86	両性花株（hermaphrodite）···················138
養分元素のシンク（Sink）形成················88	隣花受粉（geitonogamy）····················141
養分シンク·································91	林冠ギャップ·······························118
養分循環·································72, 80	林冠構造···································121
養分制限····································85	林冠閉鎖率（canopy closure rate）·············126
養分利用効率（nutrient-use efficiency）·········90	リン制限····································78
葉面積指数······························118, 226	
葉面積密度·································228	齢構造·····································158
葉緑体 DNA 多型····························29	暦年代······································23
抑制芽······································47	レフュージア（refugia）·····················23
抑制モデル·································66	連結性··································248, 250
横津岳······································36	連続モデル·································247
ヨーロッパブナ·····························25	
	老齢林·····································114
【ら行】	ロジスティック（logistic）モデル············178
	ロトカ・ヴォルテラモデル（Lotka-Volterra
落葉···7	model）·································178
落葉広葉樹······························23, 24	ローレシア大陸·························15, 16, 17
落葉広葉樹林························6, 7, 8, 9, 10, 11	

【担当編集委員】

正木　隆（まさき　たかし）
1993年　東京大学大学院農学系研究科修了
現　在　国立研究開発法人　森林研究・整備機構
　　　　森林総合研究所研究企画科長，博士（農学）
専　門　林学
主　著　『森林の生態学』（編著），『森の芽生えの生態学』（編著）ほか

相場慎一郎（あいば　しんいちろう）
1997年　北海道大学大学院地球環境科学研究科修了
現　在　北海道大学大学院地球環境科学研究院・教授，博士（地球環境科学）
専　門　植物生態学
主　著　『シリーズ群集生態学 5　メタ群集と空間スケール』（部分執筆）

シリーズ　現代の生態学 8
Current Ecology Series 8

森林生態学
Forest Ecology

2011 年 10 月 15 日　初版 1 刷発行
2020 年 6 月 15 日　初版 5 刷発行

検印廃止
NDC 468, 653.17, 471.7
ISBN 978-4-320-05736-4

編　者　日本生態学会　Ⓒ 2011
発行者　南條光章
発行所　共立出版株式会社
　　　　〒 112-0006
　　　　東京都文京区小日向 4 丁目 6 番 19 号
　　　　電話　（03）3947-2511（代表）
　　　　振替口座　00110-2-57035
　　　　URL　www.kyoritsu-pub.co.jp

印　刷　加藤文明社
製　本　協栄製本

NSPA　一般社団法人
　　　自然科学書協会
　　　会員

Printed in Japan

JCOPY ＜出版者著作権管理機構委託出版物＞
本書の無断複製は著作権法上での例外を除き禁じられています．複製される場合は，そのつど事前に，出版者著作権管理機構（ＴＥＬ：03-5244-5088，ＦＡＸ：03-5244-5089，e-mail：info@jcopy.or.jp）の許諾を得てください．